INTERRO SURPRISE

BAC

Tle S

MATHS

- POINTS CLÉS À MAÎTRISER
- EXERCICES CHRONOMÉTRÉS ET CORRIGÉS

ellipses

Irène Bros

DANS LA COLLECTION INTERRO SURPRISE

Troisième

- *Anglais*, Alexandra Nantet
- *Français*, Clélia Renucci
- *Histoire-Géographie*, Audrey Longprés-Raillot

Seconde

- *Français,* Gilles Panabières
- *Histoire-Géographie*, Sébastien Rauline
- *Maths*, Horst Lottermoser

Première

- *Français*, 1res toutes séries, Gilles Panabières
- *Maths*, 1re S, Michel Radanne
- *Physique-chimie*, 1re S, Marie d'Espeuilles, Cyril Verdet

Terminale

- *Anglais*, T^{les} toutes séries, Florent Gusdorf
- *Espagnol*, T^{les} toutes séries, Mireille Foucaud-Fraysse
- *Histoire-Géographie*, T^{les} L, ES, Luc Thyss, Sylvain Dépit, Émilie Proust
- *Maths*, T^{les} L, ES, Yannick Do
- *Maths*, T^{le} S, Irène Bros
- *Philosophie*, T^{les} toutes séries, Évelyne Rogue

ISBN 978-2-7298-91336

32, rue Bargue 75740 Paris cedex 15

www.editions-ellipses.fr

TABLE DES MATIÈRES

SUITES NUMÉRIQUES

1 COMMENT MENER UN RAISONNEMENT PAR RÉCURRENCE ?

OBJECTIF

Démontrer une propriété dépendante d'un entier naturel n en deux étapes.

MÉTHODE

- **Initialisation** : vérifier que la propriété est vraie pour le premier entier pour lequel on a énoncé le résultat (en général $n = 0$ ou $n = 1$)
- **Hérédité** : on suppose que la propriété est vraie pour un entier n et on prouve que le résultat est alors vrai au rang $n + 1$

Puis on conclut que par principe de récurrence, la propriété est vraie pour tout entier n.

ex. Considérons la suite u définie par $u_0 = 0$ et $u_{n+1} = 3u_n - 2$.

- Montrer que pour tout entier n on a $u_n \leq 1$.
- On définit la proposition à démontrer : soit P(n) : « $u_n \leq 1$ » pour $n \geq 0$.

Initialisation : $n = 0$, $u_0 = 0$ par définition. Donc P(0) est bien vraie.

Hérédité : Supposons P(n) vraie c'est-à-dire $u_n \leq 1$.

Alors $3u_n \leq 3$, donc $3u_n - 2 \leq 1$ c'est-à-dire $u_{n+1} \leq 1$. Ainsi P(n+1) est vraie.

Par principe de récurrence, P(n) est vraie pour tout n.

CONSEIL

Veillez à bien structurer votre démarche pour faire apparaître chaque étape. Peu importe l'ordre dans lequel les deux étapes sont faites, en revanche il est indispensable que les deux étapes soient présentes pour pouvoir conclure.

TOP CHRONO
C'est l'interro !

Exercice 1.1 (5 pts) *5 min*

Soit u la suite définie pour tout entier n par $\begin{cases} u_0 = 3 \\ u_{n+1} = \dfrac{1}{2u_n + 1} \end{cases}$.

1. Montrer que pour tout entier n, $u_n > 0$.
2. En déduire que pour tout $n \geq 1$, $u_n \leq 1$.

Exercice 1.2 (4 pts) *5 min*

Montrer que pour tout entier $n \geq 1$, il existe deux entiers, notés a_n et b_n tels que

$$\left(1+\sqrt{2}\right)^n = a_n + b_n\sqrt{2}$$

Exercice 1.3 (8 pts) *10 min*

Soit u la suite définie par $u_0 = 3$ et $u_{n+1} = \dfrac{2u_n + 1}{u_n}$.

1. Soit $f(x) = \dfrac{2x+1}{x}$ définie sur $]0\,;+\infty[$.
   Déterminer le sens de variation de f sur $]0\,;+\infty[$.
2. Montrer que pour tout entier n, on a $2 \leq u_n \leq 3$.

2 QUEL EST LE SENS DE VARIATION D'UNE SUITE ?

- Une suite u est croissante si pour tout entier n on a $u_{n+1} \geq u_n$.
- Une suite u est décroissante si pour tout entier n on a $u_{n+1} \leq u_n$.

Dans certains cas, on peut raisonner directement : la suite u définie par $u_n = n + 3$ est croissante car $n + 3 \leq n + 1 + 3$, c'est-à-dire $u_n \leq u_{n+1}$ pour tout entier n.

➡ **Erreur à éviter :** ce qui est vrai pour deux termes consécutifs ne l'est pas forcément pour tous !
Considérons la suite u définie par $u_{n+1} = -\frac{u_n}{2} + 2$, avec $u_0 = 2$.

On a alors $u_1 = 1$. On pourrait conjecturer que la suite est décroissante.
Or $u_2 = 1,5$! Il faut donc veiller à raisonner pour tout entier n pour lequel la suite est définie.

➡ **Pour étudier le sens de variation, on peut :**

- Étudier le signe de la différence $u_{n+1} - u_n$.
- Uniquement dans le cas où on sait que la suite est positive, comparer le rapport $\frac{u_{n+1}}{u_n}$ à 1.
- Faire une démonstration par récurrence.

➡ **On peut aussi avoir monotonie à partir d'un certain rang uniquement.**
Considérons la suite $u_n = \frac{n+1}{n^2+2}$ pour tout entier n.

Alors $u_{n+1} - u_n = \frac{n+2}{(n+1)^2+2} - \frac{n+1}{n^2+1} = \frac{-n^2-3n+1}{(n^2+2)(n^2+2n+3)}$.

Comme $n^2 + 2 > 0$ et $n^2 + 2n + 3 > 0$, il suffit d'étudier le signe de $-n^2 - 3n + 1$. On calcule le discriminant associé $\Delta = (-3)^2 - 4 \times (-1) \times 1 = 13 > 0$. On calcule les deux racines : $x_1 = \frac{3-\sqrt{13}}{-2} \approx 0,3$ et $x_2 = \frac{3+\sqrt{13}}{-2} \approx -3$. Ainsi, si $n \geq 1$ alors $u_{n+1} - u_n < 0$: la suite u est décroissante à partir du rang 1.

Si on considère la suite $v_n = \frac{2^n}{3^n}$ alors la suite est clairement positive et $\frac{v_{n+1}}{v_n} = \frac{2}{3} < 1$: comme $v_n > 0$ on a $v_{n+1} < v_n$, la suite v est décroissante.

TOP CHRONO
C'est l'interro !

Exercice 2.1 (12 pts) *15 min*

Dans chaque cas, déterminer le sens de variation de la suite.

1. $u_n = \dfrac{3n+2}{7n+1}$
2. $v_n = \left(\dfrac{7}{3}\right)^n$
3. $w_n = \dfrac{1}{2^n}$
4. $a_n = \sin(n)$
5. $b_0 = 0$ et $b_{n+1} = b_n + 2b_n^2 + 1$
6. $c_n = (-1)^n$
7. $d_n = 1 - \dfrac{3}{n}$
8. $e_0 = 1$ et $e_{n+1} = 3e_n + 2$
   On pourra au préalable prouver que $e_n > 0$ pour tout entier *n*.

Exercice 2.2 (6 pts) *12 min*

Soit *u* la suite définie pour tout entier *n* par $u_n = \dfrac{n^2}{2^n}$.

1. Comparer 2^n et n^2. (Indication : on pourra émettre une conjecture en utilisant les premiers termes puis la démontrer par récurrence).
2. En déduire un encadrement de u_n.
3. Étudier le sens de variation de la suite *u*.

Exercice 2.3 (2 pts) *10 min*

On considère la suite *u* définie par $u_0 = 1$ et pour tout entier naturel *n*, $u_{n+1} = \sqrt{2u_n}$.

1. Démontrer que pour tout entier *n*, on a $0 < u_n \leq 2$.
2. Déterminer le sens de variation de la suite *u*.

3 EST-CE QUE LA SUITE EST ARITHMÉTIQUE ? GÉOMÉTRIQUE ?

DÉFINITION Une suite u est arithmétique si il existe un réel r tel que pour tout entier naturel n on a $u_{n+1} = u_n + r$.

- **Pour démontrer qu'une suite est arithmétique**, on peut calculer la différence $u_{n+1} - u_n$ et prouver que le résultat est constant pour tout n.

ex. Marc dépose 10 € sur son livret tous les mois sachant que le montant initial était de 100 €. Alors si on note u_n le montant de son livret au $n^{\text{ième}}$ mois après l'ouverture on a $u_{n+1} - u_n = 10$. Ainsi la suite u est arithmétique.

THÉORÈME Si u est arithmétique alors pour tous entiers n et p on a $u_n = u_0 + nr$ et $u_n = u_p + (n-p)r$

DÉFINITION Une suite u est géométrique si il existe un réel q tel que $u_{n+1} = q \times u_n$ pour tout entier naturel n.

- **Pour démontrer qu'une suite est géométrique**, il faut exprimer u_{n+1} en fonction de u_n en recherchant une factorisation.
Si on est certain que $u_n \neq 0$, on peut aussi montrer que $\frac{u_{n+1}}{u_n}$ est constant.

ex. Soit u la suite définie par $u_0 = 1$ et $u_{n+1} = 0{,}2u_n - 8$. On considère la suite v définie par $v_n = u_n + 10$. Montrer que la suite v est géométrique.

On exprime v_{n+1} en fonction de v_n :

$$v_{n+1} = u_{n+1} + 10 = 0{,}2u_n - 8 + 10 = 0{,}2u_n + 2 = 0{,}2(u_n + 10) = 0{,}2v_n$$

Ainsi la suite v est géométrique de raison 0,2.

THÉORÈME Si v est géométrique de raison q alors pour tous entiers n et p on a $u_n = u_0 \times q^n$ et $u_n = u_p \times q^{n-p}$

- **ATTENTION** : Beaucoup de suites ne sont ni arithmétiques ni géométriques.

TOP CHRONO
C'est l'interro !

Exercice 3.1 (4 pts) *5 min*

Parmi les suites suivantes, déterminer celles qui sont arithmétiques, géométriques. Attention, certaines suites ne sont peut-être ni l'un ni l'autre.

1. $u_n = 3n + 2$

2. $v_n = \dfrac{2}{3^n}$

3. $a_0 = 0$ et $a_{n+1} = 2a_n + 5$

4. $b_0 = 1$ et $b_{n+1} = b_n - 7$

Exercice 3.2 (6 pts) *15 min*

Soit u la suite définie par $u_0 = 1000$ et $u_{n+1} = 0{,}4u_n + 480$.

1. **a.** Calculer u_1 et u_2.

b. Montrer que pour tout entier n, on a $u_n \geq 800$.

c. En déduire que la suite u est décroissante.

2. On considère la suite v définie par $v_n = u_n - 800$.

a. Montrer que la suite v est géométrique et préciser sa raison et son premier terme.

b. Exprimer v_n en fonction de n, puis u_n en fonction de n.

c. En déduire la valeur exacte de u_{50}.

4 COMMENT UTILISER MA CALCULATRICE DANS L'ÉTUDE D'UNE SUITE ?

Les calculatrices graphiques permettent de calculer les termes d'une suite, d'obtenir la représentation graphique et d'émettre des conjectures sur le sens de variation et l'éventuelle convergence de la suite.

Pour les suites définies explicitement

Soit u la suite définie par $u_n = \dfrac{3n+2}{5n+1}$.

- Casio

En utilisant le menu RECUR et le type an=, on entre la formule. Puis on peut faire afficher la table de 21 premières valeurs (en précisant dans RANG le dernier rang).

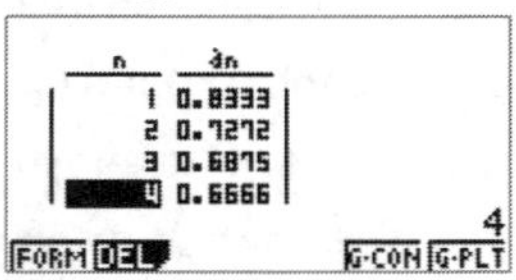

- Texas Instrument

Il faut paramétrer la calculatrice dans MODE et sélectionner Seq au lieu de Func. Puis dans Y=, entrer la formule. Faire afficher la table.

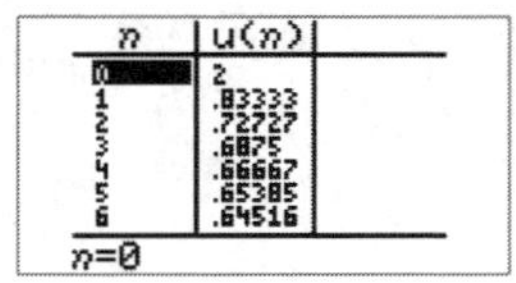

On peut alors conjecturer que la suite est décroissante et convergente vers 0,6.

Pour les suites définies par récurrence

Soit u définie par $u_0 = 1$ et $u_{n+1} = \dfrac{3u_n+2}{5u_n+1}$.

- Casio

En utilisant le menu RECUR et la type an+1=, on entre la formule. Il ne faut pas oublier de préciser les paramètres dans RANG et entrer la valeur initiale a0. Puis on fait afficher la table des 21 premières valeurs.

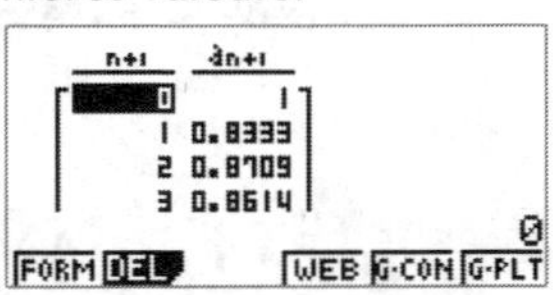

- Texas Instrument

On entre la formule en décalant bien les indices de termes (u_{n+1} devient u_n et u_n devient u_{n-1}) et en précisant la valeur du premier terme. Puis on fait afficher la table.

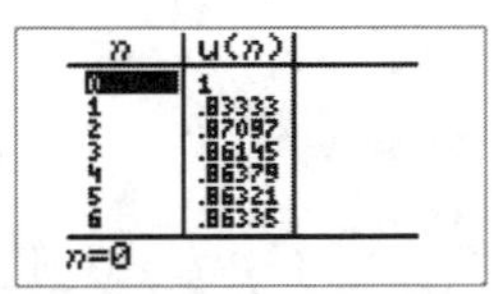

On peut alors conjecturer que u est décroissante et convergente vers 0,8633.

TOP CHRONO
C'est l'interro !

Exercice 4.1 (4 pts) *10 min*

A l'aide de la calculatrice, conjecturer le sens de variation et la limite éventuelle de chaque suite.

1. $u_n = 3n^2 + 10n + 5$

2. $u_n = \dfrac{2n+10}{4n^2 - n + 1}$

3. $u_0 = 1$ et $u_{n+1} = 2u_n - 3$

4. $u_0 = 2$ et $u_{n+1} = \dfrac{u_n + 1}{2u_n + 3}$

Exercice 4.2 (7 pts) *20 min*

On considère la suite u définie par $u_0 = 0$ et $u_{n+1} = 0{,}5u_n + 1$.

Partie A

1. Calculer u_1 et u_2.

2. A l'aide de la calculatrice, répondre aux questions suivantes.

   a. Quel encadrement peut-on donner de chaque terme u_n ?

   b. Quelle conjecture peut-on formuler sur le sens de variation de la suite ?

   c. La suite semble-t-elle convergente ? Si oui vers quelle valeur ?

Partie B

On se propose dans cette partie de démontrer les conjectures faites dans la partie I.

1. Démontrer par récurrence que pour tout entier n on a $0 \leq u_n \leq 2$.

2. En déduire que la suite u est croissante.

3. On considère la suite v définie par $v_n = u_n - 2$.

   a. Montrer que la suite v est géométrique et préciser sa raison et son premier terme.

   b. En déduire une expression de v_n en fonction de n, puis de u_n en fonction de n.

   c. En déduire la limite de la suite u.

TOP CHRONO
C'est l'interro ! (suite)

Exercice 4.3 (7 pts) *30 min*

Soit u la suite définie par $u_0 = 1$ et $u_{n+1} = \sin(u_n)$.

PARTIE A

A l'aide de la calculatrice répondre aux questions suivantes.

1. Quel encadrement peut-on donner de chaque terme u_n ?

2. Quelle conjecture peut-on formuler sur le sens de variation de la suite ?

3. La suite semble-t-elle convergente ? Si oui vers quelle valeur ?

PARTIE B

On considère la fonction $f(x) = \sin(x) - x$ définie sur $\mathbb{R}$.

1. Calculer $f(0)$.

2. Étudier le sens de variation de la fonction f.

3. En déduire le signe de f.

PARTIE C

On décide de prouver les conjectures de la partie I.

1. Démontrer par récurrence que pour tout entier naturel n on a $0 \leq u_n \leq 1$.

2. **a.** Montrer que pour tout entier n, $u_{n+1} - u_n = f(u_n)$.

b. En déduire que la suite u est décroissante.

3. En déduire que la suite est convergente. On admet que sa limite vaut 0.

5 COMMENT UTILISER LES OPÉRATIONS POUR DÉTERMINER UNE LIMITE ?

Il existe quatre tableaux sur les opérations et les limites : somme, produit, quotient dont la limite du dénominateur est non nulle et quotient dont la limite du dénominateur est nulle.

- **Pour déterminer une limite, il faut :**
  - Identifier clairement l'opération utilisée dans l'expression (somme, produit, quotient) ainsi que l'expression de chaque terme
  - Déterminer la limite de chaque terme
  - Conclure en utilisant le résultat du tableau approprié à l'opération

- **Pour déterminer la limite de chaque terme**, on peut être amené à utiliser d'autres opérations. Il n'est pas nécessaire de trop détailler sans quoi le calcul devient interminable. En particulier, l'addition ou la multiplication par des constantes ne sont pas à détailler.

$u_n = 3n^2 + 2n - 1$ est la somme de $3n^2$ et $2n - 1$.

$$\left.\begin{array}{l}\lim\limits_{n\to+\infty} 3n^2 = +\infty \\ \lim\limits_{n\to+\infty} 2n-1 = +\infty\end{array}\right\}\text{Par somme, } \lim\limits_{n\to+\infty} u_n = +\infty.$$

$v_n = (n+1)\left(\sqrt{n}-2\right)$ est le produit de $n+1$ et de $\sqrt{n}-2$.

$$\left.\begin{array}{l}\lim\limits_{n\to+\infty} n+1 = +\infty \\ \lim\limits_{n\to+\infty} \sqrt{n}-2 = +\infty\end{array}\right\}\text{Par produit, } \lim\limits_{n\to+\infty} v_n = +\infty.$$

$w_n = \dfrac{5-\frac{1}{n}}{3+2n^2}$ est le quotient de $5-\dfrac{1}{n}$ et de $3 + 2n^2$.

$$\left.\begin{array}{l}\lim\limits_{n\to+\infty} 5-\dfrac{1}{n} = 5 \\ \lim\limits_{n\to+\infty} 3+2n^2 = +\infty\end{array}\right\}\text{Par quotient, } \lim\limits_{n\to+\infty} w_n = 0.$$

TOP CHRONO
C'est l'interro !

Exercice 5.1 (4 pts) *10 min*

Alexis a rédigé son exercice mais a commis plusieurs erreurs. À vous de les trouver et de les corriger.

1. $u_n = -3n^2(2n+1)$

$\left.\begin{array}{l}\lim\limits_{n\to+\infty} 3n^2 = +\infty \\ \lim\limits_{n\to+\infty} 2n+1 = +\infty\end{array}\right\}$ Par produit, $\lim\limits_{n\to+\infty} u_n = +\infty$.

2. $u_n = (1-2n)(3-4n)$

$\left.\begin{array}{l}\lim\limits_{n\to+\infty} 1-2n = -\infty \\ \lim\limits_{n\to+\infty} 3-4n = -\infty\end{array}\right\}$ Par produit, $\lim\limits_{n\to+\infty} u_n = -\infty$.

3. $u_n = 3^n + 2n^2 - 1$

$\left.\begin{array}{l}\lim\limits_{n\to+\infty} 3^n = 0 \\ \lim\limits_{n\to+\infty} 2n^2 - 1 = +\infty\end{array}\right\}$ Par produit, $\lim\limits_{n\to+\infty} u_n = +\infty$.

4. $u_n = 0{,}2^n - n^2$

$\left.\begin{array}{l}\lim\limits_{n\to+\infty} 0{,}2^n = 0 \\ \lim\limits_{n\to+\infty} n^2 = +\infty\end{array}\right\}$ Par somme, $\lim\limits_{n\to+\infty} u_n = +\infty$.

Exercice 5.2 (12 pts) *20 min*

Déterminer la limite de chaque suite.

1. $u_n = -4n^2 - 2n + 3$

2. $u_n = (3n+1)(4-n)$

3. $u_n = -2n^2(4n^2+1)$

4. $u_n = \dfrac{3n+1}{6-\dfrac{1}{n}}$

5. $u_n = 2^n + n^2$

6. $u_n = 0{,}5^n - n + 2$

7. $u_n = 4n^3 + 5n^2 + 2n + 1$

8. $u_n = \dfrac{3}{6n+2}$

9. $u_n = \dfrac{-2}{3n^2+n-2}$

10. $u_n = \dfrac{1}{n} \times \left(3 - \dfrac{1}{n^2}\right)$

11. $u_n = \left(1 + \dfrac{3}{n}\right)\left(4n^2 + \dfrac{1}{n}\right)$

12. $u_n = (1-3^n)(2n^2+n+1)$

Exercice 5.3 (4 pts) *20 min*

Soit u la suite définie par $u_n = \dfrac{1}{2^n} + 2n - 1$ pour tout entier naturel n.

On pose $S_n = u_0 + u_1 + \ldots + u_n = \sum\limits_{k=0}^{n} u_k$.

1. Quel est le signe de u_n ?

2. Étudier le sens de variation de la suite S_n.

3. Étudier le comportement à l'infini de la suite S_n.

6 COMMENT DÉTERMINER LA LIMITE DANS LE CAS D'UNE FORME INDÉTERMINÉE ?

Il existe quatre formes pour lesquelles on ne peut pas déterminer la limite sans transformer l'expression. Ces formes sont les types :

« $\infty - \infty$ », « $0 \times \infty$ », « $\dfrac{\infty}{\infty}$ » et « $\dfrac{0}{0}$ ».

- **Dans le cas d'une fonction polynomiale ou d'une différence de deux puissances** (type « $\infty - \infty$ »), on met en facteur le terme prédominant (terme de plus haut degré pour le polynôme ou nombre le plus grand pour les puissances) et on utilise les résultats sur le produit de deux limites.
- **Dans le cas d'une fonction rationnelle** (type « ∞ / ∞ »), on met en facteur au numérateur et au dénominateur le terme de plus haut degré, on simplifie et on détermine la limite.
- **Dans le cas d'une différence de racines carrées** $\sqrt{a} - \sqrt{b}$ on peut multiplier en haut et en bas par la quantité conjuguée $\sqrt{a} + \sqrt{b}$.

ex. Soit $u_n = 2n^2 - 3n + 2$ alors comme $\lim\limits_{n\to+\infty} 2n^2 = +\infty$ et $\lim\limits_{n\to+\infty} -3n+2 = -\infty$ on a une forme indéterminée de type « $\infty - \infty$ ». On factorise par le terme de plus haut degré $2n^2$. $u_n = 2n^2\left(1 - \dfrac{3n}{2n^2} + \dfrac{2}{2n^2}\right) = 2n^2\left(1 - \dfrac{3}{2n} + \dfrac{1}{n^2}\right)$ $\lim\limits_{n\to+\infty} 2n^2 = +\infty$.

D'autre part, $\lim\limits_{n\to+\infty} \dfrac{3}{2n} = \lim\limits_{n\to+\infty} \dfrac{1}{n^2} = 0$ donc $\lim\limits_{n\to+\infty} 1 - \dfrac{3}{2n} + \dfrac{1}{n^2} = 1$

Par produit, $\lim\limits_{n\to+\infty} u_n = +\infty$. Soit $v_n = \dfrac{n^2+3}{2n^2-n+1}$ alors on a une forme indéterminée de type « ∞ / ∞ ». On factorise au numérateur et au dénominateur par le terme de plus haut degré.

$$v_n = \frac{n^2\left(1+\dfrac{3}{n^2}\right)}{2n^2\left(1-\dfrac{n}{2n^2}+\dfrac{1}{2n^2}\right)} = \frac{1+\dfrac{3}{n^2}}{2\left(1-\dfrac{1}{2n}+\dfrac{1}{2n^2}\right)} \quad \left.\begin{array}{l} \lim\limits_{n\to+\infty} 1+\dfrac{3}{n^2} = 1 \\ \lim\limits_{n\to+\infty} 2\left(1-\dfrac{1}{2n}+\dfrac{1}{2n^2}\right) = 2 \end{array}\right\} \text{Par quotient, } \lim_{n\to+\infty} v_n = \frac{1}{2}.$$

Soit $w_n = \sqrt{2n+1} - \sqrt{2n}$ alors on a une forme indéterminée de type « $\infty - \infty$ ».

On multiplie par la quantité conjuguée $\sqrt{2n+1} + \sqrt{2n}$.

$$w_n = \frac{(\sqrt{2n+1}-\sqrt{2n})(\sqrt{2n+1}+\sqrt{2n})}{\sqrt{2n+1}+\sqrt{2n}} = \frac{(\sqrt{2n+1})^2-(\sqrt{2n})^2}{\sqrt{2n+1}+\sqrt{2n}} = \frac{2n+1-2n}{\sqrt{2n+1}+\sqrt{2n}} = \frac{1}{\sqrt{2n+1}+\sqrt{2n}}$$

Par somme, $\lim\limits_{n\to+\infty} \sqrt{2n+1} = \lim\limits_{n\to+\infty} \sqrt{2n} = +\infty$ donc $\lim\limits_{n\to+\infty} \sqrt{2n+1} + \sqrt{2n} = +\infty$.

Par quotient, $\lim\limits_{n\to+\infty} w_n = 0$.

TOP CHRONO
C'est l'interro !

Exercice 6.1 (12 pts) *30 min*

Dans chaque cas, déterminer la limite de la suite.

1. $u_n = 6n^3 - 2n^2 + 3n - 1$
2. $u_n = \dfrac{n^3 - n^2 + 1}{n^2}$
3. $u_n = \dfrac{2n+1}{n^2 - 3}$
4. $u_n = 3^n \times \dfrac{-n^2}{2n^2 + 3}$
5. $u_n = 2^n + n^3 - n^2 + 3n + 1$
6. $u_n = 3^n - 2^n$
7. $u_n = 0{,}5^n \times \dfrac{n^2}{2n^3 + 1}$
8. $u_n = \sqrt{2n+3} - \sqrt{2n}$
9. $u_n = \sqrt{2n} - \sqrt{n}$
10. $u_n = 5^n - 3^n + n^3$

Exercice 6.2 (6 pts) *15 min*

Soit f la fonction définie pour $x \neq 1$ par $f(x) = \dfrac{5x-9}{x-1}$.

On considère la suite u définie par $u_0 = 5$ et $u_{n+1} = f(u_n)$ pour tout entier naturel n (on admet que u est bien définie).

Partie A

1. Calculer u_1 et u_2.
2. A l'aide de la calculatrice, quelle conjecture peut-on faire sur le sens de variation de la suite ? sur son comportement à l'infini ?

Partie B

Soit v la suite définie par $v_n = \dfrac{1}{u_n - 3}$ (on admet que pour tout entier n, $u_n \neq 3$).

1. Montrer que la suite v est arithmétique et préciser sa raison et son premier terme.
2. Exprimer v_n en fonction de n, puis u_n en fonction de n.
3. Quel est le sens de variation de la suite u ?
4. Déterminer la limite de la suite u.

7 COMMENT UTILISER LE THÉORÈME DE COMPARAISON ET LE THÉORÈME DES GENDARMES ?

THÉORÈME

- Soit u et v deux suites telles que $u_n \leq v_n$ à partir d'un certain rang et $\lim\limits_{n \to +\infty} u_n = +\infty$

  alors $\lim\limits_{n \to +\infty} v_n = +\infty$.

- Soit u et v deux suites telles que $v_n \leq u_n$ à partir d'un certain rang et $\lim\limits_{n \to +\infty} u_n = -\infty$

  alors $\lim\limits_{n \to +\infty} v_n = -\infty$.

➡ **Ce théorème est inutilisable dans le cas d'une limite finie.**

ex. Soit u la suite définie par $u_n = n + (-1)^n$. Le terme $(-1)^n$ n'admet pas de limite.

En revanche il vaut 1 ou –1 donc on a $-1 \leq (-1)^n$. Par conséquent, $n - 1 \leq u_n$.

$\lim\limits_{n \to +\infty} n - 1 = +\infty$. Par comparaison, $\lim\limits_{n \to +\infty} u_n = +\infty$.

THÉORÈME DES GENDARMES

Soit u, v et w trois suites telles que $v_n \leq u_n \leq w_n$ à partir d'un certain rang et v et w qui convergent vers la même limite.
Alors la suite u est convergente et a la même limite que v et w.

ex. Soit $u_n = \dfrac{\cos(n)}{n}$ pour $n > 0$. La suite $(\cos(n))$ n'admet pas de limite.

Par contre, $-1 \leq \cos(n) \leq 1$ pour tout $n > 0$ d'où $\dfrac{-1}{n} \leq u_n \leq \dfrac{1}{n}$.

Or $\lim\limits_{n \to +\infty} \dfrac{1}{n} = 0$. Par le théorème des gendarmes, $\lim\limits_{n \to +\infty} u_n = 0$.

TOP CHRONO
C'est l'interro !

Exercice 7.1 (10 pts) *25 min*

En utilisant un théorème de comparaison ou le théorème des gendarmes, déterminer la limite des suites suivantes :

1. $a_n = 2n^2 - 3n + (-1)^n$
2. $b_n = \dfrac{\cos(n) + \sqrt{n}}{n} \quad (n \geq 1)$
3. $c_n = \dfrac{n + \sin(n)}{2n^2} \quad (n \geq 1)$
4. $d_n = \displaystyle\sum_{k=1}^{n} \frac{n}{n^2 + k}$
5. $e_n = \dfrac{(-1)^n \sin(n)}{n-2} (n \geq 3)$

Exercice 7.2 (4 pts) *15 min*

Soit u la suite définie par $\begin{cases} u_0 = 1 \\ u_{n+1} = \dfrac{1}{3}u_n + n - 2 \end{cases}$

1. Calculer u_1, u_2, u_3.
2. **a.** Démontrer que pour tout entier $n \geq 4$, $u_n \geq 0$.
   b. En déduire que pour tout entier $n \geq 5$, $u_n \geq n - 3$.
   c. Déterminer la limite de u.

Exercice 7.3 (6 pts) *20 min*

Soit f la fonction définie sur $\mathbb{R}$ par $f(x) = 1{,}4x - 0{,}05x^2$.

1. Étudier le sens de variation de f sur [0 ;8].
2. Soit u la suite définie par $u_0 = 2$ et $u_{n+1} = f(u_n)$.
   a. Montrer que $2 \leq u_n \leq u_{n+1} \leq 8$.
   b. En déduire que u est convergente.
3. **a.** Montrer que pour tout réel x, $f(x) - 8 = -0{,}05(x - 20)(x - 8)$.
   b. Montrer que pour tout entier n, $8 - v_{n+1} \leq 0{,}9(8 - v_n)$
   c. En déduire que pour tout entier naturel n, $8 - v_n \leq 6 \times 0{,}9^n$.
   d. Conclure quant à la valeur de la limite.

8 QUELS ALGORITHMES AVEC LES SUITES ?

On utilise en général des algorithmes dans le cas des suites pour :

- déterminer la valeur d'un terme de rang donné
- déterminer un seuil : dans le cas d'une suite croissante de limite $+\infty$ le rang du premier terme supérieur à un réel M ; ou dans le cs d'une suite convergente vers un réel l, le rand du premier terme u_n tel que la distance entre la limite l et ce terme u_n soit inférieure à un réel donné ε.

Dans le cas d'une suite définie par récurrence, l'utilisation d'une boucle est nécessaire. Dans le cas de la recherche d'un seuil, la boucle Tant que est nécessaire.

ex. Soit u la suite définie par $u_0 = 3$ et $u_{n+1} = \dfrac{2u_n}{u_n + 1}$.

Un algorithme pour calculer le terme de rang n donné peut être :

Variables

n en entrée

u, *k* deux réels

Début

u prend la valeur 3

Pour *k* de 1 à *n* faire

u prend la valeur $\dfrac{2u}{u+1}$

Fin pour

Afficher *u*

Fin

On peut démontrer que cette suite est décroissante et convergente vers 1. On souhaite connaître à partir de quel rang les termes de la suite sont à la distance ε de 1. Un algorithme qui permet de répondre à ce problème est le suivant :

Variables

ε en entrée

u, *k* deux réels

Début

u prend la valeur 3

k prend la valeur 0

Tant que $u - 1 \geq \varepsilon$ faire

u prend la valeur $\dfrac{2u}{u+1}$

k prend la valeur k+1

Fin pour

Afficher *k*

Fin

TOP CHRONO
C'est l'interro !

Exercice 8.1 (5 pts) *10 min*

Dans chaque cas, écrire un algorithme qui permette de calculer le terme de rang n donné en entrée de la suite.

1. $\dfrac{3^n}{n!}$
2. $v_0 = -2$ et $v_{n+1} = -0{,}5v_n^2 + 4v_n - 1$ pour tout entier n.
3. $v_0 = 1$, $v_1 = 1$ et pour tout entier n, $v_{n+2} = v_{n+1} + v_n$.

Exercice 8.2 (4 pts) *15 min*

On considère la suite u définie par :

$$\begin{cases} u_0 = 1 \\ u_{n+1} = \dfrac{1}{2}u_n + n - 1 \end{cases}$$

On admet que $\lim\limits_{n \to +\infty} u_n = +\infty$. Marc souhaite déterminer à partir de quel rang le terme de la suite u_n dépasse 1000. Il écrit l'algorithme suivant :

Variables
n entier naturel
u réel
Début
n prend la valeur 0
u prend la valeur 1
Tant que $u < 1000$ faire
  n prend la valeur n + 1
  u prend la valeur $\dfrac{1}{2}u + n - 1$
Fin tant que
Afficher n
Fin

1. Marc a commis une erreur, laquelle ? Corrigez-la !
2. Modifier l'algorithme corrigé pour déterminer à partir de quel rang le terme u_n dépasse le seuil M avec M donné.

Exercice 8.3 (4 pts) *10 min*

On considère deux suites u et v définies par : $\begin{cases} u_0 = 0 \quad \text{et} \quad v_0 = 2 \\ u_{n+1} = \dfrac{1}{2}u_n + v_n \\ v_{n+1} = 2v_n - u_n \end{cases}$

Écrire un algorithme qui permet de calculer u_n et v_n pour un rang n donné.

COMPLÉMENTS SUR LES FONCTIONS NUMÉRIQUES

9 COMMENT ÉTUDIER LA DÉRIVABILITÉ D'UNE FONCTION EN UN POINT ?

DÉFINITION

Soit f une fonction définie sur un intervalle I et $a \in \mathrm{I}$. f est dérivable en a si le taux de variation de f en a, défini par $t(h)=\dfrac{f(a+h)-f(a)}{h}$ admet une limite finie l. Cette limite est alors appelée nombre dérivé de f en a et noté $f'(a)$.

ex. Soit $f(x)=\sqrt{x+2}$ définie sur $[2;+\infty[$. Etudions la dérivabilité de f en 0 :

$$t(h)=\frac{f(a+h)-f(a)}{h}=\frac{\sqrt{0+h+2}-\sqrt{2}}{h}=\frac{\sqrt{h+2}-\sqrt{2}}{h}$$

On ne peut pas déterminer la limite avec cette écriture car on a une forme indéterminée (le numérateur et le dénominateur tendant vers 0 quand h tend vers 0).

Multiplions le numérateur et le dénominateur par la quantité conjuguée :

$$t(h)=\frac{(\sqrt{h+2}-\sqrt{2})(\sqrt{h+2}+\sqrt{2})}{h(\sqrt{h+2}+\sqrt{2})}=\frac{h+2-2}{h(\sqrt{h+2}+\sqrt{2})}=\frac{1}{\sqrt{h+2}+\sqrt{2}}$$

$\lim\limits_{h\to 0}\sqrt{h+2}+\sqrt{2}=2\sqrt{2}$. Par quotient, $\lim\limits_{h\to 0}t(h)=\dfrac{1}{2\sqrt{2}}$.

Ainsi f est dérivable en 0 et $f'(0)=\dfrac{1}{2\sqrt{2}}$.

Etudions la dérivabilité de f en -2 :

$$t(h)=\frac{f(-2+h)-f(-2)}{h}=\frac{\sqrt{-2+h+2}}{h}=\frac{\sqrt{h}}{h}=\frac{1}{\sqrt{h}} \quad \lim_{h\to 0}\sqrt{h}=0^+$$

d'où $\lim\limits_{h\to 0}t(h)=+\infty$

Ainsi f n'est pas dérivable en -2.

TOP CHRONO

C'est l'interro !

Exercice 9.1 (6 pts) *20 min*

Dans chaque cas étudier la dérivabilité de la fonction en a.

1. $f(x)=4x^2-x+3$ et $a = 1$.
2. $g(x)=\dfrac{1}{2x+1}$ et $a = 2$.
3. $u(x)=\dfrac{1}{x^2+1}$ et $a = 0$.
4. $v(x)=\sqrt{1-x}$ et $a = 1$.

Exercice 9.2 (10 pts) *30 min*

1. Soit $f(x)=\sqrt{x(2-x)}$ définie sur $[0;2]$.
   - **a.** Étudier la dérivabilité de f en 0.
   - **b.** Étudier la dérivabilité de f en 2.
2. Soit $g(x)=x\,f(x)=x\sqrt{x\,(2-x)}$ définie sur $[0;2]$.
   - **a.** Étudier la dérivabilité de g en 0.
   - **b.** Étudier la dérivabilité de g en 2.
3. Soit $u(x)=\dfrac{f(x)}{x}$ définie sur $]0\,;\,2]$. Étudier la dérivabilité de u en 2.

10 COMMENT APPLIQUER LES FORMULES DE DÉRIVATION SUR LES OPÉRATIONS DE FONCTIONS ?

PROPRIÉTÉ

Soit u et v deux fonctions dérivables sur un intervalle I et k un réel. Alors :

- ku est dérivable sur I, de dérivée ku'.
- $u + v$ est dérivable sur I, de dérivée $u' + v'$.
- uv est dérivable sur I, de dérivée $u'v + uv'$.
- $\frac{1}{v}$ est dérivable pour tout réel de I tel que $v(x) \neq 0$, de dérivée $-\frac{v'}{v^2}$.
- $\frac{u}{v}$ est dérivable pour tout réel de I tel que $v(x) \neq 0$, de dérivée $\frac{u'v - uv'}{v^2}$.

Pour calculer la dérivée d'une fonction, il faut d'abord identifier l'opération utilisée (somme, produit, quotient) et préciser l'ensemble de dérivabilité. Puis appliquer la formule de dérivation en identifiant correctement les fonctions u et v en jeu.

ex. Soit $f(x) = (3x^2 - x + 1)(1 + \sqrt{x})$. Alors f est le produit de $u(x) = 3x^2 - x + 1$ et de $v(x) = 1 + \sqrt{x}$. Par la présence de v, f est définie sur $[0;+\infty[$ et dérivable sur $]0;+\infty[$.

On a $u'(x) = 3 \times 2x - 1 = 6x - 1$ et $v'(x) = \frac{1}{2\sqrt{x}}$

d'où $f'(x) = (6x-1)(1+\sqrt{x}) + (3x^2 - x + 1)\frac{1}{2\sqrt{x}}$.

ex. Soit $g(x) = \frac{3x+2}{1-x}$ alors g est le quotient de $u(x) = 3x + 2$ et de $v(x) = 1 - x$.

Alors g est définie et dérivable sur $\mathbb{R} \setminus \{1\}$.

Comme $u'(x) = 3$ et $v'(x) = 1$, on a $g'(x) = \frac{3(1-x) - (3x+2)(-1)}{(1-x)^2} = \frac{5}{(1-x)^2}$.

Le calcul de la fonction dérivée est important car l'étude du signe de la dérivée permet de déterminer le sens de variation de la fonction f :

- si $f'(x) \geq 0$ sur I alors f est croissante sur I.
- si $f'(x) \leq 0$ sur I alors f est décroissante sur I.

TOP CHRONO
C'est l'interro !

Exercice 10.1 (9 pts) *15 min*

Dans chaque cas, préciser l'ensemble de définition puis de dérivabilité de la fonction et calculer la dérivée.

1. $a(x) = 4x^3 - 3x^2 - x + 1$
2. $b(x) = (\sqrt{x} + 2)(3x - 1)$
3. $c(x) = \dfrac{x^2 - 2}{x^2 + x + 1}$
4. $d(x) = \dfrac{1}{x^2 - x - 2}$

Exercice 10.2 (7 pts) *20 min*

Soit $f(x) = \dfrac{2x+1}{3-x}$ de représentation graphique C_f dans un repère orthonormé.

1. Quel est l'ensemble de définition de f ?
2. a. En précisant l'ensemble de dérivabilité de f, calculer $f'(x)$.
   b. En déduire le sens de variation de f.
3. a. Déterminer l'équation de la tangente d à C_f en 1.
   b. Étudier la position relative de C_f et de d.
   c. Tracer C_f et d.

Exercice 10.3 (5 pts) *15 min*

Soit $f(x) = \dfrac{3x+1}{x^2 - x - 2}$.

1. Quel est l'ensemble de de définition de f ?
2. a. Après avoir précisé l'ensemble de dérivabilité de f, calculer la dérivée $f'(x)$.
   b. Dresser le tableau de variation de f.

11 COMMENT CALCULER LA DÉRIVÉE D'UNE FONCTION COMPOSÉE ?

PROPRIÉTÉ

On peut rencontrer quatre types de composée :

- $f(x)=\sqrt{u(x)}$ avec *u* une fonction numérique, *f* est définie pour toutes valeurs de *x* telles que $u(x)\geq 0$ et dérivable pour toutes valeurs de *x* telles que $u(x)>0$.
  On a alors $f'(x)=\dfrac{u'(x)}{2\sqrt{u(x)}}$.
- $f(x)=(u(x))^n$ avec $n\geq 1$. Alors *f* est définie et dérivable sur le même ensemble que *u* et $f'(x)=nu'(x)(u(x))^{n-1}$.
- $f(x)=\dfrac{1}{(u(x))^n}$ avec $n\geq 1$. Alors *f* est définie et dérivable pour toutes valeurs de *x* telles que *u* soit dérivable et $u(x)\neq 0$ et $f'(x)=\dfrac{-nu'(x)}{(u(x))^{n+1}}$.
- $f(x)=g(ax+b)$ avec *g* une fonction numérique et *a* et b deux réels. Alors si *f* est dérivable sur I on a $f'(x)=ag'(ax+b)$.

ex. Soit $f(x)=\sqrt{x^2+x+1}$. Pour déterminer l'ensemble de définition de *f*, il faut résoudre l'inéquation $x^2+x+1\geq 0$. $\Delta=1^2-4\times1\times1=-3<0$ donc x^2+x+1 est toujours strictement positif. Ainsi f est définie et dérivable sur $\mathbb{R}$.

De plus, $f'(x)=\dfrac{2x+1}{2\sqrt{x^2+x+1}}$.

ex. Soit $g(x)=\cos(3x+1)$ alors *g* est définie et dérivable sur $\mathbb{R}$ et $g'(x)=-3\sin(3x+1)$.

TOP CHRONO
C'est l'interro !

Exercice 11.1 (12 pts) *20 min*

Dans chaque cas, déterminer l'ensemble de dérivabilité et calculer la dérivée de la fonction.

1. $f(x)=\sqrt{x^2-3x+2}$
2. $g(x)=\dfrac{1}{(2x+1)^3}$
3. $h(x)=(\cos(x)-\sin(x))^4$
4. $i(x)=\sqrt{\sin(x)+1}$
5. $j(x)=\cos^3(x)-\sin^3(x)$
6. $k(x)=\cos(3x-1)$

Exercice 11.2 (8 pts) *20 min*

Soit $f(x)=\sqrt{x^3+3x^2-9x}$.

1. Déterminer l'ensemble de définition de *f*.
2. **a.** Déterminer l'ensemble de dérivabilité de *f* et calculer $f'(x)$.
   b. Étudier le signe de $f'(x)$.
   c. En déduire le sens de variation de *f*.

12 QUE DOIT-ON SAVOIR SUR LES FONCTIONS TRIGONOMÉTRIQUES ?

DÉFINITION

Pour tout réel x, on associe un unique point sur le cercle trigonométrique par enroulement de la droite des réels sur ce cercle. Dès lors, ce point admet une abscisse appelée $\cos(x)$ et une ordonnée appelée $\sin(x)$.

Par construction on a alors un certain nombre de propriétés que l'on retrouve par simple considération géométrique.

PROPRIÉTÉ

Pour tout réel x :

$-1 \leq \cos(x) \leq 1$ et $-1 \leq \sin(x) \leq 1$.

$\cos(x+2\pi) = \cos(x)$ et $\sin(x+2\pi) = \sin(x)$

$\cos(-x) = \cos(x)$ et $\sin(-x) = -\sin(x)$

$\cos(x+\pi) = -\cos(x)$ et $\sin(x+\pi) = -\sin(x)$

$\cos(\pi - x) = -\cos(x)$ et $\sin(\pi - x) = \sin(x)$

$\cos\left(x+\frac{\pi}{2}\right) = -\sin(x)$ et $\sin\left(x+\frac{\pi}{2}\right) = \cos(x)$

$\cos\left(\frac{\pi}{2}-x\right) = \sin(x)$ et $\sin\left(\frac{\pi}{2}-x\right) = \cos(x)$

D'autre part, les fonctions cosinus et sinus sont dérivables sur $\mathbb{R}$ et $\cos'(x) = -\sin(x)$ et $\sin'(x) = \cos(x)$.

La résolution d'équations ou inéquations trigonométriques se fait en s'appuyant sur le cercle et sur les valeurs particulières.

A l'aide du produit scalaire, on a les formules :

Pour tous réels a et b :

$\cos(a+b) = \cos(a)\cos(b) - \sin(a)\sin(b)$

$\cos(a-b) = \cos(a)\cos(b) + \sin(a)\sin(b)$

$\sin(a+b) = \sin(a)\cos(b) + \cos(a)\sin(b)$

$\sin(a-b) = \sin(a)\cos(b) - \cos(a)\sin(b)$

TOP CHRONO
C'est l'interro !

Exercice 12.1 (12 pts) *30 min*

Résoudre dans $\mathbb{R}$ les équations suivantes :

1. $\sin(x) = -1$
2. $\cos(x) = \frac{1}{2}$
3. $\sin(x) = \sin\left(\frac{\pi}{3}\right)$
4. $\cos(x) = -\cos\left(\frac{\pi}{4}\right)$
5. $\sin\left(x + \frac{\pi}{6}\right) = 1$
6. $\sin\left(3x - \frac{\pi}{2}\right) = \sin\left(\frac{3\pi}{4}\right)$
7. $\cos(2x) = \frac{\sqrt{2}}{2}$
8. $\cos\left(\frac{x}{2} + \frac{\pi}{3}\right) = -\cos\left(\frac{\pi}{6}\right)$

Exercice 12.2 (6 pts) *10 min*

Résoudre dans $[-\pi;\pi]$.

1. $\cos(x) \geq \frac{1}{2}$
2. $\sin(x) \leq 0$
3. $\cos\left(2x + \frac{\pi}{4}\right) \geq 0$

Exercice 12.3 (6 pts) *20 min*

Soit $f(x) = \cos^3(x) - \sin^3(x)$ définie sur $[-\pi;\pi]$.

1. **a.** Démontrer que pour tout réel *x*, $\sqrt{2}\cos\left(x - \frac{\pi}{4}\right) = \cos(x) + \sin(x)$

   b. Démontrer que pour tout réel de $[-\pi;\pi]$, $f'(x) = -3\sqrt{2}\sin(x)\cos(x)\cos\left(x - \frac{\pi}{4}\right)$

2. A l'aide d'un tableau de signes, déterminer le signe de $f'(x)$ et en déduire les variations de *f*.
3. Tracer la courbe représentative de *f*.

13 COMMENT ÉTUDIER LA PARITÉ D'UNE FONCTION ? LA PÉRIODICITÉ D'UNE FONCTION ?

DÉFINITION

Soit f une fonction définie sur un ensemble D. Soit $x \in D$:

- Si $-x \in D$ et $f(-x) = f(x)$ alors f est paire.
- Si $-x \in D$ et $f(-x) = f(x)$ alors f est impaire.

PROPRIÉTÉ

- Une fonction est paire si et seulement si sa courbe est symétrique par rapport à l'axe des ordonnées.
- Une fonction est impaire si et seulement si sa courbe est symétrique par rapport à l'origine.

ex. La fonction cosinus est paire et la fonction sinus est impaire.

ex. Soit $f(x) = \cos(3x) - 2$ définie sur $[-4\pi;4\pi]$.

Soit $x \in [-4\pi;4\pi]$

alors $-x \in [-4\pi;4\pi]$

et $f(-x) = \cos(3\times(-x)) - 2 = \cos(-3x) - 2 = \cos(3x) - 2 = f(x)$.

Ainsi f est paire.

DÉFINITION

Un fonction f définie sur D est périodique de période T si pour tout x de D, $f(x + T) = f(x)$.

ex. Les fonctions cosinus et sinus sont 2π – périodique.

Soit $f(x) = \cos(3x) + 2$.

Alors $f\left(x + \frac{2\pi}{3}\right) = \cos\left(3\left(x + \frac{2\pi}{3}\right)\right) - 2 = \cos(3x + 2\pi) - 2 = \cos(3x) - 2$

Ainsi f est $\frac{2\pi}{3}$ –périodique.

TOP CHRONO
C'est l'interro !

Exercice 13.1 (9 pts) *20 min*

Parmi les fonctions suivantes, lesquelles sont paires, impaires ou ni l'un ni l'autre.

1. $x \mapsto x$
2. $x \mapsto x^2 - 1$
3. $x \mapsto |x|$
4. $x \mapsto \dfrac{1}{x}$
5. $x \mapsto |2x - 1|$
6. $x \mapsto x^3 - 2x$

Exercice 13.2 (6 pts) *15 min*

On considère la fonction *f* définie par $f(x) = \dfrac{\cos(x)}{\cos(x) + 2}$.

1. Démontrer que *f* est définie sur $\mathbb{R}$.
2. Démontrer que *f* est paire.
3. Montrer que *f* est 2π-périodique.
4. Étudier les variations de *f* sur $[0; 2\pi]$.
5. Représenter graphiquement la fonction *f* sur $[-2\pi; 2\pi]$ en expliquant la démarche.

Exercice 13.3 (6 pts) *15 min*

Soit $f(x) = \cos(2x) - 2\cos(x)$ définie sur $\mathbb{R}$.

1. Étudier la parité de *f*.
2. Montrer que *f* est périodique.
3. Justifier qu'il suffit d'étudier *f* sur $[0; \pi]$.
4. Étudier le sens de variations de *f* sur $[0; \pi]$.
5. Tracer la courbe représentative de *f* sur $[-2\pi; 2\pi]$.

NOMBRES COMPLEXES

14 COMMENT CALCULER AVEC LES NOMBRES COMPLEXES ? COMMENT SE RAMENER À LA FORME ALGÉBRIQUE ?

Toutes les formules de calcul valables sur $\mathbb{R}$ le sont encore sur l'ensemble des complexes. Il faut juste utiliser le fait que $i^2 = -1$.

DÉFINITION

La forme algébrique d'un nombre complexe z est son écriture sous la forme d'un nombre réel, appelé partie réelle notée $\text{Re}(z)$, et d'un terme faisant intervenir le nombre i affecté d'un coefficient réel appelé partie imaginaire notée $\text{Im}(z)$.

ex. Le nombre $z = 2 - i\sqrt{3}$ est donné sous forme algébrique avec $\text{Re}(z) = 2$ et $\text{Im}(z) = -\sqrt{3}$.

Par contre $z = \left(2 - i\sqrt{3}\right)^2$ n'est pas écrit sous forme algébrique. Il faut développer, en utilisant une identité remarquable.

$$z = 2^2 - 2 \times 2 \times i\sqrt{3} + \left(i\sqrt{3}\right)^2 = 4 - 4i\sqrt{3} + i^2 \times 3 = 4 - 4i\sqrt{3} - 3 = 1 - 4i\sqrt{3}$$

Ainsi $\text{Re}(z) = 1$ et $\text{Im}(z) = -4\sqrt{3}$

Pour « ôter » un i au dénominateur il faut multiplier le numérateur et le dénominateur par le conjugué du dénominateur.

ex. $$z = \frac{1-3i}{1+2i} = \frac{(1-3i)(1-2i)}{(1+2i)(1-2i)} = \frac{1-2i-3i+6i^2}{1^2-(2i)^2} = \frac{-5-5i}{5} = -1-i$$

TOP CHRONO
C'est l'interro !

Exercice 14.1 (6 pts) *10 min*

Écrire sous forme algébrique les nombres suivants :

1. $(2-i)-i(3+i)$

2. $(1-3i)(1+i)$

3. $(\sqrt{3}-i)^2$

4. $i(5-3i)$

5. $\dfrac{1}{4-i}$

6. $\dfrac{3-i}{1+i}$

Exercice 14.2 (6 pts) *15 min*

Résoudre dans $\mathbb{C}$ et donner les solutions sous forme algébrique.

1. $z^2=-3$

2. $3z+5-i=5+3i$

3. $7z+2i=iz-1$

4. $\dfrac{2z+1}{3z-i}=0$

5. $\dfrac{z-1}{2z+i}=2+2i$

6. $\dfrac{iz}{1-iz}=2$

Exercice 14.3 (6 pts) *20 min*

Le but de cet exercice est de résoudre dans $\mathbb{C}$ l'équation $Z^2=8-6i$.
On pose $Z=x+iy$.

1. Déterminer $\text{Re}(Z^2)$ et $\text{Im}(Z^2)$ en fonction de x et y.

2. a. Montrer que $Z^2=8-6i$ se ramène à $\begin{cases} x^2-y^2=8 \\ xy=-3 \end{cases}$.

b. En déduire que x est solution de $x^4-8x^2-9=0$.

c. Déterminer les valeurs possibles de x.

d. En déduire le nombre de solutions de $Z^2=8-6i$ et donner leurs formes algébriques.

15 COMMENT UTILISER LES PROPRIÉTÉS SUR LE CONJUGUÉ ?

DÉFINITION

Soit $z = \text{Re}(z) + i\text{Im}(z)$ alors $\overline{z} = \text{Re}(z) - i\text{Im}(z)$.

PROPRIÉTÉS

Soit z et z' deux complexes . Alors $\overline{\overline{z}} = z$, $\overline{z+z'} = \overline{z} + \overline{z'}$, $\overline{zz'} = \overline{z} \times \overline{z'}$

d'où $\overline{z^n} = (\overline{z})^n$, $\overline{\left(\dfrac{1}{z}\right)} = \dfrac{1}{\overline{z}}$ d'où $\overline{\left(\dfrac{z}{z'}\right)} = \dfrac{\overline{z}}{\overline{z'}}$

ex. Soit $z \in \mathbb{C}$, on considère le complexe $Z = \dfrac{(2+i)(1-2iz)}{z^2 - \overline{z}}$.

Alors $\overline{Z} = \dfrac{\overline{(2+i)(1-2iz)}}{\overline{z^2} - \overline{\overline{z}}} = \dfrac{(2-i)(1+2i\overline{z})}{\overline{z}^2 - z}$

PROPRIÉTÉS

Soit z un complexe, $\text{Re}(z) = \dfrac{z + \overline{z}}{2}$ et $\text{Im}(z) = \dfrac{z - \overline{z}}{2i}$

z est un réel si et seulement si $z = \overline{z}$

z est un imaginaire pur si et seulement si $z = -\overline{z}$

ex. Soit z un complexe, considérons $Z = i(z-2i)(\overline{z}+2i)$

Alors $\overline{Z} = \overline{i}\,\overline{(z-2i)}\,\overline{(\overline{z}+2i)} = -i(\overline{z}+2i)(z-2i) = -Z$.

Ainsi Z est un imaginaire pur.

TOP CHRONO
C'est l'interro !

Exercice 15.1 (6 pts) *15 min*

1. Dans chaque cas, calculer le conjugué et donner sa forme algébrique.

a. $z=(1+3i)^4$

b. $z=\dfrac{i(3-i)}{2+i}$

2. Soit z un complexe. Dans chaque cas, exprimer $\text{Re}(\overline{Z})$ et $\text{Im}(\overline{Z})$ en fonction de $\text{Re}(z)$ et $\text{Im}(z)$.

a. $Z=\dfrac{2z-i}{z-1+3i}$

b. $Z=\dfrac{i(3-iz)}{4+iz}$

Exercice 15.2 (7 pts) *15 min*

Résoudre les équations suivantes (on donner les solutions sous forme algébrique).

1. $(1+3i)\overline{z}=-1-4i$

2. $2z+3i=\overline{z}-1$

3. $(5i+1)\overline{z}=3z+2i$

4. $z^2=3\overline{z}-1$

Exercice 15.3 (4 pts) *10 min*

1. Déterminer l'ensemble des nombres complexes z tels que z^2-2z+7 est un réel.

2. Déterminer l'ensemble des nombres complexes z tels que $2iz^2+3z-i$ est un imaginaire pur.

16 COMMENT RÉSOUDRE UNE ÉQUATION DU SECOND DEGRÉ DANS $\mathbb{C}$?

On ne considère que les équations à coefficients réels c'est-à-dire :
$az^2 + bz + c = 0$ avec a, b et c trois réels dont a non nul.

THÉORÈME

On calcule le discriminant $\Delta = b^2 - 4ac$.

- Si $\Delta > 0$ on a deux solutions réelles $x_1 = \frac{-b-\sqrt{\Delta}}{2a}$ et $x_2 = \frac{-b+\sqrt{\Delta}}{2a}$.
- Si $\Delta = 0$ on a une solution réelle $x_0 = \frac{-b}{2a}$.
- Si $\Delta < 0$ on a deux solutions complexes :

$$x_1 = \frac{-b-i\sqrt{-\Delta}}{2a} \text{ et } x_2 = \frac{-b+i\sqrt{-\Delta}}{2a}.$$

ex. Considérons l'équation $z^2 + \frac{5}{2} = z$ qui se ramène à $z^2 - z + \frac{5}{2} = 0$

Alors $\Delta = (-1)^2 - 4 \times \frac{5}{2} = -9$

$$z_1 = \frac{1-i\sqrt{9}}{2} = \frac{1-3i}{2} \text{ et } z_2 = \frac{1+3i}{2}$$

TOP CHRONO
C'est l'interro !

Exercice 16.1 (6 pts) *30 min*

Résoudre dans $\mathbb{C}$.

1. $z^2 - 6z + 13 = 0$
2. $4z^2 - 12z + 9 = 0$
3. $\dfrac{3z+2}{z+1} = z+3$
4. $\left(\dfrac{z-i}{4+z}\right)^2 - 6\left(\dfrac{z-i}{4+z}\right) + 13 = 0$

Exercice 16.2 (5 pts) *15 min*

Soit $P(z) = z^3 - 2(1+i)z^2 + (10+4i)z - 20i$ définie sur $\mathbb{C}$.

1. Montrer que $2i$ est solution de l'équation $P(z) = 0$.
2. Déterminer deux réels a et b tels que $P(z) = (z - 2i)(z^2 + az + b)$
3. **a.** Résoudre l'équation $P(z) = 0$.

   b. En déduire la forme factorisée de $P(z)$.

Exercice 16.3 (8 pts) *40 min*

On se propose de résoudre l'équation (E) : $z^4 - 4z^3 + 5z^2 - 4z + 1 = 0$.

1. Vérifier que 0 n'est pas solution de (E).
2. Soit (E') l'équation $z^2 + \dfrac{1}{z^2} - 4\left(z + \dfrac{1}{z}\right) + 5 = 0$. Montrer que (E) et (E') ont les mêmes solutions.
3. Soit $Z = z + \dfrac{1}{z}$.

   a. Calculer $z^2 + \dfrac{1}{z^2}$ en fonction de Z.

   b. Soit z une solution de (E'). Montrer que Z est solution de $Z^2 - 4Z + 3 = 0$.

   c. Résoudre dans $\mathbb{C}$ les deux équations suivantes :

   $z^2 - z + 1 = 0$

   $z^2 - 3z + 1 = 0$

   d. En déduire les solutions dans $\mathbb{C}$ de l'équation (E).

17 COMMENT UTILISER LES AFFIXES ?

DÉFINITION

Soit $(O ; \vec{u}, \vec{v})$ un repère orthonormé. À tout point M de coordonnées $(x ; y)$ du plan on associe le complexe $z = x + iy$. De même, à tout complexe on associe l'unique point M de coordonnées $(\text{Re}(z) ; \text{Im}(z))$.

On dit que z est l'affixe de M.

De même, à tout vecteur $\vec{u}\begin{pmatrix} x \\ y \end{pmatrix}$ on associe le complexe $z = x + iy$.

L'utilisation des affixes permet de simplifier certains problèmes de géométrie.

PROPRIÉTÉ

Soit A et B deux points d'affixe z_A et z_B.

Alors le milieu I de [AB] a pour affixe $z_I = \dfrac{z_A + z_B}{2}$.

Le vecteur $\overrightarrow{AB}$ a pour affixe $z_B - z_A$.

Deux vecteurs sont égaux si et seulement si ils ont la même affixe.

En particulier, deux vecteurs sont colinéaires si et seulement si leurs affixes sont proportionnelles (coefficient de proportionnalité réel).

ex. Soit A, B, C d'affixes respectives $z_A = 1 + 2i$, $z_B = -2 - 2i$ et $z_C = -1 - 4i$.

Alors le milieu I de [BC] a pour affixe $z_I = \dfrac{-2-2i-1-4i}{2} = -\dfrac{3}{2} - 3i$

Ainsi $z_A - z_O = 1 + 2i$ et $z_I - z_O = -\dfrac{3}{2} - 3i = -\dfrac{3}{2}(z_A - z_O)$

Donc $z_{\overrightarrow{OI}} = -\dfrac{3}{2} z_{\overrightarrow{OA}}$

Les vecteurs $\overrightarrow{OI}$ et $\overrightarrow{OA}$ sont colinéaires donc O, I et A sont alignés.

TOP CHRONO
C'est l'interro !

Exercice 17.1 (4 pts) *10 min*

Soit $(O;\vec{u},\vec{v})$ un repère orthonormé et A, B, C et D les points d'affixe $z_A = 2+2\sqrt{3}i$, $z_B = -2-2i$, $z_C = \left(2-2\sqrt{3}\right)i$ et $z_D = 4+4i$.

1. Faire une figure et placer avec la précision permise les points A, B, C et D.
2. Soit I et J les milieux respectifs de [AC] et [BD].
   a. Déterminer les affixes de I et J.
   b. Que peut-on en déduire pour le quadrilatère ABCD ?
3. Retrouver ce résultat en utilisant les affixes de vecteurs.

Exercice 17.2 (5 pts) *10 min*

Soit $(O;\vec{u},\vec{v})$ un repère orthonormé et A le point d'affixe $z = 1 + i$. On considère l'application *f* qui a un point M d'affixe *z* associe le point M' d'affixe $z' = iz$.

1. Faire une figure que l'on complètera au fur et à mesure de l'exercice.
2. Déterminer l'affixe du point A' image de A par *f*.
3. Déterminer l'affixe du point A_1 image de A' par *f*.
4. Déterminer l'affixe du point A_2 image de A_1 par *f*.
5. Déterminer l'affixe du point A_3 image de A_2 par *f*.
6. Que remarque-t-on ?
7. Formuler une conjecture sur la nature de la transformation associée à l'application *f*.

Exercice 17.3 (9 pts) *30 min*

Le plan complexe est rapporté à un repère orthonormé direct $(O;\vec{u},\vec{v})$. A tout nombre complexe $z \neq -2$ on associe le complexe $z' = \dfrac{2z+1-i}{z+2}$.

1. Si $z = x+iy$, *x* et *y* étant deux nombres réels, exprimer la partie réelle et la partie imaginaire de *z'*. On vérifiera que $\text{Re}(z') = \dfrac{2x^2+2y^2+5x-y+2}{(x+2)^2+y^2}$.
2. En déduire la nature de :
   a. l'ensemble E des points M d'affixe *z* tels que *z'* soit un réel
   b. l'ensemble F des points M d'affixe *z* tels que *z'* soit un imaginaire pur
   c. Représenter ces deux ensembles.
3. Résoudre dans $\mathbb{C}$ l'équation $\dfrac{2z+1-i}{z+2} = i$.

   Dans quel ensemble se situe les solutions ?

LIMITES ET CONTINUITÉ

18 COMMENT DÉTERMINER LA LIMITE D'UNE FONCTION ?

Les règles de calcul sur les limites sont identiques que celles pour les suites. La différence réside dans le fait que l'on peut étudier la limite de la fonction en n'importe quel point de son ensemble de définition ou aux bornes de celui-ci. Les théorèmes des gendarmes et de comparaison restent valables.

ex. Soit $f(x)=\dfrac{3x+2}{(x-1)^2}$ définie sur $\mathbb{R}\setminus\{1\}$.

Étudions les limites aux bornes c'est-à-dire en $+\infty$ en $-\infty$ et en 1.

En $+\infty$ et en $-\infty$ on a une FI de type « $\dfrac{\infty}{\infty}$ » déjà rencontrée avec les suites. Il suffit de mettre en facteur au numérateur et au dénominateur les termes de plus haut degré.

$$f(x)=\frac{x\left(3+\frac{2}{x}\right)}{x^2\left(1-\frac{1}{x}\right)^2}=\frac{3+\frac{2}{x}}{x\left(1-\frac{1}{x}\right)\left(1-\frac{1}{x}\right)}$$

$$\left.\begin{array}{l}\lim\limits_{x\to+\infty} 3+\frac{2}{x}=3\\ \lim\limits_{x\to+\infty} 1-\frac{1}{x}=1\\ \lim\limits_{x\to+\infty} x=+\infty\end{array}\right\}\text{ par produit et quotient, } \lim_{x\to+\infty} f(x)=0$$

De même, $$\left.\begin{array}{l}\lim\limits_{x\to-\infty} 3+\frac{2}{x}=3\\ \lim\limits_{x\to-\infty} 1-\frac{1}{x}=1\\ \lim\limits_{x\to-\infty} x=-\infty\end{array}\right\}\text{ par produit et quotient, } \lim_{x\to-\infty} f(x)=0$$

En 1 on reprend la forme initiale. $$\left.\begin{array}{l}\lim\limits_{x\to1} 3x+2=5\\ \lim\limits_{x\to1}(x-1)^2=0^+\end{array}\right\}\text{par quotient, } \lim_{x\to1} f(x)=+\infty$$

car les valeurs de $(x-1)^2$ sont toujours positives

On remarque entre autre que les méthodes sont différentes pour étudier les limites en l'infini et en un point.

TOP CHRONO
C'est l'interro !

Exercice 18.1 (10 pts) *20 min*

Dans chaque cas, déterminer l'ensemble de définition de la fonction puis déterminer les limites aux bornes.

1. $f(x) = 3x^2 + 4x - 1$
2. $g(x) = -2x^2 + 3x + 3$
3. $h(x) = \dfrac{4x-1}{x^2}$
4. $i(x) = \dfrac{x+2}{\sqrt{x}}$

Exercice 18.2 (10 pts) *20 min*

Dans chaque cas, déterminer l'ensemble de définition de la fonction puis déterminer les limites aux bornes.

1. $f(x) = \dfrac{\cos(x)}{x^2}$
2. $g(x) = \dfrac{x\sin(x)}{1+x^2}$
3. $h(x) = x + \sin(x)$
4. $i(x) = \dfrac{x}{2-\cos(x)}$

19 QUAND FAIRE UNE LIMITE À DROITE ET UNE LIMITE À GAUCHE ?

Cette question se pose dans le cas où le dénominateur admet une limite nulle. Il faut alors déterminer le signe de ce dénominateur :

- s'il change de signes au point auquel on calcule la limite alors il faut distinguer limite à droite et limite à gauche.
- s'il ne change pas de signe au point auquel on calcule la limite alors on peut calculer la limite directemeent sans distinguer les cas.

ex. Soit $f(x)=\dfrac{3x+2}{x-1}$ définie sur $\mathbb{R}\setminus\{1\}$.

Etudions la limite en 1.

$\lim\limits_{x\to 1} 3x+2=5$ et $\lim\limits_{x\to 1} x-1=0$

Mais on ne peut conclure sans connaître le signe de $x-1$.

x	$-\infty$		1		$+\infty$
$x-1$		$-$	0	$+$	

On remarque que $x-1$ change de signes pour $x = 1$. Il faut distinguer limite à droite et à gauche.

Limite à droite de 1 :

$$\left.\begin{array}{l}\lim\limits_{x\to 1} 3x+2=5\\ \lim\limits_{\substack{x\to 1\\ x>1}} x-1=0^{+}\end{array}\right\}\text{Par quotient, } \lim\limits_{\substack{x\to 1\\ x>1}} f(x)=+\infty$$

Car dans le tableau de signes les valeurs de $x-1$ sont positives si $x>1$.

Limite à gauche de 1 :

$$\left.\begin{array}{l}\lim\limits_{x\to 1} 3x+2=5\\ \lim\limits_{\substack{x\to 1\\ x<1}} x-1=0^{-}\end{array}\right\}\text{Par quotient, } \lim\limits_{\substack{x\to 1\\ x<1}} f(x)=-\infty$$

Si on trouve le même résultat à droite et à gauche c'est qu'il n'y avait pas besoin de distinguer les cas !

TOP CHRONO
C'est l'interro !

Exercice 19.1 (8 pts) *15 min*

Déterminer la limite de f en a.

1. $f(x)=\dfrac{3x-1}{x}$, $a=0$

2. $f(x)=\dfrac{x^2+2}{1-x}$, $a=1$

3. $f(x)=\dfrac{x}{(1+x)^2}$, $a=-1$

4. $f(x)=\dfrac{3-x}{\sqrt{x}}$, $a=0$

5. $h(x)=\dfrac{x+1}{\sin(x)}$, $a=0$

Exercice 19.2 (10 pts) *20 min*

Dans chaque cas, déterminer l'ensemble de définition de la fonction puis déterminer les limites aux bornes de l'ensemble de définition.

1. $f(x)=\dfrac{1-x^2}{x+2}$

2. $g(x)=\dfrac{x}{x^2+2x-3}$

3. $h(x)=\dfrac{x-3}{\sqrt{x}(x+2)}$

4. $i(x)=\dfrac{3x}{x^2-2x+1}$

Exercice 19.3 (4 pts) *10 min*

Déterminer la limite de f en a.

1. $f(x)=\dfrac{x}{\sqrt{x}}$, $a=0$

2. $f(x)=\dfrac{x^2-4x+4}{(x-2)(x+1)}$, $a=2$

20 COMMENT UTILISER LA LIMITE D'UNE COMPOSÉE ?

On parle de composée lorsqu'on a à faire à une succession de plusieurs fonctions.

ex. $f(x)=\sqrt{3x+1}$ définie sur $\left[-\frac{1}{3};+\infty\right[$ est la composée de la fonction $u(x) = 3x + 1$ et de la fonction $v(x)=\sqrt{x}$.

> **THÉORÈME**
>
> Soient *a, b* et *c* trois réels ou $+\infty$ ou $-\infty$.
>
> Si $\lim\limits_{x\to a} u(x)=b$ et $\lim\limits_{x\to b} v(x)=c$ alors $\lim\limits_{x\to a} v(u(x))=c$.

ex. Limite en $+\infty$ de f : $\lim\limits_{x\to+\infty} 3x+1=+\infty$ et $\lim\limits_{x\to+\infty} \sqrt{x}=+\infty$.

Par composée, $\lim\limits_{x\to+\infty} f(x)=+\infty$.

Limite en $-\frac{1}{3}$ de f : $\lim\limits_{x\to-\frac{1}{3}} 3x+1=0$ et $\lim\limits_{x\to 0} \sqrt{x}=0$.

Par composée, $\lim\limits_{x\to-\frac{1}{3}} f(x)=0$.

Il faut faire attention à reprendre la valeur de la première limite *b* et faire tendre *x* vers *b* pour la deuxième fonction.

TOP CHRONO
C'est l'interro !

Exercice 20.1 (5 pts) *10 min*

Dans chaque cas, déterminer la limite de *f* en *a*.

1. $f(x)=\cos\left(3x+\frac{\pi}{2}\right)$ et $a=0$
2. $f(x)=\sqrt{4-x}$ et $a=-\infty$
3. $f(x)=\frac{1}{\sqrt{3x+2}}$ et $a=+\infty$
4. $f(x)=\sin\left(\frac{1}{x}\right)$ et $a=+\infty$
5. $f(x)=\left(\frac{1}{x}+3x-1\right)^2$ et $a=+\infty$

Exercice 20.2 (10 pts) *30 min*

Dans chaque cas, déterminer l'ensemble de définition de la fonction puis déterminer les limites aux bornes.

1. $f(x)=\sqrt{1-\frac{1}{x}}$
2. $g(x)=\left(3+\frac{4}{\sqrt{x}}\right)^2$
3. $h(x)=\left(\frac{x+1}{3x}\right)^4$
4. $i(x)=\cos\left(\frac{3x+1}{x^2+2}\right)$

Exercice 20.3 (5 pts) *20 min*

Soit $f(x)=\left(\frac{4x+1}{x}\right)^3$ définie sur $\mathbb{R}^*$.

1. **a.** Étudier les limites de *f* en $+\infty$ et $-\infty$.
   b. Étudier la limite de *f* en 0.
2. **a.** Justifier que *f* est dérivable sur $\mathbb{R}^*$ et calculer sa dérivée.
   b. Étudier le sens de variation de *f*.

21 QUELLES INTERPRÉTATIONS GRAPHIQUES DES LIMITES ?

Les limites aux bornes traduisent le comportement de la courbe à ses extrémités.

DÉFINITION

- Si $\lim_{x \to +\infty} f(x) = b$ (respectivement $\lim_{x \to -\infty} f(x) = b$) alors la droite d'équation $y = b$ est asymptote horizontale à C_f en $+\infty$ (respectivement en $-\infty$).
- Si $\lim_{x \to a} f(x) = \pm\infty$ alors la droite d'équation $x = a$ est asymptote verticale à C_f (ceci est aussi valable pour des limites à droite ou à gauche).

ex. Soit $f(x) = \dfrac{3x-1}{x}$ définie sur $\mathbb{R}^*$. Alors $f(x) = 3 - \dfrac{1}{x}$

Ainsi $\lim_{x \to +\infty} f(x) = 3$ et $\lim_{x \to -\infty} f(x) = 3$: la droite d'équation $y = 3$ est asymptote horizontale à C_f en $+\infty$ et en $-\infty$.

Limite à droite de 0 : $\left.\begin{array}{l} \lim\limits_{x \to 0} 3x - 1 = -1 \\ \lim\limits_{\substack{x \to 0 \\ x > 0}} x = 0^+ \end{array}\right\}$ par quotient, $\lim\limits_{\substack{x \to 0 \\ x > 0}} f(x) = -\infty$

Limite à gauche de 0 : $\left.\begin{array}{l} \lim\limits_{x \to 0} 3x - 1 = -1 \\ \lim\limits_{\substack{x \to 0 \\ x < 0}} x = 0^- \end{array}\right\}$ par quotient, $\lim\limits_{\substack{x \to 0 \\ x < 0}} f(x) = +\infty$

Ainsi la droite d'équation $x = 0$ est asymptote verticale à la courbe.
Dire qu'une droite est asymptote à la courbe signifie que la courbe se rapproche de plus en plus de cette droite à l'endroit considéré.

TOP CHRONO
C'est l'interro !

Exercice 21.1 (10 pts) *20 min*

Dans chaque cas, déterminer l'ensemble de définition de la fonction puis étudier les asymptotes à la courbe.

1. $f(x)=\dfrac{1}{x^2+2}$ **2.** $f(x)=\dfrac{3x+1}{x-2}$ **3.** $f(x)=\dfrac{1}{x(\cos(x)+2)}$ **4.** $f(x)=\sqrt{\dfrac{1-3x}{x^2+2}}$

Exercice 21.2 (7 pts) *30 min*

Soit $f(x)=\dfrac{x^2-3x+2}{1-x^2}$

1. Quel est l'ensemble de définition de *f* ?

2. **a.** Étudier la limite de *f* en $+\infty$ et en $-\infty$. Interpréter graphiquement votre résultat.

b. Étudier la position de *f* et de la droite d'équation $y = -1$.

3. Étudier la limite de *f* en -1. Interpréter graphiquement votre résultat.

4. **a.** Montrer que $f(x)=\dfrac{x-2}{x+1}$ pour $x\neq 1$.

b. En déduire la limite de *f* en 1.

5. Étudier le sens de variation de *f*.

6. Construire la représentation graphique de *f* en tenant compte des informations de votre étude.

Exercice 21.3 (6 pts) *20 min*

Soit $f(x)=\dfrac{3x^2+2x+2}{x+1}$ définie sur $\mathbb{R}\setminus\{-1\}$.

1. **a.** Étudier la limite de *f* en -1.

b. Que peut-on en déduire pour *f* ?

2. **a.** Étudier la limite de *f* en $+\infty$ et en $-\infty$.

b. Étudier la limite de $\dfrac{f(x)}{x}$ en $+\infty$ et en $-\infty$.

c. Étudier la limite de $f(x)-3x$ en $+\infty$ et en $-\infty$.

d. Étudier la position relative de la courbe de *f* et de la droite d'équation $y = 3x - 1$.

22 COMMENT ÉTUDIER LA CONTINUITÉ EN UN POINT ?

DÉFINITION

On dit qu'une fonction f est continue en a de D_f si $\lim\limits_{x \to a} f(x) = f(a)$.

D'autre part, toute fonction dérivable sur un intervalle I est continue sur I.

Ainsi pour étudier la continuité de f en a, il faut déterminer la limite de f en a (éventuellement en faisant une limite à droite et à gauche), calculer l'image de a par f et comparer les deux valeurs.

Si elles sont égales alors f est continue en a.

Sinon f n'est pas continue en a.

En particulier, si les limites à droite et à gauche ne sont pas égales alors f ne peut pas être continue en a.

ex. Soit $f(x) = xE(x)$ définie sur $\mathbb{R}$ (où $E(x)$ désigne la partie entière de x).

La fonction partie entière est clairement continue sur chaque intervalle de la forme $]n\,;\,n+1[$ avec n entier car constante sur ces intervalles.

$$\left.\begin{array}{l} \lim\limits_{\substack{x \to n \\ x > n}} f(x) = n^2 \\ \lim\limits_{\substack{x \to n \\ x < n}} f(x) = n(n-1) \end{array}\right\} f \text{ n'est pas continue en } n.$$

On peut également prolonger une fonction par continuité en une valeur interdite.

ex. Si $g(x) = \dfrac{x^2 - 1}{x+1}$ définie sur $\mathbb{R} \setminus \{-1\}$ on a $g(x) = \dfrac{(x-1)(x+1)}{x+1} = x - 1$

donc $\lim\limits_{x \to -1} g(x) = -2$.

En posant $g(-1) = -2$ on a prolongé g en -1 par continuité car alors $\lim\limits_{x \to -1} g(x) = g(-1)$.

TOP CHRONO
C'est l'interro !

Exercice 22.1 (6 pts) *10 min*

Dans chaque cas, étudier la continuité de *f* sur son ensemble de définition.

1. $f(x)=\begin{cases}3x+1 \text{ si } x\geq 0\\ 1-x \text{ si } x<0\end{cases}$

2. $f(x)=\begin{cases}1-2x \text{ si } x\geq 1\\ 3x \text{ si } x<1\end{cases}$

3. $f(x)=\begin{cases}\dfrac{\sin(x)}{x} \text{ si } x\neq 0\\ 1 \text{ si } x=0\end{cases}$

Exercice 22.2 (4 pts) *10 min*

Dans chaque cas, déterminer le réel m tel que *f* soit continue sur $\mathbb{R}$.

1. $f(x)=\begin{cases}\dfrac{-3x^2+5x+2}{2-x} \text{ si } x\neq 2\\ \text{m si } x=2\end{cases}$

2. $f(x)=\begin{cases}\dfrac{3+2x-x^2}{(x^2+1)(3-x)} \text{ si } x\neq 3\\ \text{m si } x=3\end{cases}$

Exercice 22.3 (6 pts) *20 min*

Dans chaque cas, étudier la possibilité de prolonger la fonction par continuité en sa valeur interdite.

1. $f(x)=\dfrac{3x^2+2}{1-x}$

2. $g(x)=\dfrac{\cos\left(x+\dfrac{\pi}{2}\right)}{x}$

3. $f(x)=\dfrac{\cos^2(x)-\sin^2(x)}{x}$

23 QUELLES APPLICATIONS DU TVI ?

Le corollaire du classique théorème des valeurs intermédiaires (TVI) est le plus utile pour prouver l'unicité d'une solution ou dénombrer les solutions d'une équation.

THÉORÈME Soit f une fonction continue et strictement monotone sur un intervalle I à valeurs dans un intervalle J. Alors pour tout réel b de J l'équation $f(x) = b$ admet une unique solution dans I.

ex. Soit $f(x) = x^3 + x^2 - x + 1$.

Alors en étudiant les variations et les limites de f on obtient :

x	$-\infty$		-1		$\frac{1}{3}$		$+\infty$
$f(x)$	$-\infty$	↗	2	↘	$-\frac{4}{27}$	↗	$+\infty$

Dénombrons le nombre de solutions de l'équation $f(x) = 0$.

- Sur $]-\infty;-1]$, f est continue et strictement croissante à valeurs dans $]-\infty;2]$. $0 \in]-\infty;2]$. Par le TVI, l'équation $f(x) = 0$ admet une unique solution dans $]-\infty;-1]$.
- Sur $\left[-1;\frac{1}{3}\right]$, f est continue et strictement décroissante à valeurs dans $\left[-\frac{4}{27};2\right]$ $0 \in \left[-\frac{4}{27};2\right]$. Par le TVI, l'équation $f(x) = 0$ admet une unique solution dans $\left[-1;\frac{1}{3}\right]$.
- Sur $\left[\frac{1}{3};+\infty\right[$, f est continue et strictement croissante à valeurs dans $\left[-\frac{4}{27};+\infty\right[$ $0 \in \left[-\frac{4}{27};+\infty\right[$. Par le TVI, l'équation $f(x) = 0$ admet une unique solution dans $\left[\frac{1}{3};+\infty\right[$.

D'après notre étude l'équation $f(x) = 0$ admet exactement trois solutions sur $\mathbb{R}$.

La vérification des hypothèses de validité du théorème est primordiale, il faut impérativement :

- travailler sur un intervalle
- que f soit continue sur cet intervalle
- que f soit strictement monotone sur cet intervalle
- que le réel k dont on cherche des antécédents soit dans l'intervalle des valeurs atteintes

TOP CHRONO
C'est l'interro !

Exercice 23.1 (4 pts) *10 min*

On considère une fonction f dont le tableau de variations est le suivant :

x	$-\infty$		3			1			2		4		$+\infty$
			2				$+\infty$				1		
$f(x)$		↗		↘		||		↘		↗		↘	
	$-\infty$				$-\infty$				2				$-\infty$

Prouver que l'équation $f(x) = 0$ admet trois solutions sur $\mathbb{R} \setminus \{1\}$.

Exercice 23.2 (6 pts) *15 min*

On considère une fonction f dont le tableau de variations est le suivant :

x	$-\infty$			0			2		$+\infty$
			$+\infty$		$+\infty$				$+\infty$
$f(x)$		↗		||		↘		↗	
	0						-1		

Dire si les propositions suivantes sont justes ou fausses en jusifiant la réponse.

1. L'équation $f(x) = 0$ admet trois solutions sur $\mathbb{R}$.

2. Pour tout réel $k > 0$, l'équation $f(x) = k$ admet exactement trois solutions sur $\mathbb{R}$.

3. Pour tout réel k, l'équation $f(x) = k$ admet au moins une solution.

Exercice 23.3 (7 pts) *30 min*

Soit $f(x) = x^4 - 4x^3 + 4x^2 - 1$ définie sur $\mathbb{R}$.

1. Étudier la limite de f aux bornes de son intervalle de définition.

2. Étudier le sens de variation de f sur $\mathbb{R}$.

3. Montrer que l'équation $f(x) = 0$ admet trois solutions sur $\mathbb{R}$ dont une entière. On donnera un encadrement à 10^{-2} près de chacune des deux autres solutions.

24 QU'EST-CE QUE LA MÉTHODE DE DICHOTOMIE ?

Le TVI permet de s'assurer l'existence et l'unicité d'une solution à l'équation $f(x) = 0$ mais ne permet pas d'en connaître ne serait-ce qu'une valeur approchée. La méthode de dichotomie permet cela.

Soit $f : [a;b] \longrightarrow \mathbb{R}$ continue et strictement monotone avec $f(a)f(b) < 0$.
Alors l'équation $f(x) = 0$ admet une unique solution dans $[a ; b]$.

Soit $c = \dfrac{a+b}{2}$ le milieu de $[a ; b]$:

- si $f(a)f(c) < 0$ alors la solution recherchée est dans $[a ; c]$
- sinon la solution est dans $[c ; b]$.

On réitère tant que l'amplitude de l'intervalle est plus grande que la précision souhaitée, notée p (souvent $p = 10^{-2}$ ou 10^{-3}).

Variables

a, *b* deux réels, *p* un réel, *c* un réel

Traitement

```
    Tant que b – a > p faire
        c prend la valeur (a + b)/2
    Si f(a)f(c) < 0 alors
        b prend la valeur c
    sinon
        a prend la valeur c
    Fin si
Fin tant que
Afficher a, b
```

TOP CHRONO
C'est l'interro !

Exercice 24.1 (5 pts) *15 min*

On considère la fonction V définie sur [0 ; 4] par $V(x) = -x^3 + 4x^2$

1. Étudier les variations de V.
2. Justifier que l'équation $V(x) = 2$ admet exactement deux solutions que l'on nommera α et β avec $\alpha < \beta$.
3. Donner une valeur approchée de α à 10^{-2} près.
4. La fonction f est définie par $f(x) = V(x) - 2$. Que produit l'algorithme suivant ? Expliquer.

Variables
a, *b* deux réels
Traitement
a prend la valeur 8/3
b prend la valeur 4
Tant que $b - a > 10^{-6}$ **faire**
Si $f(a)f(a+b)/2) < 0$ **alors**
  b prend la valeur $(a+b)/2$
sinon
  a prend la valeur $(a+b)/2$
Fin si
Fin tant que
Afficher *a*, *b*

Exercice 24.2 (8 pts) *30 min*

Soit $f(x) = \cos(2x)\sin(3x)$ définie sur $\mathbb{R}$.

On cherche à dénombrer le nombre de solutions à l'équation $f(x) = 0$ sur $[0;4\pi]$.

Une méthode consiste alors à découper l'intervalle $[0;4\pi]$ en n intervalles $[x_n;x_{n+1}]$ Si les valeurs de la fonction f aux bornes de cet intervalle sont de signes contraires alors on ajoute 1 au nombre de solutions.

Pour être sûr du nombre de racines, il faut donc découper en intervalles suffisamment petits, donc en prenant n assez grand. On teste sur plusieurs valeurs de n, dès que la valeur retournée par l'algorithme est stable on peut estimer que le résultat est le nombre de solutions sur l'intervalle considéré.

1. **a.** Quelle est la longueur h d'un des sous-intervalles ?

   b. Exprimer x_{n+1} en fonction de x_n et de n.
2. Écrire un algorithme qui dénombre le nombre de solutions dans l'intervalle [0;4] en fonction du nombre d'intervalles

   Attention : Que se passe-t-il si l'une des bornes est solution de l'équation ?
3. En déduire le nombre de solutions de l'équation $cos(2x)sin(3x) = 0$ sur l'intervalle [0;4].
4. Retrouver votre résultat par une résolution à la main.

FONCTION EXPONENTIELLE

25 QUELLES RÈGLES DE CALCULS AVEC L'EXPONENTIELLE ?

La fonction exponentielle possède une écriture sous forme de puissance puisqu'elle vérifie les mêmes propriétés de calculs que celle-ci.

Propriété

$e^0 = 1$, $e^{x+y} = e^x e^y$, $e^{-x} = \dfrac{1}{e^x}$, $e^{x-y} = \dfrac{e^x}{e^y}$, $e^{nx} = (e^x)^n$ pour tout entier *n*.

ex. Ainsi pour simplifier l'écriture suivante :

$$(e^x + e^{-x})^2 - e^x(e^x + e^{-3x}) = e^{2x} + 2e^x e^{-x} + e^{-2x} - e^{2x} - e^{-2x} = 2e^{x-x} = 2e^0 = 2$$

De même, $\dfrac{e^x - e^{-x}}{e^x + e^{-x}} = \dfrac{e^x\left(1 - \dfrac{e^{-x}}{e^x}\right)}{e^x\left(1 + \dfrac{e^{-x}}{e^x}\right)} = \dfrac{e^x(1 - e^{-2x})}{e^x(1 + e^{-2x})} = \dfrac{1 - e^{-2x}}{1 + e^{-2x}}$ pour tout réel *x*.

TOP CHRONO

C'est l'interro !

Exercice 25.1 (8 pts) *15 min*

Écrire le plus simplement possible :

1. $e^5 \times e^{-3}$

2. $\dfrac{e^3}{e^2}$

3. $(e^x)^4 \times e^{-2x}$

4. $e^5 \times 3e^{-2} \times \dfrac{1}{4}e$

5. $\dfrac{e^{2x}+e^x}{e^x}$

6. $\dfrac{e^{1+x}}{e^{2x}}$

7. $\dfrac{(e^{x+2})^3}{e^{2x}}$

8. $\dfrac{3}{4} \times \dfrac{(e^{x-1})^2}{2e^{-x}}$

Exercice 25.2 (5 pts) *15 min*

1. Développer les expressions suivantes :

a. $(e^{2x}-1)^2 + e^x(1-3e^{-x})^2$

b. $(e^x - e^{-x})^2 - e^{-x}(1+e^{3x})$

2. Factoriser les expressions suivantes :

a. $e^{2x} - 4e^x + 4$

b. $9e^{2x} - 6 + e^{-2x}$

c. $4e^{6x} - 1$

26 COMMENT RÉSOUDRE DES ÉQUATIONS ET DES INÉQUATIONS AVEC L'EXPONENTIELLE ?

La fonction exponentielle est strictement croissante de $\mathbb{R}$ dans $]0;+\infty[$ d'où la propriété suivante :

> **PROPRIÉTÉ**
> - $e^x = e^y \Leftrightarrow x = y$
> - $e^x < e^y \Leftrightarrow x < y$

ex. Ainsi pour résoudre $e^{3x+4} = \frac{1}{e} \Leftrightarrow e^{3x+4} = e^{-1}$

d'où $3x+4=-1$ et du coup $x = -\frac{5}{3}$.

De la même manière pour déterminer les valeurs de x telles que :

$e^{3x^2+2x} < e^2 \Leftrightarrow 3x^2+2x<2 \Leftrightarrow 3x^2+2x-2<0$.

$\Delta = 4+4\times3\times2 = 28$

$$x_1 = \frac{-2-\sqrt{28}}{6} = \frac{-1-\sqrt{7}}{3}$$

$$x_2 = \frac{-1+\sqrt{7}}{3}$$

TOP CHRONO
C'est l'interro !

Exercice 26.1 (8 pts) *30 min*

Dans chaque cas, résoudre l'équation :

1. $e^{1-x} = \dfrac{e}{e^{x^2}}$
2. $e^{3x} = 0$
3. $\left(e^{x-1}\right)^2 = e$
4. $e^{(x-1)^2} = e$
5. $e^{2x} - 2e^x + 1 = 0$
6. $e^{2x} + 2e^x - 3 = 0$

Exercice 26.2 (8 pts) *30 min*

Dans chaque cas, résoudre l'inéquation :

1. $e^{2x+1} < e$
2. $2e^{4x-2} - 2 < 0$
3. $e^{(x-1)^2} > e^2$
4. $e^{2x} - 2e^x + 1 \geq 0$
5. $e^{2x} + e^x - 2 < 0$

Exercice 26.3 (8 pts) *30 min*

Dans chaque cas, résoudre :

1. $\dfrac{e^x - 1}{e^x + 2} = 0$
2. $\dfrac{e^{2x} + 2e^x}{e^x} = -1$
3. $\dfrac{e^{2x} - e^x}{e^x} \leq 0$
4. $\dfrac{e^{2x} + e^x - 2}{e^x - 1} \geq 0$

27 COMMENT DÉTERMINER DES LIMITES UTILISANT LA FONCTION EXPONENTIELLE ?

- On utilise les limites aux bornes de l'intervalle de définition :

PROPRIÉTÉ

$\lim\limits_{x\to+\infty} e^x = +\infty$ et $\lim\limits_{x\to-\infty} e^x = 0$

ex. Ainsi pour déterminer les limites de $x-3+e^{-6x}$ on écrit $\lim\limits_{x\to+\infty} x-3=+\infty$ et $\lim\limits_{x\to+\infty} -6x=-\infty$ et $\lim\limits_{x\to-\infty} e^x = 0$.

Par composée, $\lim\limits_{x\to+\infty} e^{-6x}=0$. Par somme, $\lim\limits_{x\to+\infty} x-3+e^{-6x}=+\infty$

- Mais dans le cas de forme indéterminée, il faut utiliser les résultats suivants :

PROPRIÉTÉ

$\lim\limits_{x\to+\infty} \frac{e^x}{x}=+\infty$, $\lim\limits_{x\to0}\frac{e^x-1}{x}=1$ et $\lim\limits_{x\to-\infty} xe^x=0$

Ainsi pour déterminer la limite en $+\infty$ de $\frac{e^x-x}{e^x+1}=\frac{e^x\left(1-\frac{x}{e^x}\right)}{e^x\left(1+\frac{1}{e^x}\right)}=\frac{1-\frac{x}{e^x}}{1+\frac{1}{e^x}}=\frac{1-\frac{x}{e^x}}{1+e^{-x}}$

$\lim\limits_{x\to+\infty} \frac{e^x}{x}=+\infty$ donc $\lim\limits_{x\to+\infty} \frac{x}{e^x}=0$. $\lim\limits_{x\to+\infty} -x=-\infty$ et $\lim\limits_{x\to-\infty} e^x=0$.

Par composée, $\lim\limits_{x\to+\infty} e^{-x}=0$

Par quotient, $\lim\limits_{x\to+\infty} \frac{e^x-x}{e^x+1}=1$.

TOP CHRONO
C'est l'interro !

Exercice 27.1 (8 pts) *25 min*

Dans chaque cas, déterminer la limite :

1. $\lim\limits_{x \to +\infty} e^{3x} + 2x^2 - x + 1$

2. $\lim\limits_{x \to +\infty} e^{x^2 - x + 1}$

3. $\lim\limits_{x \to -\infty} e^{-x} - x$

4. $\lim\limits_{x \to 0} x e^{3-x}$

5. $\lim\limits_{x \to 1} \dfrac{e^x}{1-x}$

6. $\lim\limits_{x \to 0} e^{\frac{1}{x}}$

Exercice 27.2 (8 pts) *20 min*

Dans chaque cas, déterminer la limite demandée :

1. $\lim\limits_{x \to +\infty} e^x - x + 3$

2. $\lim\limits_{x \to +\infty} \dfrac{e^{2x}}{x}$

3. $\lim\limits_{x \to -\infty} x e^{3x}$

4. $\lim\limits_{x \to 0} \dfrac{e^{2x} - e^x}{x}$

5. $\lim\limits_{x \to +\infty} e^{4x} - 2x$

6. $\lim\limits_{x \to +\infty} \dfrac{e^x + 3x}{1-x}$

28 COMMENT ÉTUDIER UNE FONCTION UTILISANT LA FONCTION EXPONENTIELLE ?

Propriété

Soit u une fonction dérivable sur I.

Alors la fonction $f(x)=e^{u(x)}$ est dérivable sur I et $f'(x)=u'(x)e^{u(x)}$.

D'autre part, du fait qu'une exponentielle est toujours positive, on peut remarquer que le signe de $f'(x)$ est le même que celui de $u'(x)$.

ex. Soit $f(x)=e^{x^2-3x+2}$ définie sur $\mathbb{R}$.

Alors f est dérivable et $f'(x)=(2x-3)e^{x^2-3x+2}$. Comme $e^{x^2-3x+2}>0$, il suffit d'étudier le signe de $2x-3$ d'où :

x	$-\infty$		$\frac{3}{2}$		$+\infty$
$f'(x)$		$-$	0	$+$	
$f(x)$		↘	$e^{-\frac{1}{4}}$	↗	

On étudie les limites aux bornes :

$\lim\limits_{x\to-\infty} x^2=+\infty$ et $\lim\limits_{x\to-\infty} -3x+2=+\infty$. Par somme, $\lim\limits_{x\to-\infty} x^2-3x+2=+\infty$

$\lim\limits_{x+\infty} e^x=+\infty$. Par composée, $\lim\limits_{x\to-\infty} f(x)=+\infty$.

$x^2-3x+2=x^2\left(1-\frac{3}{x}+\frac{2}{x^2}\right)$

$\lim\limits_{x\to+\infty} x^2=+\infty$ et $\lim\limits_{x\to+\infty} 1-\frac{3}{x}+\frac{2}{x^2}=1$. Par produit, $\lim\limits_{x\to+\infty} x^2-3x+2=+\infty$

$\lim\limits_{x+\infty} e^x=+\infty$. Par composée, $\lim\limits_{x\to+\infty} f(x)=+\infty$.

TOP CHRONO
C'est l'interro !

Exercice 28.1 (4 pts) *15 min*

Dans chaque cas, calculer la dérivée et étudier le sens de variation de *f*.

1. $f(x)=e^{\frac{1}{x}}$ définie sur $\mathbb{R}^*$

2. $f(x)=e^{2x}+3e^x+1$ définie sur $\mathbb{R}$

3. $f(x)=e^{2x}-2e^x$ définie sur $\mathbb{R}$

4. $f(x)=e^{1-x}$ définie sur $\mathbb{R}$

Exercice 28.2 (8 pts) *30 min*

PARTIE A

Soit *g* la fonction définie sur $\mathbb{R}$ par $g(x)=e^x-x$

1. Étudier les variations de *g*.

2. En déduire que pour tout réel *x*, $e^x-x>0$

PARTIE B

On considère la fonction *f* définie sur $\mathbb{R}$ par $f(x)=\dfrac{e^x}{e^x-x}$

1. a. Étudier la limite de *f* en $+\infty$ et $-\infty$.

b. Interpréter graphiquement vos résultats.

2. Étudier les variations de *f*.

3. Démontrer que l'équation *f*(*x*) = 1,5 admet exactement deux solutions sur $\mathbb{R}$. Donner un encadrement à 10^{-2} près de chacune.

4. a. Déterminer l'équation de la tangente en 1 de *f*.

b. Déterminer l'équation de la tangente en 0 de *f*.

5. Tracer la courbe de f ainsi que ses tangentes en 0 et 1.

29 COMMENT ABORDER UN EXERCICE DE BACCALAURÉAT ?

- La première chose à faire consiste à lire **l'intégralité** de l'exercice avant de commencer à rédiger la solution. Cela permet de comprendre les différents objectifs de l'exercice, de localiser les questions « classiques » et de faire le lien entre les différentes notations et parties de l'exercice. Il arrive que certaines parties soient indépendantes.
- Lisons ensemble l'énoncé donné en exercice.
  - On peut tout de suite noter que la question 2.d. de la partie A est l'utilisation classique du TVI. D'autre part, le α de la question 1 de la partie B correspond à la notation introduite dans la question 2.d. de la partie A c'est-à-dire la solution de l'équation $g(x) = 0$.
  - On remarque aussi que l'on peut faire la partie C sans avoir traité les parties A et B. Autrement dit, certaines questions peuvent rapporter des points facilement et il ne faut pas s'arrêter sur d'éventuelles difficultés sur les premières questions.

TOP CHRONO
C'est l'interro !

Exercice 29.1 (15 pts) — 2 h

On considère la fonction f définie sur $\mathbb{R}$ par : $f(x) = x^2e^{x-1} - \dfrac{x^2}{2}$.

Faire afficher la représentation graphique de cette fonction sur votre calculatrice. À l'observation de cette courbe, quelles conjectures pensez-vous pouvoir faire concernant :

1. Le sens de variation de f sur $[-3 ; 2]$?

2. La position de la courbe par rapport à l'axe des abscisses ?

Dans la suite de ce problème, on se propose de valider ou non ces conjectures et de les compléter.

PARTIE A

1. Calculer $f'(x)$ pour tout réel x, et l'exprimer à l'aide de l'expression $g(x)$, où g est la fonction définie sur $\mathbb{R}$ par : $g(x) = (x+2)e^{x-1} - 1$

2. Étude du signe de $g(x)$ pour x réel.

- **a.** Calculer les limites de $g(x)$ quand x tend vers $+\infty$, puis quand x tend vers $-\infty$.
- **b.** Calculer $g'(x)$ et étudier son signe suivant les valeurs de x.
- **c.** En déduire le sens de variation de la fonction g, puis dresser son tableau de variation.
- **d.** Montrer que l'équation $g(x) = 0$ possède une unique solution sur $\mathbb{R}$. On note α cette solution.
- **e.** Déterminer le signe de $g(x)$ suivant les valeurs de x.

3. Sens de variation de la fonction f sur $\mathbb{R}$.

- **a.** Étudier, suivant les valeurs de x, le signe de $f'(x)$.
- **b.** En déduire le sens de variation de la fonction f.
- **c.** Que pensez-vous de votre première conjecture ?

TOP CHRONO
C'est l'interro ! (suite)

PARTIE B : Contrôle de la deuxième conjecture

On note C la courbe représentative de la fonction f dans un repère orthogonal $(O ; \vec{i}, \vec{j})$. On se propose de contrôler la position de la courbe par rapport à l'axe des abscisses.

1. Montrer que $f(\alpha)=\dfrac{-\alpha^3}{2(\alpha+2)}$.

2. On considère la fonction h définie sur l'intervalle [0 ; 1] par $h(x)=\dfrac{-x^3}{2(x+2)}$.

- **a.** Calculer $h'(x)$ pour x dans [0 ; 1], puis déterminer le sens de variation de h sur [0 ; 1].
- **b.** En déduire l'encadrement de $f(\alpha)$.

3. a. Déterminer les abscisses des points d'intersection de la courbe C avec l'axe des abscisses.

- **b.** Préciser alors la position de la courbe C par rapport à l'axe des abscisses.
- **c.** Que pensez-vous de votre deuxième conjecture ?

PARTIE C : Tracé de la courbe

Compte tenu des résultats précédents, on se propose de tracer la partie Γ de C correspondant à l'intervalle [−0,2 ; 0,4] dans le repère orthogonal $(O ; \vec{i}, \vec{j})$ avec les unités suivantes :

- sur l'axe des abscisses, 1 cm représentera 0,05.
- sur l'axe des ordonnées, 1 cm représentera 0,001.

1. Recopier et compléter le tableau suivant à l'aide de la calculatrice en indiquant les valeurs approchées sous la forme $n.10^{-4}$ (n entier relatif).

x	−0,2	−0,15	−0,1	−0,05	0,1	0,15	0,2	0,3	0,35	0,4
$f(x)$										

2. Représenter alors Γ.

PROBABILITÉ CONDITIONNELLE ET INDÉPENDANTE

30 COMMENT CALCULER LES PROBABILITÉS ET L'ÉQUIPROBABILITÉ ?

Les probabilités sont des nombres entre 0 et 1.

D'autre part, pour une expérience donnée, la somme des probabilités de toutes les issues possibles vaut 1. L'hypothèse d'équiprobabilité signifie que les probabilités de toutes les issues possibles sont égales.

ex. On considère un dé pipé à 6 faces de manière à ce que la face 6 resort quatre fois plus que toutes les autres faces et les cinq autres faces sortent de manière équiprobable. On note p_i la probabilité de la face i. Alors les hypothèses se traduisent par $p_1 = p_2 = p_3 = p_4 = p_5$ et $p_6 = 4p_1$.

Or $p_1 + p_2 + p_3 + p_4 + p_5 + p_6 = 1$ donc $p_1 + p_1 + p_1 + p_1 + p_1 + 4p_1 = 1$

$9p_1 = 1$, ainsi $p_1 = \frac{1}{9}$ et $p_6 = \frac{4}{9}$

Propriété

Soit A et B deux évènements alors $p(A \cup B) = p(A) + p(B) - p(A \cap B)$

ex. Parmi 242 élèves, 24 suivent l'enseignement d'arts plastiques, 31 l'option musique et 9 suivent les deux options. Quelle est la probabilité qu'un élève suive l'une au moins des deux options ?

On a $p(A) = \frac{24}{242}$, $p(B) = \frac{31}{242}$ et $p(A \cap B) = \frac{9}{242}$.

D'où $p(A \cup B) = p(A) + p(B) - p(A \cap B) = \frac{46}{242}$.

TOP CHRONO
C'est l'interro !

Exercice 30.1 (4 pts) *10 min*

On considère un dé équilibré à 6 faces.

1. Soit A : « le résultat est un chiffre pair ». Déterminer p(A).

2. Soit B : « le résultat est un chiffre supérieur ou égal à 5 ». Déterminer p(B).

3. Soit C : « le résultat est un chiffre supérieur à 3 ». Déterminer p(C).

4. **a.** Exprimer avec une phrase $A \cap B$. Calculer $p(A \cap B)$.

b. Exprimer avec une phrase $A \cup B$. Calculer $p(A \cup B)$ de deux manières différentes.

Exercice 30.2 (4 pts) *10 min*

On considère deux dés équilibrés l'un à 6 faces et l'autre à 4 faces qu'on lance simultanément et dont on additionne les résultats.

1. Quel est l'ensemble des issues possibles ?

2. Compléter le tableau des résultats suivant :

+	1	2	3	4	5	6
1						
2						
3						
4						

3. Soit A : « le résultat est un nombre pair ». Calculer p(A).

4. Soit B : « le résultat est un nombre supérieur à 7 ». Calculer p(B).

Exercice 30.3 (4 pts) *15 min*

1. On considère un dé à 8 faces de sorte que les faces de chiffre pairs sortent deux fois plus que les faces de chiffres impairs (en considérant que deux faces de même parité ont la même probabilité). Quelle est la probabilité de sortie de chaque face ?

2. On considère un dé à 4 faces de sorte que la probabilité de sortie de la face soit proportionnelle au chiffre porté par cette face avec le même coefficient de proportionnalité pour toutes les faces.
Quelle est la probabilité d'apparition de chaque face ?

31 QU'EST-CE QU'UNE PROBABILITÉ CONDITIONNELLE ?

DÉFINITION

Soit A et B deux évènements tels que $p(A) \neq 0$. La probabilité de réalisation de B sachant que A est réalisé est définie par $p_A(B) = \dfrac{p(A \cap B)}{p(A)}$.

En particulier, $p(A \cap B) = p(A)p_A(B)$.

Ainsi le théorème des probabilités totales peut se réécrire :

THÉORÈME $p(B) = p(A \cap B) + p(\overline{A} \cap B) = p_A(B)p(A) + p_{\overline{A}}(B)p(\overline{A})$

ex. Considérons le tableau ci-dessous visant à mettre en évidence le lien entre le tabagisme des femmes pendant la grossesse et le faible poids à la naissance appelée hypotrophie.

		Tabagisme maternel		TOTAL
		NON	OUI	
Hypotrophie	NON	480	320	800
	OUI	20	180	200
	TOTAL	500	500	1000

Soit :

- T : « la mère fume pendant sa grossesse » et ;
- H : « l'enfant est hypotrophe ».

Alors $p_T(H) = \dfrac{320}{500} = \dfrac{16}{25}$

TOP CHRONO
C'est l'interro !

Exercice 31.1 (4 pts) *10 min*

Dans une région, on a relevé sur la dernière année :

- 15 % des individus ne sont pas allés manger dans un fast-food ;
- 10 % des individus sont allés moins de 10 fois dans un fast-food et parmi eux 60 % ont pris un menu sans frites ;
- 75 % des individus sont allés plus de 10 fois dans un fast-food et parmi eux 10 % ont pris un menu sans frites.

On interroge au hasard un individu de cette région. Quelle est la probabilité qu'il ait mangé un repas sans frite dans un fast-food l'année écoulée ?

Exercice 31.2 (4 pts) *10 min*

Deux sacs contiennent des pommes jaunes et rouges. Le premier sac contient quatre pommes jaunes et trois pommes rouges. Le second sac contient deux pommes jaunes et sept pommes rouges. On choisit au hasard un sac puis on tire une pomme au hasard dans le sac choisi. On considère les évènements suivants : S_1 : « le sac choisi est le sac 1 », S_2 : « le sac choisi est le sac 2 » et J : « la pomme choisie est jaune ».

1. Déterminer la probabilité de tirer une pomme jaune sachant que le sac 1 a été choisi.
2. Déterminer la probabilité de tirer une pomme jaune sachant que le sac 2 a été choisi.
3. Déterminer la probabilité de tirer une pomme jaune.

Exercice 31.3 d'après Pondichéry 2006 (4 pts) *15 min*

Un laboratoire de recherche étudie l'évolution d'une population animale qui semble en voie de disparition. En 2000, le laboratoire de recherche met au point un test de dépistage de la maladie responsable de cette disparition et fournit les renseignements suivants : « La population testée comporte 50 % d'animaux malades. Si un animal est malade, le test est positif dans 99 % des cas, si un animal n'est pas malade, le test est positif dans 0,1 % des cas. »

On note : M : « l'animal est malade » et T : « le test est positif »

1. Déterminer : **a.** $p(M)$ **b.** $p_M(T)$ **c.** $p_{\overline{M}}(T)$
2. En déduire $p(T)$.
3. Le laboratoire estime qu'un test est fiable si sa valeur prédictive positive, c'est-à-dire la probabilité qu'un animal soit malade sachant que le test est positif est supérieure à 0,999. Ce test est-il fiable ?

32 COMMENT UTILISER UN ARBRE PONDÉRÉ ?

Un arbre pondéré se construit en utilisant une règle essentielle : la somme des probabilités des branches partant d'un même nœud vaut 1.

Les probabilités présentes sur des branches de profondeur 2 correspondent à des probabilités conditionnelles.

On retrouve alors que la probabilité d'un chemin correspond à la multiplication des probabilités des branches le formant car cette probabilité correspond à l'intersection de deux évènements.

$$p(A \cap D) = p(A)p_A(D)$$

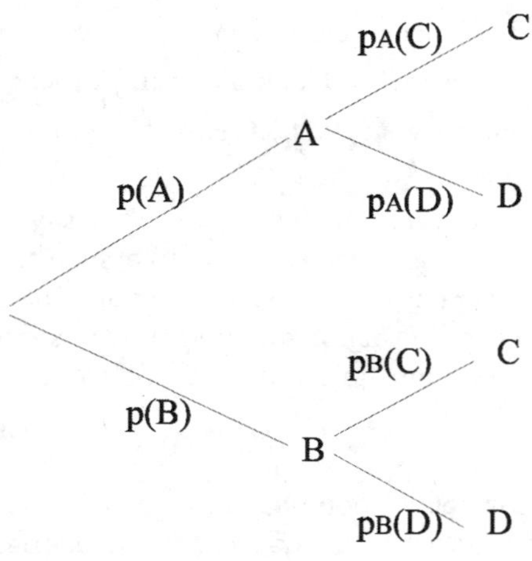

TOP CHRONO
C'est l'interro !

Exercice 32.1 (10 pts) *30 min*

Une urne contient 5 boules rouges et n boules vertes, avec n un entier supérieur à 2, indiscernables au toucher. On fait tirer à un joueur des boules de l'urne. Pour chaque boule rouge tirée il gagne 2 € et pour chaque boule verte il perd 1 €. On désigne par G le gain algébrique du joueur.

Les parties 1 et 2 sont indépendantes.

Partie A

Dans cette partie, le joueur tire deux boules successivement sans remise.

1. Réaliser un arbre pondéré représentant la situation.

2. a. Quelles sont les valeurs possibles de G ?

b. Calculer $p(G = -2)$.

c. Déterminer la loi de probabilité de G.

3. a. Montrer que l'espérance mathématique de la variable aléatoire G vaut

$$E(G) = \frac{-2n^2 + 12n + 80}{(n+4)(n+5)}.$$

b. Pour quelle(s) valeur(s) de n le jeu est-il défavorable au joueur ?

Partie B

Dans cette partie, le joueur tire deux boules successivement avec remise.

1. Réaliser un arbre pondéré représentant la situation.

2. a. Calculer $p(G = -2)$.

b. Déterminer la loi de probabilité de G.

3. a. Montrer que l'espérance mathématique de la variable aléatoire G vaut

$$E(G) = \frac{-2n^2 + 10n + 100}{(n+5)^2}.$$

b. Pour quelle(s) valeur(s) de n le jeu est-il défavorable au joueur ?

c. Que peut-on dire de ce jeu ?

TOP CHRONO
C'est l'interro ! (suite)

Exercice 32.2 (10 pts) *30 min*

Un joueur débute un jeu au cours duquel il est amené à faire successivement plusieurs parties. La probabilité que le joueur perde la première partie est de 0,2. Le jeu se déroule ensuite de la manière suivante :

- s'il gagne une partie, alors il perd la suivante avec une probabilité de 0,05 ;
- s'il perd une partie, alors il perd la suivante avec une probabilité de 0,1.

1. On appelle :

- E_1 : « le joueur perd la première partie ».
- E_2 : « le joueur perd la deuxième partie ».
- E_3 : « le joueur perd la troisième partie ».

On appelle X la variable aléatoire qui donne le nombre de fois où le joueur perd lors des trois premières parties. On pourra s'aider d'un arbre pondéré.

a. Quelles sont les valeurs prises de X ?

b. Montrer que la probabilité de l'évènement {X = 2} est égale à 0,031 et que celle de l'évènement {X = 3} est égale à 0,002.

c. Déterminer la loi de probabilité de X.

d. Calculer l'espérance de X.

2. Pour tout entier naturel *n* non nul, on note :

- E_n : «le joueur perd la nième partie ».
- p_n : la probabilité de l'évènement E_n.

a. Exprimer pour tout entier naturel *n* non nul, les probabilités des évènements $E_n \cap E_{n+1}$ et $\overline{E}_n \cap E_{n+1}$ en fonction de p_n.

b. En déduire que $p_{n+1} = 0{,}05\, p_n + 0{,}05$ pour tout entier naturel *n*.

3. On considère la suite (u_n) définie pour tout entier naturel *n* non nul par $u_n = p_n - \frac{1}{19}$.

a. Montrer que (u_n) est une suite géométrique dont on précisera la raison et le premier terme.

b. En déduire, pour tout entier naturel *n* non nul, u_n puis p_n en fonction de *n*.

c. Calculer la limite de p_n quand *n* tend vers $+\infty$.

33 QU'EST-CE QUE DEUX ÉVÈNEMENTS INDÉPENDANTS ?

DÉFINITION

Deux évènements A et B sont dits indépendants si $p(A \cap B) = p(A)p(B)$.

Par exemple, si on reprend l'exemple de l'hypotrophie chez les nouveaux-nés en lien avec le tabagisme de la mère, alors on a :

$$p(H) = \frac{400}{1000} = 0{,}4 \text{ , } p(T) = \frac{500}{1000} = 0{,}5 \text{ et } p(H \cap T) = \frac{320}{1000} = 0{,}32 \text{ .}$$

Or $p(H) \times p(T) = 0{,}4 \times 0{,}5 = 0{,}2$.

Ainsi, $p(H \cap T) \neq p(H)p(T)$ les deux évènements ne sont pas indépendants.
En revanche si on considère que les évènements :
F : « être une fille » et R : « avoi un rhésus sanguin positif » sont indépendants avec $p(F)$ = 0,52 et $p(R)$ = 0,85.
Alors on peut calculer la probabilité d'être une fille de rhésus positif par $p(F \cap R) = p(F)p(R) = 0{,}52 \times 0{,}85 = 0{,}442$.

TOP CHRONO
C'est l'interro !

Exercice 33.1 (3 pts) *10 min*

1. Soit A et B deux évènements indépendants tels que $p(A) = 0{,}3$ et $p(B) = 0{,}2$. Calculer $p(A \cap B)$ et $p(A \cup B)$.
2. Soit A et B deux évènements tels que $p(A) = 0{,}5$, $p(B) = 0{,}15$ et $p(A \cap B) = 0{,}10$. A et B sont-ils indépendants ?
3. Soit A et B deux évènements tels que $p(A) = 0{,}3$, $p(B) = 0{,}12$ et $p(A \cap B) = 0{,}036$. A et B sont-ils indépendants ?

Exercice 33.2 (5 pts) *15 min*

Soit A et B deux évènements liés à la même expérience aléatoire tels que $p(A) = 0{,}4$ et $p_A(B) = 0{,}3$.

PARTIE A – On considère dans cette partie que $p_{\overline{A}}(B) = 0{,}1$.

1. Construire un arbre pondéré représentant la situation.
2. **a.** Calculer $p(A \cap B)$.
   b. Calculer $p(B)$.
3. A et B sont-ils indépendants ?

PARTIE B – On considère dans cette partie que $p_{\overline{A}}(B) = \alpha$.

1. Calculer $p(B)$ en fonction de α.
2. Peut-on choisir une valeur de α pour que A et B soient indépendants ?

Exercice 33.3 (4 pts) *15 min*

On considère deux urnes contenant des boules R et V :

L'urne U_1 contient 3 boules rouges et n boules vertes, avec n entier naturel.

L'urne U_2 contient 4 boules rouges et 7 boules vertes.

Le joueur tire une boule dans l'urne U_1. La boule tirée est ajoutée dans l'urne U_2 puis le joueur tire une boule dans l'urne U_2.

Soit R_1 : « tirer une boule rouge dans U_1 » et R_2 : « tirer une boule rouge dans U_2 ».

1. Réaliser un arbre pondéré représentant la situation.
2. **a.** Montrer que $p(R_2) = \dfrac{15+4n}{12(n+3)}$.
   b. Peut-on choisir n pour que R_1 et R_2 soient indépendants ?

34 COMMENT RECONNAÎTRE UNE LOI BINOMIALE ?

On appelle schéma de Bernoulli une expérience aléatoire à deux issues l'une nommée succès de probabilité p et l'autre nommée échec de probabilité $1 - p$. Si on répète n fois un même schéma de Bernoulli de façon indépendante alors le nombre de succès suit une loi binomiale de paramètre n et p notée $B(n,p)$.

Théorème

Soit X le nombre de succès parmi les n répétitions, alors $p(X=k)=\binom{n}{k}p^k(1-p)^{n-k}$

où $\binom{n}{k}$ est le nombre de combinaisons possibles de k succès parmi n expériences.

ex. Si on considère des fratries de cinq enfants avec équiprobabilité d'avoir une fille ou un garçon, alors le nombre de filles dans la fratrie suit une loi binomiale de paramètres 5 et $\frac{1}{2}$.

Ainsi $p(X=3)=\binom{5}{3}\left(\frac{1}{2}\right)^3\left(1-\frac{1}{2}\right)^{5-3}=10\times\frac{1}{8}\times\frac{1}{4}=\frac{5}{16}$

Remarque

En général on utilise la calculatrice pour déterminer les coefficients $\binom{n}{k}$.

On peut noter que $\binom{n}{0}=1$ et $\binom{n}{1}=n$.

De plus, $\binom{n}{k}+\binom{n}{k+1}=\binom{n+1}{k+1}$

TOP CHRONO
C'est l'interro !

Exercice 34.1 (3 pts) *10 min*

Au tir à l'arc, un joueur a une probabilité de 0,05 d'envoyer sa flèche au centre de la cible. Le joueur dispose de n flèches qu'il envoie de façon indépendante. Quel doit être le nombre n de flèches pour que la probabilité qu'au moins une flèche atteigne le centre de la cible soit supérieure à 0,5 ?

Exercice 34.2 (5 pts) *15 min*

Dans une fête foraine on peut jouer aux fléchettes. Pour une partie, on dispose de 3 fléchettes. On remarque que la probabilité que la première fléchette atteigne le centre de la cible est de 0,1.

En revanche pour les deux autres fléchettes :

- si la fléchette précédente a atteint le centre, alors la fléchette atteint de nouveau le centre avec une probabilité 0,6.
- si la fléchette précédente n'a pas atteint le centre, alors la fléchette atteint le centre avec une probabilité 0,05.

Le joueur gagne la partie si les trois fléchettes vont au centre et un lot de consolation si deux des trois fléchettes atteignent le centre.

On arrondira les résultats à 10^{-3} près.

1. **a.** Quelle est la probabilité que le joueur gagne la partie ?

b. Quelle est la probabilité que le joueur reparte bredouille ?

2. Le joueur décide de jouer plusieurs parties de façon indépendantes.

a. S'il joue 5 parties, quelle est la probabilité qu'il en gagne exactement deux ?

b. Combien de parties le joueur doit-il jouer pour en gagner au moins une avec une probabilité supérieur à 0,99 ?

TOP CHRONO
C'est l'interro ! (suite)

Exercice 34.3 d'après Polynésie juin 2010 (6 pts) *40 min*

Des robots se trouvent au centre de gravité O d'un triangle de sommets S, I et X.

Chacun se déplace en trois étapes successives de la manière suivante :

- à chaque étape, il passe par l'un des trois sommets S, I et X puis il rejoint le point O ;
- les robots sont programmés de telle sorte que, lors d'une étape, la probabilité de passer par le sommet S est égale à celle de passer par le sommet X et la probabilité de passer par le sommet S est le double de celle de passer par le sommet I ;
- les différentes étapes sont indépendantes les unes des autres ;
- on ne tient pas compte des passages par O.

PARTIE A – Un seul robot

Un seul robot se trouve au point O.

1. Démontrer qu'à chaque étape, la probabilité que le robot passe par le sommet I est égale à $\frac{1}{5}$.

2. On note E l'évènement : « au cours des trois étapes, le robot passe successivement par les 3 sommets S, I et X dans cet ordre ».

Démontrer que la probabilité de E est égale à $\frac{4}{125}$.

3. On note F l'évènement : « au cours des trois étapes, le robot passe exactement par les 3 sommets S, I et X dans un ordre quelconque ».

Déterminer la probabilité de F.

PARTIE B – Plusieurs robots

Des robots se trouvent au point O, leurs déplacements étant indépendants les uns des autres.

Quel nombre minimal n de robots doit-il y avoir pour que la probabilité de l'évènement : « au moins l'un des robots passe successivement par les sommets S, I et X dans cet ordre » soit supérieure ou égale à 0,99 ?

AUTRES ÉCRITURES DES COMPLEXES

35 QUELLE UTILISATION DU MODULE D'UN NOMBRE COMPLEXE ?

DÉFINITION

Soit $Z = x + iy$ un nombre complexe sous forme algébrique. On appelle module de z le réel positif défini par $|z| = \sqrt{x^2 + y^2}$.

Ce module représente la longueur OM où M est le point d'affixe z dans un repère orthogonal $(O ; \vec{i}, \vec{j})$.

PROPRIÉTÉ

Soit A et B d'affixes respectives z_A et z_B. Alors AB = $|z_B - z_A|$.

ex. Soit A, B et C d'affixes $z_A = 1 + i$, $z_B = -1 + 2i$ et $z_C = 2 + 5i$. En représentant A, B et C dans un repère on peut penser que ABC est isocèle en C.

Or $AC = |z_C - z_A| = |2 + 5i - 1 - i| = |1 + 4i| = \sqrt{1^2 + 4^2} = \sqrt{17}$

et $BC = |z_C - z_B| = |2 + 5i + 1 - 2i| = |3 + 3i| = \sqrt{3^2 + 3^2} = \sqrt{18}$

Ainsi ABC n'est pas isocèle en C.

TOP CHRONO
C'est l'interro !

Exercice 35.1 (4 pts) *15 min*

Dans chaque cas, donner, en justifiant, la nature du triangle ABC.

1. $z_A = 2i$, $z_B = -2 - i$ et $z_C = 2 - i$.

2. $z_A = -1 + 2i$, $z_B = 4i - 2$ et $z_C = 4i + 2$.

3. $z_A = 2 - 3i$, $z_B = -2$ et $z_C = i$.

4. $z_A = -2 - 2i$, $z_B = -3i$ et $z_C = 2i$.

Exercice 35.2 (5 pts) *20 min*

Dans chaque cas, déterminer l'ensemble des points M d'affixe *z* tels que :

1. $|z - 1 + 2i| = 3$

2. $|z| = |z - 1|$

3. $\left|\dfrac{2z - i}{z + 1}\right| = 2$

4. $|z - 2i| \leq 1$

5. $|z - 1 - 3i| = -1$

Exercice 35.3 (2 pts) *10 min*

Montrer que si *z* est tel que $|3 + iz| = |3 - iz|$ alors *z* est un réel.

36 COMMENT MANIPULER LA FORME TRIGONOMÉTRIQUE D'UN NOMBRE COMPLEXE ?

DÉFINITION

Soit z un nombre complexe alors il existe un réel θ tel que $z = |z|(\cos\theta + i\sin\theta)$.

On dit que θ est un argument de z, noté Arg(z).

En particulier, le complexe $\cos\theta + i\sin\theta$ est un complexe de module 1.

ex. Soit $z = 4 - 4i$. Alors $|z| = 4\sqrt{2}$ et $|z| = 4\sqrt{2}\left(\frac{1}{\sqrt{2}} - \frac{i}{\sqrt{2}}\right) = 4\sqrt{2}\left(\frac{\sqrt{2}}{2} - \frac{i\sqrt{2}}{2}\right)$.

On cherche un réel θ tel que $\cos\theta = \frac{\sqrt{2}}{2}$ et $\sin\theta = -\frac{\sqrt{2}}{2}$

Alors $\theta = -\frac{\pi}{4}$ d'où $z = 4\sqrt{2}\left(\cos\left(-\frac{\pi}{4}\right) + i\sin\left(-\frac{\pi}{4}\right)\right)$.

THÉORÈME

On peut utiliser les propriétés $\text{Arg}(z_1 z_2) = \text{Arg}(z_1) + \text{Arg}(z_2)\ [2\pi]$

$$Arg\left(\frac{z_1}{z_2}\right) = Arg(z_1) - Arg(z_2)[2\pi]$$

ex. Si $z = 1 - 2i$ alors $|z| = \sqrt{5}$ donc $z = \sqrt{5}\left(\frac{1}{\sqrt{5}} - \frac{2}{\sqrt{5}}i\right)$.

Déterminer un argument de z revient donc à résoudre $\begin{cases} \cos\theta = \frac{1}{\sqrt{5}} \\ \sin\theta = -\frac{2}{\sqrt{5}} \end{cases}$

ce qui n'est pas possible avec les valeurs particulières. On ne peut pas toujours déterminer une valeur exacte de l'argument.

TOP CHRONO
C'est l'interro !

Exercice 36.1 (8 pts) *20 min*

Déterminer un module et un argument des nombres complexes suivants :

1. $z_1 = \dfrac{1}{1+i}$
2. $z_2 = 3$
3. $z_3 = (1 - \text{i})^2$
4. $z_4 = -\sqrt{2}i$
5. $z_5 = \dfrac{1+i}{1-i}$
6. $z_6 = \left(1+i\sqrt{3}\right)(1-i)$
7. $z_7 = -2i(2+2i)$
8. $z_8 = \dfrac{1-i\sqrt{3}}{3+\sqrt{3}i}$

Exercice 36.2 (4 pts) *15 min*

Soit $z = \dfrac{\sqrt{2}+i\sqrt{2}}{1+\sqrt{3}i}$

1. **a.** Calculer $|z|$.
   b. Déterminer un argument de z.
2. **a.** Écrire z sous forme algébrique.
   b. En déduire une valeur exacte de $\cos\dfrac{\pi}{12}$ et $\sin\dfrac{\pi}{12}$

Exercice 36.3 (2 pts) *10 min*

1. Déterminer l'ensemble des complexes z tel que $\arg(-z) = \pi$.
2. Déterminer l'ensemble des complexes z tel que $\arg\left(\dfrac{z}{1+i}\right) = 0$.

37 COMMENT MANIPULER LA FORME EXPONENTIELLE D'UN NOMBRE COMPLEXE ?

DÉFINITION

Soit θ un réel. On définit l'exponentielle complexe par $e^{i\theta} = \cos\theta + i\sin\theta$.

Ainsi comme tout nombre complexe peut s'écrire sous la forme trigonométrique $z = |z|(\cos\theta + i\sin\theta)$ alors on peut l'écrire sous forme exponentielle par $z = |z|e^{i\theta}$.

PROPRIÉTÉ

Soit $z = |z|e^{i\theta}$ et $z' = |z'|e^{i\theta'}$, alors :

$$zz' = |z||z'|e^{i(\theta+\theta')}$$

$$\frac{1}{z} = \frac{1}{|z|}e^{-i\theta}$$

$$\frac{z}{z'} = \frac{|z|}{|z'|}e^{i(\theta-\theta')}$$

$$z^n = |z|^n e^{in\theta}$$

ex. Ainsi $i = e^{i\frac{\pi}{2}}$, $-1 = e^{i\pi}$, $\frac{1}{i} = -i = e^{i\frac{3\pi}{2}}$.

De même si $z_1 = 2e^{i\frac{\pi}{3}}$ et $z_2 = 3e^{-i\pi}$

alors $z_1 = 2\left(\cos\left(\frac{\pi}{3}\right) + i\sin\left(\frac{\pi}{3}\right)\right) = 2\left(\frac{1}{2} + i\frac{\sqrt{3}}{2}\right) = 1 + i\sqrt{3}$ et $z_2 = -3$.

$z_1 z_2 = 2e^{i\frac{\pi}{3}}3e^{-i\pi} = 6e^{-i\frac{2\pi}{3}}$.

TOP CHRONO
C'est l'interro !

Exercice 37.1 (5 pts) *10 min*

Écrire sous forme algébrique les nombres complexes suivants :

$z_1 = 2e^{2i\frac{\pi}{3}}$

$z_3 = \frac{1}{2}e^{-i\frac{\pi}{2}}$

$z_5 = \sqrt{3}e^{i\frac{\pi}{4}}e^{-i\frac{\pi}{8}}$

$z_4 = 5e^{i\frac{5\pi}{4}}$

$z_4 = \frac{3e^{i\frac{\pi}{4}}}{2e^{i\pi}}$

Exercice 37.2 (4 pts) *10 min*

Écrire sous forme exponentielle les nombres complexes suivants :

$z_1 = (-1-i)\left(\frac{1}{2}+i\frac{\sqrt{3}}{2}\right)$

$z_3 = -2\left(\frac{\sqrt{2}}{2}-i\frac{\sqrt{2}}{2}\right)$

$z_2 = \frac{i}{1-i\sqrt{3}}$

$z_4 = (\sqrt{3}-i)^5$

Exercice 37.3 (6 pts) *20 min*

Soit $z_1 = 1+i\sqrt{3}$ et $z_2 = 1+i$

1. Écrire $Z = \frac{z_1}{z_2}$ sous forme algébrique.

2. a. Écrire z_1 sous forme exponentielle.

b. Écrire z_2 sous forme exponentielle.

3. a. Écrire Z sous forme exponentielle.

b. En utilisant la forme algébrique de Z, en déduire la valeur exacte de $\cos\left(\frac{\pi}{12}\right)$ et $\sin\left(\frac{\pi}{12}\right)$.

38 QUEL LIEN ENTRE LES NOMBRES COMPLEXES ET LES ANGLES ?

THÉORÈME

Soit A, B, C et D quatre points d'affixes respectives z_A, z_B, z_C et z_D.

Alors $(\overrightarrow{AB}\,;\overrightarrow{CD}) = \arg\left(\dfrac{z_D - z_C}{z_B - z_A}\right) + 2k\pi,\ k \in \mathbb{Z}$.

Autrement dit, tout angle orienté peut être interprété comme l'argument d'un nombre complexe.

En particulier $(AB) \perp (CD)$ si et seulement si $\dfrac{z_D - z_C}{z_B - z_A}$ est un imaginaire pur.

$(AB)//(CD)$ si et seulement si $\dfrac{z_D - z_C}{z_B - z_A}$ est un réel pur.

ex. Si $z_A = \dfrac{7}{2}$, $z_B = -\dfrac{5}{2}i$ et $z_C = \dfrac{1}{2}(7-5i)$

Alors $|z_A| = \dfrac{7}{2}$ et $|z_C - z_B| = \left|\dfrac{7}{2} - \dfrac{5}{2}i + \dfrac{5}{2}i\right| = \dfrac{7}{2}$. D'où OA = BC.

$|z_B| = \dfrac{5}{2}$ et $|z_C - z_A| = \left|-\dfrac{5}{2}i\right| = \dfrac{5}{2}$. D'où OB = AC.

$\dfrac{z_C - z_B}{-z_B} = \dfrac{7}{5i} = -\dfrac{7}{5}i$, d'où $\arg\left(\dfrac{z_C - z_B}{-z_B}\right) = -\dfrac{\pi}{2}$. Or $\arg\left(\dfrac{z_C - z_B}{-z_B}\right) = (\overrightarrow{BO};\overrightarrow{BC})$.

Ainsi OACB est un rectangle.

TOP CHRONO
C'est l'interro !

Exercice 38.1 (4 pts) *10 min*

Dans chaque cas que peut-on dire de la configuration des points O, A, B ?

1. $z_A = 2 + i$ et $z_B = -3 - \frac{3}{2}i$
2. $z_A = 1 + i\sqrt{3}$ et $z_B = -2$
3. $z_A = 3e^{i\frac{\pi}{5}}$ et $z_B = 2e^{i\frac{7\pi}{10}}$
4. $z_A = \sqrt{2}e^{-i\frac{\pi}{7}}$ et $z_B = 2e^{i\frac{6\pi}{7}}$

Exercice 38.2 (15 pts) *45 min*

On se place dans le plan complexe muni d'un repère orthonormal direct.

1. **Un triangle :** on considère les points A, B et C d'affixes respectives $a = 2$, $b = 3 + i\sqrt{3}$ et $c = 2i\sqrt{3}$.
   - **a.** Écrire *a*, *b* et *c* sous forme exponentielle.
   - **b.** Faire une figure et tracer le cercle de centre O et de rayon $2\sqrt{3}$. Placer les points A, B et C.
   - **c.** Montrer que le triangle ABC est rectangle en B.
   - **d.** En déduire que l'affixe ω du centre Ω du cercle circonscrit au triangle ABC est $1 + i\sqrt{3}$.
2. **Une transformation du plan :** on note (z_n) la suite de nombres complexes, de terme initiale $z_0 = 0$, et telle que : $z_{n+1} = \frac{1 + i\sqrt{3}}{2} z_n + 2$, pour tout entier naturel *n*.
   Pour tout entier naturel *n*, on note A_n le point d'affixe z_n.
   - **a.** Montrer que les points A_2, A_3 et A_4 ont pour affixes respectives : $3 + i\sqrt{3}$, $2 + 2i\sqrt{3}$ et $2i\sqrt{3}$. On remarquera que : $A_1 = A$, $A_2 = B$ et $A_4 = C$.
   - **b.** Comparer les longueurs des segments $[A_1A_2]$, $[A_2A_3]$ et $[A_3A_4]$.
   - **c.** Établir que pour tout entier naturel *n*, on a : $z_{n+1} - \omega = \frac{1 + i\sqrt{3}}{2}(z_n - \omega)$ où ω désigne le nombre complexe défini à la question 1. b).
   - **d.** Montrer que pour tout entier naturel *n*, $z_{n+1} - \omega = e^{i\frac{\pi}{3}}(z_n - \omega)$
   - **e.** En déduire une mesure de $\left(\overrightarrow{\Omega A_n}; \overrightarrow{\Omega A_{n+1}}\right)$.
   - **f.** Comparer ΩA_n et ΩA_{n+1}. Que peut-on en déduire sur la position des points A_n ?
   - **g.** Justifier que, pour tout entier naturel *n*, on a : $A_{n+6} = A_n$.
     Déterminer l'affixe du point A_{2012}.
3. Dans cette question, toute trace de recherche, même incomplète, ou d'initiative, même non fructueuse, sera prise en compte dans l'évaluation.
   Déterminer, pour tout entier naturel *n*, la longueur du segment $[A_nA_{n+1}]$.

FONCTION LOGARITHME NÉPÉRIEN

39 QUELLES SONT LES PROPRIÉTÉS DU LOGARITHME NÉPÉRIEN ?

PROPRIÉTÉ

Pour tout réel a et b strictement positifs, pour tout entier relatif n.

$$\ln(ab)=\ln(a)+\ln(b)$$

$$\ln\left(\frac{1}{a}\right)=-\ln(a)$$

$$\ln\left(\frac{a}{b}\right)=\ln(a)-\ln(b)$$

$$\ln(a^n)=n\ln(a)$$

$$\ln(\sqrt{a})=\frac{1}{2}\ln(a)$$

ex.

$$\begin{aligned}A&=\ln\left(\frac{\sqrt{5}\times3^4}{15}\right)\\&=\ln\left(\sqrt{5}\times3^4\right)-\ln(15)\\&=\ln\left(\sqrt{5}\right)+\ln\left(3^4\right)-\ln(5)-\ln(3)\\&=\frac{1}{2}\ln(5)+4\ln(3)-\ln(5)-\ln(3)\\&=3\ln(3)-\frac{1}{2}\ln(5)\end{aligned}$$

$$\begin{aligned}B&=\ln(\sqrt{5}-1)+\ln(\sqrt{5}+1)\\&=\ln\left(\left(\sqrt{5}-1\right)\left(\sqrt{5}+1\right)\right)\\&=\ln(5-1)\\&=\ln(4)\\&=2\ln(2)\end{aligned}$$

TOP CHRONO
C'est l'interro !

Exercice 39.1 (6 pts) *15 min*

1. Écrire en fonction de ln(2), ln(3) ou ln(5) les nombres suivants :

a. $A = \ln\left(\dfrac{25}{3\times 16}\right)$ **b.** $B = \ln\left(\dfrac{2\sqrt{3}}{15}\right)$ **c.** $C = \ln\left(\dfrac{21\sqrt{5}}{14\sqrt{2}}\right)$

2. Écrire à l'aide d'un seul logarithme

a. $D = \ln(2) - 3\ln(3) + \ln(7)$

b. $E = 5\ln(3) + 0{,}5\ln(2)$

c. $F = \ln(\sqrt{7}+1) + \ln(\sqrt{5})$

Exercice 39.2 (3 pts) *10 min*

Sans tenir compte de l'ensemble de définition, écrire à l'aide d'un seul logarithme les nombres suivants.

1. $f(x) = \ln(x+2) - \ln(x)$ pour $x > 0$.

2. $g(x) = \ln(x-3) + \ln(x+3) - 1$ pour $x > 3$.

3. $h(x) = 0{,}5\ln(1+2x) - \ln(3) + 2\ln(x-1)$ pour $x > 1$.

Exercice 39.3 (4 pts) *20 min*

Démontrer les égalités suivantes :

1. $\ln\left(x + \sqrt{x^2+1}\right) = -\ln\left(\sqrt{x^2+1} - x\right)$ pour tout réel x.

2. $\ln\left(x^2+2x+4\right) = \ln\left(x^3-8\right) - \ln\left(x-2\right)$ pour tout $x > 2$.

3. $\ln\left(x^2-x+1\right) = \ln\left(x^3+1\right) - \ln\left(x+1\right)$ pour tout $x > -1$.

4. $\ln\left(x^4-4\right) = \ln\left(x-\sqrt{2}\right) + \ln\left(x+\sqrt{2}\right) + \ln\left(x^2+2\right)$ pour tout $x > -\sqrt{2}$.

40 QUELLE UTILISATION DE LA FONCTION LOGARITHME NÉPÉRIEN (NIVEAU 1) ?

DÉFINITION

Soit *u* une fonction numérique. Alors la fonction $f(x)=\ln(u(x))$ est définie pour toutes valeurs *x* telles que $u(x)>0$.

ex. Soit $f(x)=\ln(x^2-3x+1)$. Alors *f* est définie si $x^2-3x+1>0$

$\Delta=9-4=5,\ x_1=\dfrac{3-\sqrt{5}}{2}$ et $x_2=\dfrac{3+\sqrt{5}}{2}$

x	$-\infty$		$\frac{3-\sqrt{5}}{2}$		$\frac{3+\sqrt{5}}{2}$		$+\infty$
x^2-3x+1		+	0	−	0	+	

Ainsi $D_f=\left]-\infty;\dfrac{3-\sqrt{5}}{2}\right[\cup\left]\dfrac{3+\sqrt{5}}{2};+\infty\right[$

THÉORÈME

Soit *u* une fonction numérique strictement positive sur I. Alors $f(x)=\ln(u(x))$ est définie et dérivable sur I et $f'(x)=\dfrac{u'(x)}{u(x)}$. En particulier *f′* est du signe de *u′* : *f* et *u* ont le même sens de variation.

ex. Ainsi $f(x)=\ln(x^2-3x+1)$ est dérivable sur $\left]-\infty;\dfrac{3-\sqrt{5}}{2}\right[\cup\left]\dfrac{3+\sqrt{5}}{2};+\infty\right[$

et $f'(x)=\dfrac{2x-3}{x^2-3x+1}$.

TOP CHRONO
C'est l'interro !

Exercice 40.1 (6 pts) *15 min*

Dans chaque cas, déterminer l'ensemble de définition.

1. $f(x)=3+x-2\ln(x)$
2. $g(x)=\ln(1-x)-\ln(x)$
3. $h(x)=\ln\left(1-\dfrac{1}{x}\right)-2$
4. $a(x)=\dfrac{\ln(x-3)}{x+2}$
5. $b(x)=\dfrac{\ln(x^2+1)}{x}$
6. $c(x)=\ln(\sqrt{1-x^2})$

Exercice 40.2 (10 pts) *15 min*

Dans chaque cas, déterminer l'ensemble de définition et calculer la dérivée.

1. $f(x)=x^2-3x+2-\ln(x)$
2. $f(x)=\ln(1-x)+3x^2-1$
3. $f(x)=x^2\ln(x^2+1)$
4. $f(x)=\dfrac{\ln(1-3x)}{x+1}$
5. $f(x)=\ln(x^2+x+1)$

Exercice 40.3 (9 pts) *20 min*

Dans chaque cas, déterminer l'ensemble de définition et étudier le sens de variation de la fonction sur son ensemble de définition.

1. $f(x)=\ln(x^2-x+1)$
2. $g(x)=\ln(\sqrt{x^2-1})$
3. $h(x)=2x^2-4x+3-\ln(x)$

41 COMMENT RÉSOUDRE UNE ÉQUATION OU UNE INÉQUATION EN UTILISANT UN LOGARITHME NÉPÉRIEN ?

Il faut impérativement garder en tête la propriété de définition du logarithme népérien :

PROPRIÉTÉ

Soit b un réel strictement positif.

$$b = e^a \Leftrightarrow a = \ln(b)$$

ex. Ainsi pour résoudre l'équation $\ln(x^2+x+1)=0$ définie sur $\mathbb{R}$ car $x^2+x+1>0$ ($\Delta<0$), on utilise la fonction exponentielle :

$\ln(x^2+x+1)=0$

$\Leftrightarrow x^2+x+1=e^0=1$

$\Leftrightarrow x^2+x=0$

$\Leftrightarrow x(x+1)=0$

$\Leftrightarrow x=0$ ou $x=-1$

Ainsi $S=\{0;-1\}$

PROPRIÉTÉS

Soit a et b deux réels strictement positifs.

$\ln(a)=\ln(b) \Leftrightarrow a=b$

$\ln(a)<\ln(b) \Leftrightarrow a<b$

ex. Ainsi $\ln\left(\dfrac{x+3}{x-1}\right) \leq \ln(3)$ est définie sur $]-\infty;-3[\cup]1;+\infty[$ (en utilisant un tableau de signes) et est alors équivalente à $\dfrac{x+3}{x-1} \leq 3 \Leftrightarrow \dfrac{x+3-3x+3}{x-1} \leq 0, \dfrac{-2x+6}{x-1} \leq 0$.

x	$-\infty$		1		3		$+\infty$
$-2x+6$		+		+	0	−	
$x-1$		−	0	+		+	
$\dfrac{-2x+6}{x-1}$		−	‖	+	0	−	

En faisant l'intersection avec l'ensemble de définition, $S=]-\infty;-3[\cup[3;+\infty[$.

TOP CHRONO
C'est l'interro !

Exercice 41.1 (6 pts) *15 min*

1. Résoudre les équations suivantes :
   a. $\ln(3x-1)=3$
   b. $\ln(x-1)=-2$
   c. $\ln\left(x^2+x-1\right)=0$
   d. $\ln(\sqrt{x-2})=1$
2. Résoudre les inéquations suivantes :
   a. $\ln(1-x)>\ln(2)$
   b. $\ln(3-x)<1$

Exercice 41.2 (6 pts) *15 min*

Résoudre les équations et inéquations suivantes :

1. $\ln(x-1)-\ln(x)=\ln(3x)$
2. $2\ln(\sqrt{x})+\ln(1-x)=2\ln(x)$
3. $\ln(1-x)-\ln(1+x)<\ln(x)-\ln(2+x)$

Exercice 41.3 (10 pts) *20 min*

Dans chaque cas, déterminer l'ensemble de définition et calculer la dérivée.

1. $f(x)=\sqrt{\ln(x)}$
2. $g(x)=\dfrac{1-x}{2\ln(x)}$
3. $h(x)=\dfrac{x^2}{1-\ln(x)}$
4. $k(x)=2x+\dfrac{e}{\ln x}$
5. $i(x)=\sqrt{2-\ln(x)}$

45 QUELLE UTILISATION DE LA FONCTION LOGARITHME NÉPÉRIEN (NIVEAU 2) ?

On a les limites aux bornes suivantes :

Propriété

$\lim\limits_{x\to+\infty} \ln x = +\infty$ et $\lim\limits_{x\to 0} \ln x = -\infty$

On remarquera que la fonction logarithme népérien n'étant définie que pour les réels positifs, la limite en 0 est nécessairement par valeurs à droite de 0.

ex. Soit $f(x) = x^2 + 3x + 2 + \ln(x)$ définie sur $]0;+\infty[$.

Alors $\lim\limits_{x\to+\infty} x^2 + 3x + 2 = +\infty$ et $\lim\limits_{x\to+\infty} \ln x = +\infty$, par somme, $\lim\limits_{x\to+\infty} f(x) = +\infty$.

$\lim\limits_{x\to 0} x^2 + 3x + 2 = 2$ et $\lim\limits_{x\to 0} \ln x = -\infty$, par somme, $\lim\limits_{x\to 0} f(x) = -\infty$.

Il faut aussi connaître certaines formes indéterminées.

Propriétés

$$\lim_{x\to+\infty} \frac{\ln x}{x} = 0$$

$$\lim_{x\to 0} x \ln x = 0$$

$$\lim_{x\to 0} \frac{\ln(1+x)}{x} = 1$$

ex. Soit $f(x) = x^2 \ln x$ définie sur $]0;+\infty[$

Alors $\lim\limits_{x\to+\infty} x^2 = +\infty$ et $\lim\limits_{x\to+\infty} \ln x = +\infty$

Par produit, $\lim\limits_{x\to+\infty} f(x) = +\infty$.

Par somme, $\lim\limits_{x\to+\infty} f(x) = +\infty$.

$f(x) = x \times x \ln x$: $\lim\limits_{x\to 0} x = 0$ et $\lim\limits_{x\to 0} x \ln x = 0$

Par produit, $\lim\limits_{x\to 0} f(x) = 0$.

TOP CHRONO
C'est l'interro !

Exercice 42.1 (12 pts) *30 min*

Dans chaque cas, déterminer l'ensemble de définition et les limites aux bornes de cet ensemble.

1. $f(x) = 2x + 1 + (\ln x)^2$

2. $g(x) = \dfrac{3}{1 - \ln(x)}$

3. $h(x) = \ln(x) - \dfrac{1}{x} + 3$

4. $k(x) = \dfrac{3x - 1}{x^2} - \ln(x)$

5. $i(x) = \dfrac{1 - \ln(x)}{2 + \ln(x)}$

6. $j(x) = \dfrac{\ln(x)}{x - 1}$

Exercice 42.2 d'après France métropolitaine, juin 2012 (4 pts) *15 min*

On désigne par *f* la fonction définie sur $[1;+\infty[$ par $f(x) = \dfrac{1}{x+1} + \ln\left(\dfrac{x}{x+1}\right)$.

1. Déterminer la limite de *f* en $+\infty$.

2. Démontrer que pour tout réel *x* de $[1;+\infty[$, $f'(x) = \dfrac{1}{x(x+1)^2}$.
Dresser le tableau de variations de *f*.

3. En déduire le signe de *f* sur $[1;+\infty[$.

Exercice 42.3 (10 pts) *20 min*

On considère la fonction *f* définie sur $[1;+\infty[$ par $f(x) = x - \dfrac{\ln x}{x}$.

On note C sa courbe représentative dans un repère orthonormal $(O;\vec{i},\vec{j})$.

1. Soit *g* la fonction définie sur $[1;+\infty[$ par $g(x) = x^2 - 1 + \ln(x)$.
Montrer que la fonction *g* est positive sur $[1;+\infty[$.

2. a. Montrer que, pour tout *x* de $[1;+\infty[$, $f'(x) = \dfrac{g(x)}{x^2}$.

b. En déduire le sens de variation de *f* sur $[1;+\infty[$.

3. Pour tout entier naturel *k* supérieur ou égal à 2, on note respectivement M_k et N_k les points d'abscisse *k* de C et D, où D est la droite d'équation *y* = *x*.

a. Montrer que, pour tout entier naturel *k* supérieur ou égal à 2, la distance M_kN_k entre les points M_k et N_k est donnée par $M_kN_k = \dfrac{\ln(k)}{k}$.

b. Écrire un algorithme déterminant le plus petit entier k_0 supérieur ou égal à 2 tel que la distance M_kN_k soit inférieure ou égale à 10^{-2}.

GÉOMÉTRIE DANS L'ESPACE

43 COMMENT DÉTERMINER LA POSITION RELATIVE DE DEUX DROITES ?

Propriété

Deux droites peuvent être :

- non coplanaires
- coplanaires ; et dans ce cas soit confondues, soit strictement parallèles, soit sécantes.

Ainsi une première étape peut consister à déterminer si les deux droites sont coplanaires ou non.

Si elles sont coplanaires, on se ramène alors à la géométrie plane dans le plan qui les contient afin de conclure sur leur position relative. On peut évidemment s'aider d'une figure.

ex. Soit ABCD un tétraèdre, I le milieu de [AD] et J celui de [BC]. Alors (IJ) et (AC) ne sont pas coplanaires. Soit K le milieu de [AC]. Alors comme $K \in (AC)$ et $J \in (BC)$ la droite (KJ) est contenue dans le plan ABC). Ainsi (KJ) et (AB) sont coplanaires. K milieu de [AC] et J celui de [BC]. Par le théorème des milieux, (KJ) // (AB).

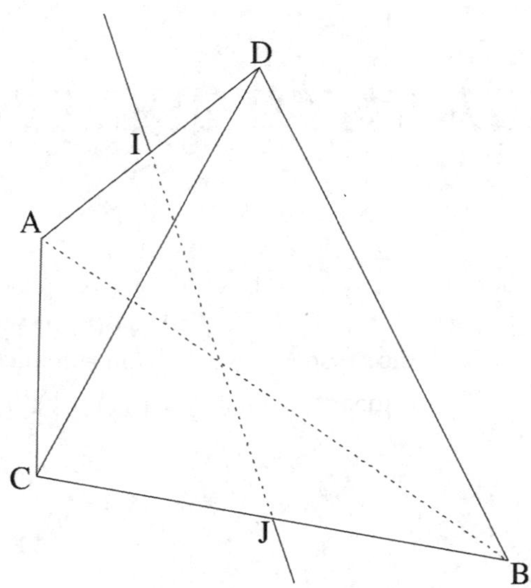

TOP CHRONO
C'est l'interro !

Exercice 43.1 (7 pts) *10 min*

Soit ABCD un tétraèdre, I et J les milieux respectifs de [AD] et [DC].

Déterminer et justifier la position relative des droites suivantes :

1. (AJ) et (CI)
2. (AI) et (DJ)
3. (IJ) et (BD)
4. (IC) et (DJ)
5. (AC) et (IJ)
6. (AJ) et (BI)
7. (DA) et (BC)

Exercice 43.2 (6 pts) *15 min*

Soit ABCDEFGH un cube et I le milieu de [FB].

Déterminer et justifier la position relative des droites suivantes :

1. (GI) et (BC)
2. (AD) et (GF)
3. (AD) et (GI)
4. (HF) et (DI)
5. (EF) et (GI)
6. (AB) et (GI)

Exercice 43.3 (4 pts) *15 min*

Soit ABCDEFGH un cube, I et J les milieux de [FB] et [HD].

Déterminer et justifier la poition relative des droites suivantes :

1. (AI) et (DB)
2. (IJ) et (HF)
3. (HF) et (DI)
4. (JB) et (HF)

44 COMMENT PROUVER LE PARALLÉLISME DE DEUX PLANS ?

PROPRIÉTÉ

Deux plans de l'espace sont :

- soit parallèles (éventuellement confondus) ;
- soit sécants et leur intersection est une droite.

PROPRIÉTÉ

Si deux droites sécantes d'un plan P sont parallèles à deux droites sécantes d'un plan P' alors P et P' sont parallèles.

ex. Soit ABCDEFGH un cube. Alors les plans (BDE) et (CFH) sont parallèles car : (BD)//(FH) et (BE)//(CH).

Comme (BD) et (BE) sont sécantes en B et (FH) et (CH) sont sécantes en H, alors les plans (BDE) et (CFH) sont parallèles.

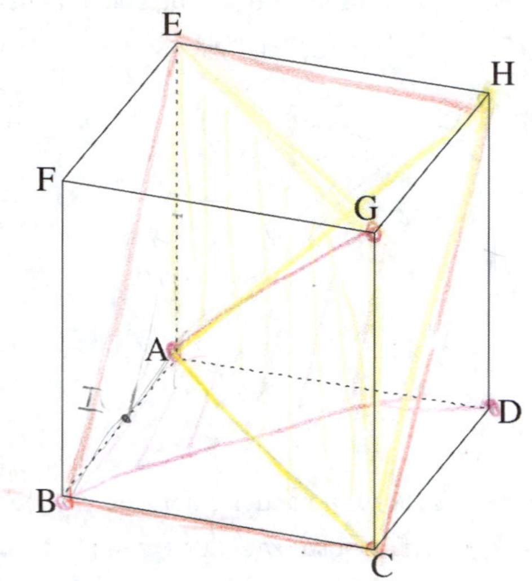

TOP CHRONO
C'est l'interro !

Exercice 44.1 (7 pts) *20 min*

Soit ABCDEFGH un cube, I, J et K les milieux respectifs de [AB], [BC] et [AE].

Déterminer et justifier la position relative des plans suivants :

1. (AEF) et (EFG)
2. (BDC) et (EAH)
3. (DIF) et (DBH)
4. (DKH) et (EBC)
5. (ACH) et (EBC)
6. (ACH) et (EGB)
7. (IKF) et (DHC)

Exercice 44.2 (8 pts) *20 min*

Pour chacune des propositions suivantes, indiquer si elle est vraie ou fausse et justifier. Une figure pourra constituer un contre exemple.

1. Si P_1, P_2 et P_3 sont trois plans tels que $P_1 \cap P_2 \cap P_3 = \varnothing$ alors on peut conclure que $P_1 \cap P_2 = \varnothing$ et $P_2 \cap P_3 = \varnothing$.

   ☐ VRAI ☐ FAUX

2. Si P_1, P_2 et P_3 sont trois plans tels que $P_1 \cap P_2 = \varnothing$ et $P_1 \cap P_3 = \varnothing$ alors on peut en conclure que P_2 est parallèle à P_3.

   ☐ VRAI ☐ FAUX

3. Si P_1, P_2 et P_3 sont trois plans tels que $P_1 \cap P_2 = \varnothing$ et $P_1 \cap P_3 \neq \varnothing$ alors $P_2 \cap P_3 \neq \varnothing$.

   ☐ VRAI ☐ FAUX

4. Si P_1, P_2 et P_3 sont trois plans tels que $P_1 \cap P_2 \neq \varnothing$ et $P_2 \cap P_3 \neq \varnothing$ alors $P_1 \cap P_3 \neq \varnothing$.

   ☐ VRAI ☐ FAUX

45 COMMENT DÉTERMINER UNE SECTION ?

On considère un solide et trois points non alignés en général situés sur des faces différentes. On appelle section du solide par le plan formé par ces trois points le polygone formé par l'intersection de chaque face et de ce plan. Comme chacune de ces intersections correspond à l'intersection de deux plans c'est une droite ; il suffit donc de déterminer pour chaque face deux points qui appartiennent au plan par lequel on réalise la section.

D'autre part, il peut être utile d'utiliser la propriété suivante :

Propriété

Soit P_1 et P_2 deux plans parallèles. Alors tout plan P_3 qui coupe P_1 coupe P_2 et les deux droites d'intersection sont parallèles.

ex. Soit ABCDEFGH un cube avec N, M et P trois points respectivement sur [BF], [AE] et [EH] (Faites une figure et suivez les instructions). Alors comme M et N sont sur la face (ABFE) la section est [MN]. Comme N et P sont sur la face (ABFE) la section est [MN]. Comme N et P sont sur la face (ADHE), la section est [NP]. Le point M est sur la face (BCGF) et cette face est parallèle à (ADME). Il suffit donc de tracer la parallèle à (NP) passant par M. Elle coupe (FG) en Q. P et Q sont dans la face (EFGH), il suffit donc de les relier. Le polygone est refermé : la section est le quadrilatère NMQP.

Remarque

Il ne faut pas hésiter non plus à sortir du polyèdre pour déterminer des points d'intersection du plan et des arêtes.

TOP CHRONO
C'est l'interro !

Exercice 45 (8 pts) *30 min*

Dans chaque cas, déterminer la section du cube par le plan (MNP) et préciser la nature de la section :

1.

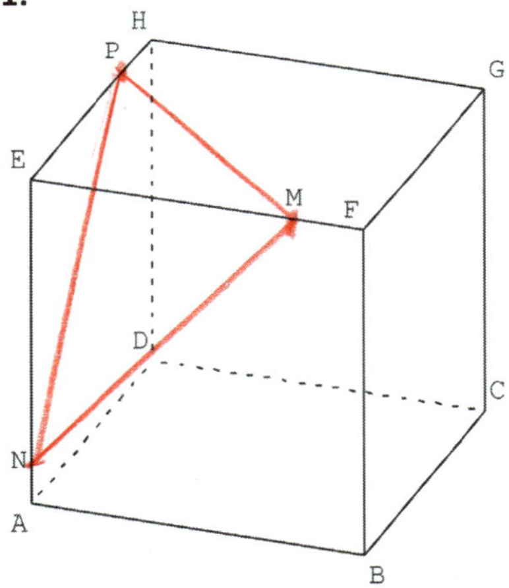

2.

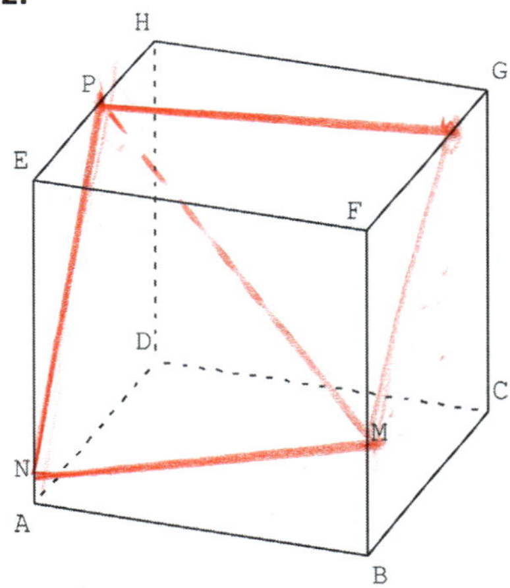

3.

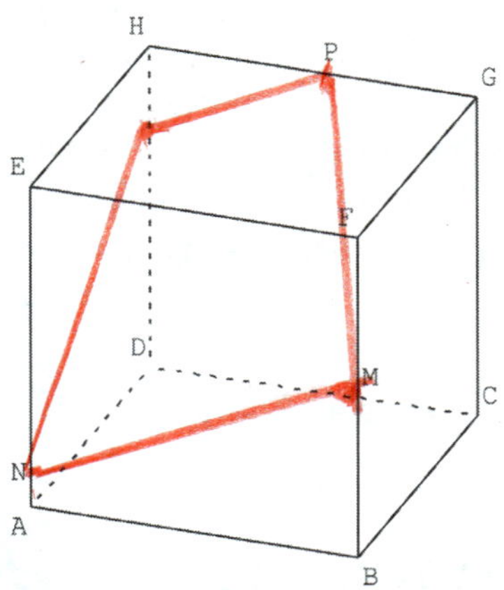

4.

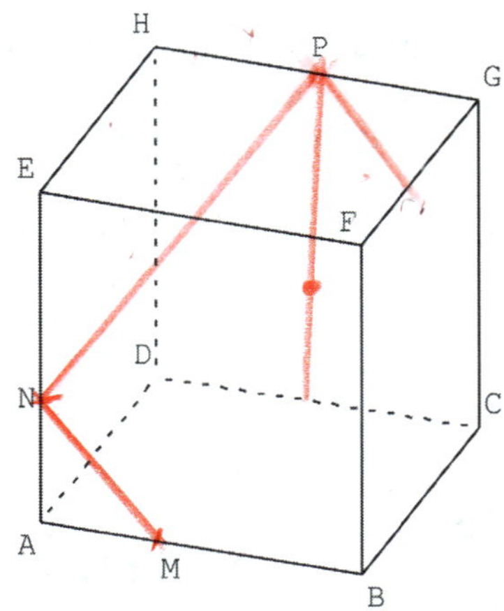

46 COMMENT MONTRER QU'UNE DROITE EST ORTHOGONALE À UN PLAN ?

Pour montrer qu'une droite est orthogonale à un plan on utilise la propriété suivante :

Propriété

Si une droite est orthogonale à deux droites sécantes d'un plan alors la droite est orthogonale à ce plan.

ex. Soit ABCD un tétraèdre régulier, I le milieu de [AC]. Alors la droite (AC) est orthogonale au plan (IBD) car I est le milieu de [AC] et ACD est un triangle équilatéral donc la médiane est aussi la hauteur issue de D. Donc (AC) et (ID) sont orthogonales.

Le triangle (ABC) est équilatéral donc la médiane (BI) est aussi la hauteur issue de B. Donc (AC) et (IB) sont orthogonales.

Comme (ID) et (IB) sont deux droites sécantes du plan (IDB), (AC) est orthogonale au plan (IDB).

TOP CHRONO

C'est l'interro !

Exercice 46.1 (5 pts) *20 min*

Soit ABCDEFGH un cube de côté a.

1. **a.** Démontrer que AFCH est un tétraèdre régulier.

b. Déterminer la longueur de son côté AF en fonction de a.

2. Soit O le centre de la face EFGH. Montrer que la droite (HF) est orthogonale au plan (OAC).

Exercice 46.2 (7 pts) *30 min*

Soit ABCD un tétraède régulier de côté a, I et J les milieux respectifs de [BD] et [CD].

1. Faire une figure.

2. Justifier que les droites (CI) et (BJ) sont sécantes. On notera G ce point d'intersection.

3. **a.** Montrer que la droite (CD) est orthogonale au plan (ABJ).

b. Montrer que la droite (BD) est orthogonale au plan (ACI).

4. **a.** Démontrer que la droite (AG) est orthogonale au plan (BCD).

b. En déduire la longueur AG en fonction de a.

INTÉGRATION

47 COMMENT UTILISER LES AIRES POUR CALCULER UNE INTÉGRALE ?

DÉFINITION

On considère une fonction f continue et positive sur un intervalle $[a;b]$. On appelle intégrale de a à b de la fonction f l'aire de la surface entre la courbe et l'axe des abscisses délimitée par les droites d'équations $x = a$ et $x = b$. Elle est notée $\int_a^b f(x)dx$.

Ainsi dans certains cas, on peut calculer une intégrale à l'aide des formules d'aire de surface élémentaire (triangle, trapèze, rectangle...)

ex. Soit $f(x) = 3x + 1$. Alors f est positive sur $[0;2]$ et sa courbe est une droite.

Ainsi $\int_0^2 f(x)dx$ est l'aire d'un trapèze de petite base de longueur 1, de grande base de longueur 7 et de hauteur 2.

Ainsi $\int_0^2 f(x)dx = \frac{(7+1)\times 2}{2} = 8$.

Bien entendu cette méthode ne peut pas permettre de calculer l'intégrale de n'importe quelle fonction positive, en revanche en approchant l'aire sous la courbe par l'aire des rectangles sous la courbe et des rectangles au-dessus de la courbe, on peut obtenir un encadrement de l'intégrale de toute fonction positive sur $[a;b]$. Cette méthode est appelée méthode des rectangles.

TOP CHRONO
C'est l'interro !

Exercice 47.1 (4 pts) *15 min*

Dans chaque cas, calculer l'intégrale.

1. $\int_0^2 x dx$ **2.** $\int_{-1}^3 1 dx$ **3.** $\int_1^3 (x+2) dx$ 4. $\int_{-2}^{-1} (3-x) dx$

Exercice 47.2 (8 pts) *20 min*

Dans chaque cas, calculer l'intégrale de la fonction *f* sur l'intervalle demandé.

1. $f(x)=|x|$ sur [–2 ; 2].

2. $f(x)=\begin{cases} x, x\in[0;1] \\ 2-x, x\in[1;2] \end{cases}$ sur [0;2].

3. $f(x)=|1-4x|$ sur [0;1].

4. $f(x)=\begin{cases} 1+2x, x\in[0;1] \\ 4-x, x\in[1;2] \end{cases}$ sur [0;2].

Exercice 47.3 (4 pts) *15 min*

Soit $f(x)=\sqrt{x}$. On souhaite déterminer un encadrement de l'intégrale de *f* sur [0;10]. Soit $x_i = i$ pour *i* entier de 0 à 10. Considérons les points A_i de C_f d'abscisse x_i.

1. Borne inférieure Soit *i* un entier entre 0 et 9.

- **a.** Soit $x\in[x_i;x_{i+1}]$, donner un encadrement de *f*(*x*).
- **b.** Que peut-on dire de l'aire du rectangle de côté $[x_i;x_{i+1}]$ et de hauteur $\sqrt{x_i}$ par rapport à l'intégrale de *f* sur $[x_i;x_{i+1}]$?
- **c.** En additionnant l'aire de tous ces rectangles pour *i* de 0 à 9, donner un minorant de $\int_0^{10} f(x) dx$.

2. Borne supérieure Soit *i* un entier entre 0 et 9.

- **a.** Que peut-on dire de l'aire du rectangle de côté $[x_i;x_{i+1}]$ et de hauteur $\sqrt{x_{i+1}}$ par rapport à l'intégrale de *f* sur $[x_i;x_{i+1}]$?
- **b.** En additionnant l'aire de tous ces rectangles pour *i* de 0 à 9, donner un majorant de $\int_0^{10} f(x) dx$.

3. En déduire un encadrement entre deux entiers de $\int_0^{10} f(x) dx$.

48 COMMENT ÉTUDIER UNE FONCTION DÉFINIE PAR UNE INTÉGRALE ?

Soit f une fonction continue et positive sur $[a;b]$. Pour tout t de $[a;b]$, on peut conidérer l'aire de la surface entre la courbe de f et l'axe des abscisses délimitée par les droites $x = a$ et $x = t$.

On définie alors la fonction F sur $[a;b]$ par $F(t)=\int_a^t f(x)dx$.

En particulier, $F(a) = 0$.

THÉORÈME

Soit f une fonction continue et positive sur $[a;b]$.

Alors la fonction $F(t)=\int_a^t f(x)dx$ définie sur $[a;b]$ est dérivable sur $[a;b]$ de dérivée f.

Ainsi F est croissante sur $[a;b]$.

ex. Soit $F(t)=\int_0^t \sqrt{x}dx$ définie sur $[0;+\infty[$.

Alors F est dérivable de dérivée $F'(t)=\sqrt{t}$. Par conséquent, on peut calculer l'équation de sa tangente en 0 par exemple : $y=F'(0)(x-0)+F(0)=0$.
L'axe des abscisses est tangente en 0 à la courbe de F.

TOP CHRONO

C'est l'interro !

Exercice 48.1 (7 pts) *30 min*

Soit $\varphi(x)=\int_{-2}^{x}\frac{t+2}{3}dt$ pour $x\in[-2;2]$.

1. Dresser le tableau de variations de φ.
2. **a.** Calculer $\varphi(-2)$, $\varphi(-1)$, $\varphi(0)$, $\varphi(1)$ et $\varphi(2)$.
   b. Tracer la courbe représentative de φ.
3. **a.** Résoudre graphiquement $\varphi(x)=1$.
   b. Exprimer $\varphi(x)$ en fonction de *x*.
   c. Retrouver ce résultat par le calcul.

Exercice 48.2 (5 pts) *20 min*

Soit $\varphi(x)=\int_{0}^{x}|t-2|\,dt$ pour $x\in[0;4]$.

1. Étudier le sens de variation de φ.
2. Donner une expression de φ sur [0;2].
3. Donner une expression de φ sur [2;4].
4. Tracer la courbe représentative de φ.

49

COMMENT DÉTERMINER UNE PRIMITIVE ?

DÉFINITION

Soit f une fonction continue sur un intervalle I. On appelle primitive de f sur I toute foncion F définie sur I et dérivable telle que $F' = f$.

On note que si F est une primitive alors toute fonction $G = F + k$, avec k un réel, est aussi une primitive de f. Ainsi si il existe une primitive, il en existe une infinité.

TABLEAU DES PRIMITIVES USUELLES

f	F
$f(x)=k, k\in\mathbb{R}$	$F(x)=kx$ sur $\mathbb{R}$
$f(x)=x^n, n\in\mathbb{N}$	$F(x)=\frac{x^{n+1}}{n+1}$ sur $\mathbb{R}$
$f(x)=\frac{1}{x^n}, n\geq 2$	$F(x)=-\frac{1}{(n-1)x^n}$ sur $\mathbb{R}^*$
$f(x)=\frac{1}{2\sqrt{x}}$	$F(x)=\sqrt{x}$ sur $]0;+\infty[$
$f(x)=\frac{1}{x}$	$F(x)=\ln(x)$ sur $]0;+\infty[$
$f(x)=e^x$	$F(x)=e^x$ sur $\mathbb{R}$
$f(x)=\cos(x)$	$F(x)=\sin(x)$ sur $\mathbb{R}$
$f(x)=\sin(x)$	$F(x)=-\cos(x)$ sur $\mathbb{R}$

ex. Soit $f(x)=3x^4-x+3-\frac{1}{x}$ définie sur $F(x)=3\times\frac{x^5}{5}-\frac{x^2}{2}+3x-\ln(x)$ est une primitive de f sur $]0;+\infty[$.

Alors que sur $]-\infty;0[$, une primitive est $F(x)=3\times\frac{x^5}{5}-\frac{x^2}{2}+3x-\ln(-x)$.

TOP CHRONO

C'est l'interro !

Exercice 49.1 (5 pts) *10 min*

Dans chaque cas, déterminer une primitive sur l'intervalle demandé.

1. $f(x)=3x-4$ sur $\mathbb{R}$
2. $f(x)=\dfrac{1}{\sqrt{x}}$ sur $\mathbb{R}$
3. $f(x)=\dfrac{x^2-2}{x^2}$ sur $]0;+\infty[$
4. $f(x)=x+3-\dfrac{3}{x-1}$ sur $]1;+\infty[$
5. $f(x)=3e^x$ sur $\mathbb{R}$

Exercice 49.2 (6 pts) *20 min*

Dans chaque cas, déterminer l'ensemble des primitives de $f(x)$.

1. $f(x)=\dfrac{x}{\sqrt{x^2+1}}$ sur $\mathbb{R}$
2. $f(x)=\dfrac{\sin(x)}{\cos(x)}$ sur $\left]-\dfrac{\pi}{2};\dfrac{\pi}{2}\right[$
3. $f(x)=\dfrac{3x^2}{1-x^3}$ sur $]1;+\infty[$
4. $f(x)=(1-2x)^3$ sur $\mathbb{R}$
5. $f(x)=\dfrac{1}{x\ln(x)}$ sur $\mathbb{R}$
6. $f(x)=e^{3x}$ sur $\mathbb{R}$

Exercice 49.3 (5 pts) *20 min*

Dans chaque cas, déterminer la primitive de f qui s'annule en a.

1. $f(x)=\sin(x)\cos(x)$, $a=\dfrac{\pi}{3}$
2. $f(x)=\dfrac{x}{x^2+1}$, $a = 2$
3. $f(x)=\dfrac{1+x}{\sqrt{2x+x^2}}$ sur $]0;+\infty[$, $a = 1$
4. $f(x)=\dfrac{2}{(1-x)^3}$, $a = 2$
5. $f(x)=\dfrac{1}{1-x}$ sur $]1;+\infty[$, $a = 2$

50 COMMENT CALCULER UNE INTÉGRALE ?

DÉFINITION

Soit f une fonction continue sur un intervalle $[a;b]$ de primitive F. Alors on définit $\int_a^b f(x)\,dx$ par $F(b)-F(a)$.

Ainsi pour calculer une intégrale, il suffit de déterminer une primitive.

ex. $\int_{-2}^{2}\left(x^2-3x+1\right)dx=\left[\frac{x^3}{3}-3\times\frac{x^2}{2}+x\right]_{-2}^{2}$

car $x\mapsto\frac{x^3}{3}-3\times\frac{x^2}{2}+x$ est une primitive de $x\mapsto x^2-3x+1$.

Puis on remplace par les bornes :

$$\int_{-2}^{2}\left(x^2-3x+1\right)dx=\frac{2^3}{3}-3\times\frac{2^2}{2}+2-\left(\frac{(-2)^3}{3}-3\times\frac{(-2)^2}{2}-2\right)=4.$$

ATTENTION

Il n'est pas toujours possible de déterminer une primitive de la fonction. On peut alors trouver des méthodes utilisant les propriétés algébriques de l'intégrale.

PROPRIÉTÉ

Soit a, b, c trois réels de I et f, g deux fonctions continues sur I, λ et μ deux réels.

$$\int_b^a f(x)\,dx=-\int_a^b f(x)\,dx$$

$$\int_a^b f(x)dx+\int_b^c f(x)dx=\int_a^c f(x)dx$$

$$\int_a^b\left(\lambda f(x)+\mu g(x)\right)dx=\lambda\int_a^b f(x)dx+\mu\int_a^b g(x)dx$$

ex. Soit $I=\int_{-\pi}^{\pi}\cos^2(x)dx$. Comme $\cos^2(x)=\frac{1+\cos(2x)}{2}$

alors $I=\int_{-\pi}^{\pi}\frac{1+\cos(2x)}{2}dx=\int_{-\pi}^{\pi}\frac{1}{2}dx+\int_{-\pi}^{\pi}\frac{\cos(2x)}{2}dx=\left[\frac{1}{2}x\right]_{-\pi}^{\pi}+\frac{1}{2}\left[\frac{1}{2}\sin(2x)\right]_{-\pi}^{\pi}$

$$=\frac{\pi}{2}+\frac{\pi}{2}+\frac{1}{2}\left(\frac{1}{2}\sin(2\pi)-\frac{1}{2}\sin(-2\pi)\right)=\pi$$

TOP CHRONO
C'est l'interro !

Exercice 50.1 (6 pts) *20 min*

Dans chaque cas, calculer l'intégrale.

1. $\displaystyle\int_{-2}^{2}(4x+3)dx$
2. $\displaystyle\int_{0}^{4}x^2dx$
3. $\displaystyle\int_{1}^{5}\frac{x-1}{x^2}dx$
4. $\displaystyle\int_{-\frac{\pi}{2}}^{\frac{\pi}{2}}\cos(x)dx$
5. $\displaystyle\int_{-\frac{\pi}{4}}^{\frac{\pi}{4}}\frac{\sin x}{\cos x}dx$
6. $\displaystyle\int_{2}^{3}\frac{x}{(1-x^2)^3}dx$
7. $\displaystyle\int_{2}^{0}\frac{1}{x+1}dx$
8. $\displaystyle\int_{-\pi}^{\pi}2\cos(3x)dx$

Exercice 50.2 (5 pts) *15 min*

On souhaite déterminer une manière de calculer $\displaystyle\int_{0}^{\pi}\sin^3(x)dx$ et $\displaystyle\int_{0}^{\pi}\cos^3(x)dx$.

1. **a.** Montrer que pour tout réel x, $\sin^3(x)=\sin(x)-\sin(x)\cos^2(x)$.

b. En déduire la valeur de $\displaystyle\int_{0}^{\pi}\sin^3(x)dx$.

2. En s'inspirant de cette méthode, calculer $\displaystyle\int_{0}^{\pi}\cos^3(x)dx$.

Exercice 50.3 (6 pts) *20 min*

Soit $g(x)=xe^x$ et $f(x)=xg(x)$ définies sur $\mathbb{R}$.

1. **a.** Montrer que $g'(x)=g(x)+e^x$ pour tout réel x.

b. En déduire la valeur de $\displaystyle\int_{0}^{1}g(x)dx$.

2. **a.** Montrer que $f'(x)=f(x)+2g(x)$ pour tout réel x.

b. En déduire que $\displaystyle\int_{0}^{1}f(x)dx=e-2$.

51 QUEL LIEN ENTRE L'AIRE ET L'INTÉGRALE ?

Soit f une fonction continue sur l'intervalle $[a;b]$ On considère une partition de [a;b] construite de la manière suivante :

- I_+ est la réunion des intervalles sur lesquels f est positive.
- I_- est la réunion des intervalles sur lesquels f est négative.

Ainsi on a bien $I=[a;b]=I_+ \cup I_-$.

Propriété

Alors $\int_I f(x)dx = \int_{I_+} f(x)dx + \int_{I_-} f(x)dx$

Or sur I_+, $f>0$ donc $\int_{I_+} f$ est interprétée comme l'aire de la surface délimitée par la courbe et l'axe des abscisses sur I_+.

En remarquant que $\int_{I_-} f = -\int_{I_-} -f$ et que $-f>0$ sur I_- alors $\int_{I_-} -f$ représente l'aire de la surface entre la courbe de $-f$ et l'axe des ordonnées. Par symétrie par rapport à l'axe des abscisses des courbes de f et $-f$, cette aire correspond aussi à celle entre l'axe des abscisses et la courbe.

Ainsi $\int_I f = A_+ - A_-$ où A_+ est l'aire entre la courbe et l'axe des abscisses sur les intervalles où f est positive et A_- celle où la fonction est négative.

ex. Soit $f(x)=x^2-1$ définie sur [–1;1].
On s'intéresse à l'aire entre la courbe de f et l'axe des abscisses.

Comme $f(x)\leq 0$ sur [–1;1], $\int_{-1}^{1} f(x)dx$ est l'opposé de l'aire entre la courbe de f et l'axe des abscisses.

Or $\int_{-1}^{1} f(x)dx = \left[\frac{x^3}{3}-x\right]_{-1}^{1} = \frac{1}{3}-1-\left(\frac{(-1)^3}{3}+1\right) = -2$.

Ainsi l'aire recherchée vaut 2 unités d'aire.

En particulier, la valeur moyenne d'une fonction f sur $[a;b]$ est $V_f = \frac{1^3}{b-a}\int_a^b f(x)dx$.

TOP CHRONO
C'est l'interro !

Exercice 51.1 (4 pts) *10 min*

En utilisant de simples considérations géométriques, que peut-on dire des intégrales suivantes ?

1. $\int_{-\pi}^{\pi} \sin^5(x)dx$ **2.** $\int_{-3}^{3} \frac{e^x}{1+e^{2x}}dx$

Exercice 51.2 (5 pts) *20 min*

Soit $f(x)=\sin(x)$ définie sur $\left[0;\frac{\pi}{2}\right]$.

1. a. Calculer l'aire de la surface E entre la courbe et l'axe des abscisses sur $\left[0;\frac{\pi}{2}\right]$.

b. Soit a un réel de $\left[0;\frac{\pi}{2}\right]$. Quelle doit être sa valeur pour que la droite d'équation $x = a$ coupe la surface E en deux aires égales ?

2. Soit $g(x)=\left(f(x)\right)^2$ sur $\left[0;\frac{\pi}{2}\right]$. Calculer la valeur moyenne de g sur $\left[0;\frac{\pi}{2}\right]$.

Exercice 51.3 (8 pts) *30 min*

On considère deux trapèzes rectangles ABCD et CDFE de sorte que (AB)//(CD)//(EF) et A, D, F alignés avec AB = 3, CD = 1, EF = 5, AD = 2, DF = 1.

M est un point quelconque de [AF]. On note x la distance AH et A(x) l'aire du polygone ABKH où K est le point d'intersection de la perpendiculaire à (AF) passant par H et l'un ou l'autre des segments [AC] et [CE].

1. Faire une figure.

2. a. Si $H\in[AD]$ quelle est l'aire A(x) ?

b. Si $H\in[DF]$ quelle est l'aire A(x) ?

3. Montrer que la fonction A peut être définie par $\mathrm{A}(x)=\begin{cases}\int_0^x (3-t)dt, x\in[0;2] \\ 4+\int_2^x (4t-7)dt, x\in[2;3]\end{cases}$.

4. a. Tracer dans un repère la courbe de A.

b. Cette courbe admet-elle une tangente en 2 ?

Si oui, déterminer son équation et la tracer.

52 ET SI ON ÉTUDIAIT UNE SUITE D'INTÉGRALES ?

On peut définir toute sorte de suites à l'aide d'intégrales. On rencontre principalement les trois types suivants :

$$u_n = \int_0^n f(x)dx,\ n \geq 0$$

$$u_n = \int_n^{n+1} f(x)dx,\ n \geq 0$$

$u_n = \int_a^b f_n(x)dx$ où f_n est une fonction dépend de n.

L'étude de la suite u_n revient souvent à déterminer son sens de variation et sa limite bien souvent par encadrement et le théorème des gendarmes.

ex. Soit $I_n = \int_0^1 \frac{e^{-nx}}{1+x}dx$. Alors $I_{n+1} - I_n = \int_0^1 \frac{e^{-(n+1)x} - e^{-nx}}{1+x}dx = \int_0^1 \frac{e^{-nx}\left(e^{-x}-1\right)}{1+x}dx$.

Or si $x \in [0;1]$, $\frac{e^{-nx}}{1+x} > 0$.

$-x < 0$, donc $e^{-x} < 1 \Leftrightarrow e^{x} - 1 < 0$.

Ainsi $\frac{e^{-nx}\left(e^{-x}-1\right)}{1+x} < 0$ d'où $I_{n+1} - I_n < 0$. La suite I_n est décroissante.

Or $\frac{e^{-nx}}{1+x} > 0$ donc $I_n > 0$.

La suite I est donc décroissante et minorée par 0 donc convergente.

D'autre part, si $x \in [0;1]$, $1 + x > 2 \Leftrightarrow \frac{1}{1+x} < \frac{1}{2} \Leftrightarrow \frac{e^{-nx}}{1+x} < \frac{e^{-nx}}{2}$.

Ainsi $I_n \leq \frac{1}{2}\left[-\frac{e^{-nx}}{n}\right]_0^1 \Leftrightarrow 0 \leq I_n \leq \frac{1}{2}\left(\frac{1-e^{-n}}{n}\right)$.

$\lim\limits_{n\to+\infty} -n = -\infty$ et $\lim\limits_{x\to-\infty} e^{x} = 0$ / Par composée, $\lim\limits_{n\to+\infty} e^{-n} = 0$.

Par somme et quotient, $\lim\limits_{n\to+\infty} \frac{1-e^{-n}}{n} = 0$.

Par le théorème des gendarmes, $\lim\limits_{n\to+\infty} I_n = 0$.

TOP CHRONO
C'est l'interro !

Exercice 52.1 (10 pts) *60 min*

On considère la suite (I_n) définie pour n entier naturel non nul par : $I_n = \int_0^1 x^n e^{x^2} dx$

1. **a.** Soit g la fonction définie par $g(x) = xe^{x^2}$. Démontrer que la fonction G définie sur $\mathbb{R}$ par $G(x) = \frac{1}{2}e^{x^2}$ est une primitive sur $\mathbb{R}$ de la fonction g.

   b. En déduire la valeur de I_1.

   c. Pour tout entier naturel n, on définit sur $\mathbb{R}$ la fonction H_n par : $H_n(x) = x^{n+1}G(x)$

   Montrer que H_n est dérivable sur $\mathbb{R}$, calculer pour tout réel x $H'_n(x)$ et en déduire que pour tout entier naturel n $I_{n+2} = \frac{1}{2}e - \frac{n+1}{2}I_n$.

   d. Calculer I_3 et I_5.

2. On considère l'algorithme suivant :

Initialisation	Affecter à n la valeur 1 Affecter à u la valeur $\frac{1}{2}e - \frac{1}{2}$
Traitement	Tant que $n < 21$ Affecter à u la valeur $\frac{1}{2}e - \frac{n+1}{2}u$ Affecter à n la valeur $n + 2$
Sortie	Afficher u

   Quel terme de la suite (I_n) obtient-on en sortie de cet algorithme ?

3. **a.** Montrer que, pour tout entier naturel non nul n, $I_n \geq 0$

   b. Montrer que la suite (I_n) est décroissante.

   c. En déduire que la suite (I_n) est convergente. On note l sa limite.

4. Déterminer la valeur de l.

VECTEURS DE L’ESPACE

53 COMMENT UTILISER DES DÉCOMPOSITIONS DE VECTEURS ?

La notion de vecteur mise en place dans le plan est étendue à l'espace de manière naturelle donc en particulier en vérifiant les mêmes propriétés (relation de Chasles, alignement, parallélisme...).

On peut rajouter une propriété propre à l'espace :

Propriété

Soit $\vec{u}$, $\vec{v}$ et $\vec{w}$ trois vecteurs de l'espace. Alors $\vec{u}$, $\vec{v}$ et $\vec{w}$ sont coplanaires si et seulement s'il existe α et β tels que $\vec{w} = \alpha\vec{u} + \beta\vec{v}$.

Soit A, B, C et D quatre points de l'espace. A, B, C et D sont coplanaires si et seulement si il existe α et β tel que $\overrightarrow{AD} = \alpha\overrightarrow{AB} + \beta\overrightarrow{AC}$.

ex. Soit ABCDEFGH un cube et N et P deux points tels que $3\overrightarrow{EN} = \overrightarrow{EH}$ et $3\overrightarrow{AP} = \overrightarrow{AB}$.
Alors $\overrightarrow{EA}$, $\overrightarrow{NP}$ et $\overrightarrow{BH}$ sont coplanaires car :

$$\overrightarrow{EA} = \overrightarrow{EN} + \overrightarrow{NP} + \overrightarrow{PA} = \frac{1}{3}\overrightarrow{EH} + \overrightarrow{NP} - \frac{1}{3}\overrightarrow{AB} = \overrightarrow{NP} + \frac{1}{3}\left(\overrightarrow{EH} + \overrightarrow{BA}\right) = \overrightarrow{NP} + \frac{1}{3}\left(\overrightarrow{BH} - \overrightarrow{AE}\right)$$

$$\overrightarrow{EA} - \frac{1}{3}\overrightarrow{EA} = \overrightarrow{NP} + \frac{1}{3}\overrightarrow{BH} \Leftrightarrow \overrightarrow{EA} = \frac{3}{2}\overrightarrow{NP} + \frac{1}{2}\overrightarrow{BH}$$

TOP CHRONO
C'est l'interro !

Exercice 53.1 (5 pts) *20 min*

Soit ABCDEFGH un cube de côté a.

Soit I et J les milieux respectifs des faces ABFE et BCGF.

1. **a.** Montrer que B, I, J, E, G sont coplanaires.

b. Montrer que (IJ) et (EG) sont parallèles et que $IJ = \frac{a\sqrt{2}}{2}$.

2. Soit K le centre de gravité du triangle EBG.

a. Montrer que $\overrightarrow{IK} = \frac{1}{3}\overrightarrow{IF} + \frac{1}{3}\overrightarrow{FG}$.

b. En déduire la décomposition de $\overrightarrow{IK}$ en fonction de $\overrightarrow{AB}$, $\overrightarrow{AD}$ et $\overrightarrow{AE}$.

c. Montrer que les points F, K et D sont alignés.

Exercice 53.2 (3 pts) *15 min*

Soit ABCDEFGH un cube.

1. Démontrer que BDE est un triangle équilatéral.

2. Soit I le centre de gravité de BDE.

a. Montrer que $\overrightarrow{AI} = \frac{1}{3}\overrightarrow{AG}$.

b. Que peut-on en déduire pour les points A, I, G ?

Exercice 53.3 (5 pts) *15 min*

Soit ABCDEFGH un cube, I le milieu de [EF]. Dans chaque cas, dire si les vecteurs sont coplanaires ou pas. Justifier.

1. $\overrightarrow{AB}$, $\overrightarrow{DG}$ et $\overrightarrow{AE}$.

2. $\overrightarrow{BC}$, $\overrightarrow{DH}$ et $\overrightarrow{EI}$.

3. $\overrightarrow{GC}$, $\overrightarrow{FE}$ et $\overrightarrow{IA}$.

4. $\overrightarrow{BC}$, $\overrightarrow{DH}$ et $\overrightarrow{CI}$.

5. $\overrightarrow{AF}$, $\overrightarrow{EI}$ et $\overrightarrow{EB}$.

54 QUELS CALCULS DANS UN REPÈRE DE L'ESPACE ?

Soit $(O;\vec{u},\vec{v},\vec{w})$ un repère de l'espace (c'est-à-dire $\vec{u}$, $\vec{v}$ et $\vec{w}$ trois vecteurs non coplanaires).

Alors pour tout point M il existe un triplet (x,y,z) de réels tel que $\overrightarrow{OM}=x\vec{u}+y\vec{v}+z\vec{w}$. De même pour tout vecteur $\vec{a}$ il existe un triplet (x,y,z) de réels tel que $\vec{a}=x\vec{u}+y\vec{v}+z\vec{w}$.

(x,y,z) sont les coordonnées du point M ou du vecteur $\vec{a}$.

Toutes les formules sur le calcul des coordonnées dans le plan s'étendent à l'espace ainsi que la formule de distance qui devient :

Propriété

Soit $A(x_A;y_A;z_A)$ et $B(x_B;y_B;z_B)$ alors $AB=\sqrt{(x_B-x_A)^2+(y_B-y_A)^2+(z_B-z_A)^2}$

En particulier, en choisissant judicieusement quatre points non alignés d'une figure, qui définissent alors un repère, on peut résoudre certains exercices à l'aide des coordonnées.

ex. On considère un tétraèdre ABCD et M, N, P, Q quatre points définis par $\overrightarrow{AM}=\frac{2}{3}\overrightarrow{AB}$, $\overrightarrow{AN}=\frac{3}{4}\overrightarrow{AC}$, $\overrightarrow{CP}=-\frac{1}{2}\overrightarrow{CD}$, $\overrightarrow{AQ}=\frac{1}{2}\overrightarrow{AD}$.

Alors $(A;\overrightarrow{AB},\overrightarrow{AC},\overrightarrow{AD})$ forme un repère de l'espace puisqu A, B, C et D ne sont pas coplanaires.

Dans ce repère on a les coordonnées A(0;0;0), B(1;0;0), C(0;1;0), D(0;0;1).

Comme $\overrightarrow{AM}=\frac{2}{3}\overrightarrow{AB}$ on a $M\left(\frac{2}{3};0;0\right)$. $\overrightarrow{AN}=\frac{3}{4}\overrightarrow{AC}$ d'où $N\left(0;\frac{3}{4};0\right)$.

$\overrightarrow{CP}=-\frac{1}{2}\overrightarrow{CD}=-\frac{1}{2}(\overrightarrow{CA}+\overrightarrow{AD})=\frac{3}{2}\overrightarrow{AC}-\frac{1}{2}\overrightarrow{AD}$ ainsi $P\left(0;\frac{3}{2};-\frac{1}{2}\right)$.

$\overrightarrow{AQ}=\frac{1}{2}\overrightarrow{AD}$ d'où $Q\left(0;0;\frac{1}{2}\right)$.

Ainsi $\overrightarrow{MN}\begin{pmatrix}-\frac{2}{3}\\ \frac{3}{4}\\ 0\end{pmatrix}$, $\overrightarrow{MP}\begin{pmatrix}-\frac{2}{3}\\ \frac{3}{2}\\ -\frac{1}{2}\end{pmatrix}$, $\overrightarrow{MQ}\begin{pmatrix}-\frac{2}{3}\\ 0\\ \frac{1}{2}\end{pmatrix}$ d'où $\overrightarrow{MQ}=2\overrightarrow{MN}-\overrightarrow{MP}$.

Ainsi M, N et P sont coplanaires.

TOP CHRONO
C'est l'interro !

Exercice 54.1 (3 pts) *10 min*

Soit $(O;\vec{i},\vec{j},\vec{k})$ un repère orthonormé de l'espace A(3;2;6), B(1;2;4) et C(4;–2;5) trois points de l'espace.

1. Vérifier que les points A, B et C définissent un plan.

2. Montrer que le triangle ABC est rectangle.

Exercice 54.2 (3 pts) *10 min*

Soit ABCDEFGH un cube et k un réel. Soit M et N tels que $\overrightarrow{EM} = k\overrightarrow{EH}$ et $\overrightarrow{FN} = k\overrightarrow{FB}$.

1. **a.** Justifier que $(A;\overrightarrow{AB},\overrightarrow{AD},\overrightarrow{AE})$ forme un repère de l'espace.

b. Calculer les coordonnées des points M et N.

2. On considère le point N' tel que $\overrightarrow{NN'} = \overrightarrow{MH}$.

a. Calculer les coordonnées de N'.

b. Démontrer que les points B, N', G sont alignés.

3. En déduire que (MN) est parallèle au plan (BGH).

Exercice 54.3 d'après Amérique du Nord, juin 2009 (5 pts) *15 min*

Soit ABCDEFGH un cube d'arête 1. On note I le centre de la face ADHE, J celui de la face ABCD et K le milieu de [IJ]. L'espace est rapporté au repère orthonormé $(A;\overrightarrow{AB},\overrightarrow{AD},\overrightarrow{AE})$.

1. Déterminer les coordonnées des points I, J et K.

2. Démontrer que les points A, K et G ne sont pas alignés.

3. Soit L le centre du carré DCGH. Montrer que K est le milieu de [AL].

55 COMMENT DÉTERMINER UNE REPRÉSENTATION PARAMÉTRIQUE D'UNE DROITE ?

La représentation paramétrique d'une droite s'obtient en utilisant un vecteur directeur $\vec{u}$ de la droite et un point A.

En effet dire que M est sur la droite passant par A et dirigée par $\vec{u}$ est équivalent à $\overrightarrow{AM} = k\vec{u}$ avec k un réel.

PROPRIÉTÉ

Soit $\vec{u}\begin{pmatrix} a \\ b \\ c \end{pmatrix}$ et $A(x_A;y_A;z_A)$ alors une représentation paramétrique de la droite passant par A de vecteur directeur $\vec{u}$ a pour équation paramétrique

$$\begin{cases} x = x_A + ka \\ y = y_A + kb \quad \text{avec } k \text{ un réel.} \\ z = z_A + kc \end{cases}$$

REMARQUE

k est une variable muette, il peut être remplacé par n'importe quelle lettre.

ex. Soit A(–2 ; 1;3) et $\vec{u}\begin{pmatrix} 1 \\ 2 \\ 1 \end{pmatrix}$.

Alors la droite d passant par A et de vecteur directeur $\vec{u}$ a pour équation paramétrique :

$$\begin{cases} x = -2 + t \\ y = 1 + 2t \quad \text{avec } t \text{ un réel.} \\ z = 3 + t \end{cases}$$

TOP CHRONO
C'est l'interro !

Exercice 55.1 (6 pts) *15 min*

Dans chaque cas, donner une équation paramétrique de la droite demandée :

1. La droite d passant par A(–2;1;–3) et de vecteur directeur $\vec{u}\begin{pmatrix}-2\\1\\1\end{pmatrix}$.

2. La droite (BC) avec B(0;–2;1) et C(1;1;1).

3. La droite passant par D(–1;5;4) parallèle à d.

Exercice 55.2 (5 pts) *20 min*

On considère la droite d d'équation paramétrique $\begin{cases} x = 9 - 3t \\ y = 0 \\ z = 5 + 5t \end{cases}$ avec t un réel.

Dans chaque cas, dire si l'affirmation est vraie ou fausse en justifiant.

1. Le point A(9;0;5) est sur d.

☐ VRAI ☐ FAUX

2. Le point B(3;0;10) est sur d.

☐ VRAI ☐ FAUX

3. Le vecteur $\vec{u}\begin{pmatrix}-6\\0\\10\end{pmatrix}$ est un vecteur directeur de d.

☐ VRAI ☐ FAUX

4. La droite passant par O parallèle à d a pour équation paramétrique

$\begin{cases} x = t' \\ y = 0 \\ z = 5t' \end{cases}$ avec t' un réel.

☐ VRAI ☐ FAUX

5. Soit d' la droite d'équation paramétrique $\begin{cases} x = t \\ y = 0 \\ z = 2t \end{cases}$ est parallèle à d.

☐ VRAI ☐ FAUX

56 COMMENT UTILISER LA REPRÉSENTATION PARAMÉTRIQUE D'UNE DROITE ?

On pourra utiliser des équations paramétriques pour résoudre des problèmes d'intersection ou de position.

En effet, à partir des vecteurs directeurs on peut déterminer si les droites sont parallèles ou non, mais on peut aussi savoir si elles sont confondues ou sécantes.

Pour cela, il suffit de résoudre le système d'équations formé par l'égalité des équations paramétriques.

ex. Soit *d* et *d'* deux droites d'équations paramétrique :

$$d:\begin{cases} x=1+t \\ y=2-3t \\ z=3-3t \end{cases} \quad t\in\mathbb{R} \qquad \text{et} \qquad d':\begin{cases} x=0 \\ y=-3-3s \\ z=1-s \end{cases} \quad s\in\mathbb{R}.$$

Alors la droite *d* a pour vecteur directeur $\vec{u}\begin{pmatrix}1\\-3\\-3\end{pmatrix}$ et *d'* $\vec{v}\begin{pmatrix}0\\-3\\-1\end{pmatrix}$ donc *d* et *d'* ne sont pas parallèles. On détermine l'intersection de *d* et *d'* en résolvant le système

$$\begin{cases} 1+t=0 \\ 2-3t=-3-3s \\ 3-3t=1-s \end{cases} \Leftrightarrow \begin{cases} t=-1 \\ 5=-3-3s \\ 6=1-s \end{cases} \Leftrightarrow \begin{cases} t=-1 \\ s=-\dfrac{8}{3} \\ s=-5 \end{cases}.$$

Comme les deux valeurs de *s* sont différentes, cela signifie que le système n'admet pas de solutions par conséquent les deux droites *d* et *d'* ne sont pas coplanaires.

TOP CHRONO
C'est l'interro !

Exercice 56.1 (8 pts) *30 min*

Dans chaque cas, déterminer la position des droites *d* et *d'* :

1. $d:\begin{cases} x=-3+t \\ y=1-t \\ z=2t \end{cases}, t\in\mathbb{R}$ et $d':\begin{cases} x=1-2t' \\ y=6+2t' \\ z=-7-3t' \end{cases}, t'\in\mathbb{R}$

2. $d:\begin{cases} x=1+t \\ y=2-3t \\ z=3-3t \end{cases}, t\in\mathbb{R}$ et $d':\begin{cases} x=k \\ y=-3-3k \\ z=1-k \end{cases}, k\in\mathbb{R}$

3. $d:\begin{cases} x=5+3t \\ y=2+t \\ z=1-4t \end{cases}, t\in\mathbb{R}$ et $d':\begin{cases} x=-11+2k \\ y=10-2k \\ z=4+k \end{cases}, k\in\mathbb{R}$

4. $d:\begin{cases} x=1+2t \\ y=-3t \\ z=3+5t \end{cases}, t\in\mathbb{R}$ et $d':\begin{cases} x=3-4t' \\ y=-3+6t' \\ z=8-10t' \end{cases}, t'\in\mathbb{R}$

Exercice 56.2 (5 pts) *20 min*

Soit $d:\begin{cases} x=3+a \\ y=9+3a \\ z=2 \end{cases}, a\in\mathbb{R}$ et $d':\begin{cases} x=0,5+2t \\ y=4+t \\ z=4-t \end{cases}, t\in\mathbb{R}$

1. Indiquer les coordonnées d'un vecteur directeur $\vec{u}_1$ de *d* et d'un vecteur directeur $\vec{u}_2$ de *d'*.
2. Prouver que d_1 et d_2 ne sont pas coplanaires.
3. Calculer les coordonnées du point d'intersection de d et du plan (O;*x*;*z*).
4. Étudier la position de d_2 et de l'axe (O*z*).

Exercice 56.3 (2 pts) *10 min*

Soit A(–2;1;–1) et B(3;–2;5).

Déterminer des équations paramétriques du segment [AB].

57 COMMENT DÉTERMINER UNE REPRÉSENTATION PARAMÉTRIQUE D'UN PLAN ?

Un plan est caractérisé par deux vecteurs non colinéaires c'est-à-dire deux directions non parallèles.

PROPRIÉTÉ

Soit $\vec{u}$ et $\vec{v}$ deux vecteurs non colinéaires d'un plan P et A un point de ce plan. M est un point du plan si et seulement si il existe deux réels t et t' tels que $\overrightarrow{AM} = t\vec{u} + t'\vec{v}$.

Si $\vec{u}\begin{pmatrix} a \\ b \\ c \end{pmatrix}$ et $\vec{v}\begin{pmatrix} a' \\ b' \\ c' \end{pmatrix}$ alors les équations paramétriques du plan P s'écrivent :

$$\begin{cases} x = x_A + at + a't' \\ y = y_A + bt + b't' \\ z = z_A + ct + c't' \end{cases}.$$

ex. Soit $\vec{u}\begin{pmatrix} 1 \\ 2 \\ 1 \end{pmatrix}$ et $\vec{v}\begin{pmatrix} 3 \\ 2 \\ -1 \end{pmatrix}$ non colinéaires. Alors le plan dirigé par $\vec{u}$ et $\vec{v}$ passant par A(1;2;0) a pour équations paramétriques

$$\begin{cases} x = 1 + t + 3t' \\ y = 2 + 2t + 2t', \ t \text{ et } t' \in \mathbb{R} \\ z = t - t' \end{cases}$$

TOP CHRONO

C'est l'interro !

Exercice 57.1 (4 pts) *15 min*

Pour chacune des cinq propositions suivantes, indiquer si elle est vraie ou fausse et justifier la réponse choisie.

1. Soit ABCDEFGH un cube. Les droites (EC) et (BG) sont orthogonales.
2. L'espace est muni d'un repère orthonormé $(O;\vec{i},\vec{j},\vec{k})$. Soit P le plan d'équation $x+y+3z+4=0$. On note S le point de coordonnées (1 ; –2 ; –2).

   La droite qui passe par S et qui est perpendiculaire au plan P a pour représentation paramétrique $d:\begin{cases} x=3+a \\ y=9+3a,\ a\in\mathbb{R}. \\ z=2 \end{cases}$

Exercice 57.2 (5 pts) *30 min*

Soient A(1;2;0), B(2;2;0), C(1;3;0) et D(1;2;1) quatre points de l'espace muni d'un repère orthonormal $(O;\vec{i},\vec{j},\vec{k})$.

- (P) désigne le plan orthogonal à (BC) contenant A ;
- (Q) désigne le plan orthogonal à (DC) contenant A ;
- (R) désigne le plan orthogonal à (BD) contenant A ;

1. Montrer que le plan (P) a pour équation cartésienne $x-y+1=0$.

   On admet que le plan (Q) a pour équation cartésienne $-y+z+2=0$ et que le plan (R) a pour équation cartésienne $-x+z+1=0$.

2. **a.** Résoudre le système $\begin{cases} x-y+1=0 \\ -y+z+2=0. \\ -x+z+1=0 \end{cases}$

   b. En déduire que l'intersection des trois plans (P), (Q) et (R) est une droite (d) passant par le point E(2;3;1).

   c. Vérifier que la droite (d) est orthogonale au plan (BCD). En déduire une équation cartésienne du plan (BCD).

3. Déterminer une équation cartésienne de chacun des plans (ABC), (ABD) et (ACD).

LOIS DE PROBABILITÉ

58 QU'EST-CE QU'UNE FONCTION DENSITÉ DE PROBABILITÉ ?

DÉFINITION

Une fonction f définie sur un intervalle I est dite densité de probabilité si :

- $f(x) \geq 0$ pour tout x de I.
- L'aire entre la courbe de f et l'axe des abscisses sur cet intervalle vaut 1.

Comme f est positive, la condition sur l'aire peut être interprété comme $\int_I f = 1$.

On peut alors associer à f une variable aléatoire X à valeurs dans I dont la loi de probabilité est donnée par $p(X \leq x) = \int_{I \cap]-\infty;x]} f$.

En particulier, le calcul de probabilité se ramène alors à un calcul d'intégrales. On peut alors utiliser certaines propriétés de symétrie ou de linéarité de l'intégrale pour calculer ces probabilités.

ex. Soit $f(x) = -\frac{1}{2}x + \frac{1}{2}$ pour $x \in [-1;1]$. Alors $-1 \leq x \leq 1 \Leftrightarrow 0 \leq -\frac{1}{2}x + \frac{1}{2}$.

De plus, $\int_{-1}^{1} f(x)dx = \left[-\frac{1}{4}x^2 + \frac{1}{2}x \right]_{-1}^{1} = 1$.

Ainsi f est bien une densité de probabilité.

TOP CHRONO
C'est l'interro !

Exercice 58.1 (4 pts) *10 min*

Soit a un réel et *f* la fonction définie sur [0;1] par $f(x) = ax(1-x)$.

1. Déterminer a pour que *f* soit une densité de probabilité.

2. On considère X la variable aléatoire de fonction densité *f*.
Calculer la probabilité que X soit entre 0,25 et 0,75.

3. Calculer l'espérance de X.

Exercice 58.2 (5 pts) *20 min*

Soit *m* un réel et *f* la fonction définie sur $[0;\pi]$ par $f(x) = m\sin(x)$.

1. Déterminer m pour que *f* soit une densité de probabilité.

2. Soit X une variable aléatoire de densité de probabilité *f*.

- **a.** Définir la fonction de répartition de X notée F.
- **b.** Représenter F dans un repère orthonormé.

3. **a.** Calculer $p(X \geq 0)$.

- **b.** Calculer $p\left(\frac{\pi}{4} \leq X \leq \frac{3\pi}{4}\right)$.

Exercice 58.3 (5 pts) *20 min*

Soit *f* la fonction définie sur $\mathbb{R}$ par $f(x) = ae^{-|x|}$ avec *a* réel.

1. Déterminer la valeur de a pour que *f* soit une densité de probabilité.

2. Montrer que $p(X \geq t) = p(X \leq -t)$.

3. Montrer que $p(-t \leq X \leq t) = 1 - 2p(X \geq t)$

59 COMMENT UTILISER UNE LOI UNIFORME ?

DÉFINITION

La loi uniforme sur un intervalle $[a;b]$ est la variable aléatoire associée à la fonction densité $f(x)=\begin{cases}\dfrac{1}{b-a}, & x\in[a;b]\\ 0\end{cases}$

Cette loi traduit une répartition uniforme de la variable aléatoire X sur $[a;b]$.

Ainsi pour tout réel x de $[a;b]$, $p(X\leq x)=\int_a^x \dfrac{1}{b-a}dt=\dfrac{x-a}{b-a}$

ex. Anaïs a rendez-vous avec sa copine entre 13h et 14h cet après-midi. Sachant que sa copine peut arriver de manière aléatoire dans ce créneau horaire, quelle est la probabilité qu'Anaïs attende plus de 40 minutes ?

L'arrivée de la copine étant aléatoire, le temps d'attente suit une loi uniforme sur $[0;60]$.

On a donc $p(X\geq 40)=\int_{40}^{60}\dfrac{1}{60-0}dt=\left[\dfrac{t}{60}\right]_{40}^{60}=\dfrac{1}{3}$.

TOP CHRONO
C'est l'interro !

Exercice 59.1 (6 pts) *20 min*

On choisit au hasard un nombre dans [0;4].

1. Quelle est la probabilité pour qu'il soit solution de $3x^2-5x-2=0$?
2. Quelle est la probabilité pour qu'il soit solution de $3x^2-5x-2\geq 0$?
3. Quelle est la probabilité pour qu'il soit solution de $3x^2-5x-2\geq 1$?

Exercice 59.2 (5 pts) *15 min*

Les bus de ramassage scolaire effectuent 4 passages entre 6h30 et 7h30 à 20 minutes d'intervalle : le premier à 6h30, 6h50, 7h10 et 7h30.

Marc prend un des quelconques bus pour se rendre au lycée. On note T son temps d'attente à l'arrêt du bus. Il arrive entre 6h20 et 7h30 à l'arrêt du bus.

1. Soit X l'heure à laquelle Marc arrive à l'arrêt de bus.
   Quelle est la loi de probabilité suivie par X ?
2. Quelle est la probabilité qu'il attende entre 5 et 10 minutes ?
3. Quelle est la probabilité qu'il attende plus de 15 minutes ?

Exercice 59.3 (4 pts) *20 min*

Suite à de nombreuses fraudes, un enseignant décide de mettre aléatoirement une note entre 5 et 15 au dernier contrôle de sa classe. On choisit un élève au hasard.

1. Quelle est la probabilité qu'une élève ait une note supérieure à 12 ?
2. Quelle note l'élève peut espérer obtenir ?
3. Un bon élève s'inquiète de sa note. Pour le rassurer l'enseignant lui dit que sa note est supérieure à 12. Quelle est la probabilité que sa note soit supérieure à 14 sachant qu'elle est supérieure à 12 ?

60

COMMENT UTILISER UNE LOI EXPONENTIELLE ?

DÉFINITION

Soit λ un réel strictement positif. Alors la fonction $f(x)=\lambda e^{-\lambda x}$ définie sur $[0;+\infty[$ est une fonction densité.

Une variable aléatoire X associée à cette fonction densité suit une loi exponentielle de paramètre λ.

Cette loi est souvent utilisée pour modéliser des temps de fonctionnement ou de désintégration atomique dans le temps.

ex. On considère le temps de fonctionnement d'une balance électronique en jours, ce temps T suit une loi exponentielle de paramètre λ.

Si on sait que la probabilité que la balance ne se dérègle pas avant 30 jours est de 0,913 alors on peut déterminer λ.

En effet cela signifie que $p(T \geq 30)=0{,}913$.

Or $p(T \geq 30)=1-p(T \leq 30)=1-\int_0^{30} \lambda e^{-\lambda t}dt=1-\left[-e^{-\lambda t}\right]_0^{30}=e^{-30\lambda}$.

D'où $e^{-30\lambda}=0{,}913 \Leftrightarrow -30\lambda=\ln(0{,}913) \Leftrightarrow \lambda=-\dfrac{\ln(0{,}913)}{30}=3.10^{-3}$.

La loi exponentielle est aussi appelée la loi de durée de vieillissement car $p_{\{X \geq a\}}(X \geq b)=p(X \geq b-a)$ avec $b \geq a$.

TOP CHRONO
C'est l'interro !

Exercice 60.1 d'après Polynésie juin 2004 (5 pts) *30 min*

Le laboratoire de physique d'un lycée dispose d'un parc d'oscilloscopes identiques. La durée de vie en années d'un oscilloscope est une variable aléatoire notée X qui suit une loi exponentielle de paramètre λ.

Toutes les probabilités sont données à 10^{-3} près.

1. Sachant que $p(10 \leq X) = 0{,}286$, montrer qu'une valeur approchée à 10^{-3} près de λ est 0,125.

   On prendra 0,125 pour valeur de λ dans la suite de l'exercice.
2. Calculer la probabilité qu'un oscilloscope du modèle étudié ait une durée de vie inférieure à 6 mois.
3. Sachant qu'un appareil a déjà fonctionné huit années, quelle est la probabilité qu'il ait une durée de vie supérieure à dix ans ?
4. On considère que la durée de vie d'un oscilloscope est indépendante de celle des autres appareils. Le responsable du laboratoire décide de commander 15 oscilloscopes. Quelle est la probabilité qu'au moins un oscilloscope ait une durée de vie supérieure à 10 ans ?
5. Combien l'établissement devrait-il acheter d'oscilloscopes pour que la probabilité qu'au moins l'un d'entre eux fonctionne plus de 10 ans soit supérieure à 0,999 ?

Exercice 60.2 d'après Antilles Guyane juin 2006 (8 pts) *50 min*

PARTIE A

Soit X une variable aléatoire continue qui suit une loi exponentielle de paramètre 1,5.

1. Calculer $p(X \leq 1)$, en donner une valeur exacte puis une valeur approchée à 10^{-3} près par excès.
2. Calculer $p(2 \leq X)$.
3. Déduire des calculs précédents l'égalité suivante : $p(1 \leq X \leq 2) = 0{,}173$ à 10^{-3} près.

TOP CHRONO
C'est l'interro ! (suite)

Partie B

Une machine outil fabrique des cylindres. On mesure l'écart, en dixièmes de millimètres, entre le diamètre des cylindres et la valeur de réglage de la machine. On suppose que cet écart suit une loi exponentielle de paramètre 1,5.

Si l'écart est inférieur à 1, le cylindre est accepté. Si l'écart est compris entre 1 et 2, on procède à une rectification qui permet d'accepter le cylindre dans 80 % des cas.

Si l'écart est supérieur à 2, le cylindre est refusé.

1. On prélève au hasard un cylindre dans la production.

a. Montrer que la probabilité qu'il soit accepté est égale à 0,915 à 10^{-3} près.

b. Sachant qu'il est accepté, quelle est la probabilité qu'il ait subi une rectification ?

2. On prélève de manière indépendante 10 cylindres de la production. On suppose que le nombre de cylindres et suffisament grand pour assimiler ce tirage à un tirage successif avec remise.

a. Quelle est la probabilité que les 10 cylindres soient acceptés ?

b. Quelle est la probabilité qu'au moins un cylindre soit accepté ?

61 COMMENT UTILISER UNE LOI NORMALE ?

DÉFINITION

Soit f la fonction définie sur $\mathbb{R}$ par $f(x)=\frac{1}{\sigma\sqrt{2\pi}}e^{-\frac{1}{2}\left(\frac{x-\mu}{\sigma}\right)^2}$ avec μ un réel et σ un réel positif.

Alors f est une densité de probabilité. Une variable aléatoire X associée à cette fonction densité suit une loi normale de paramètres μ et σ.

De plus, $E(X)=\mu$ et $\sigma(X)=\sigma$.

Comme on ne peut pas déterminer une primitive de f, il faut utiliser la calculatrice ou la table de la loi normale.

On peut aussi utiliser le fait que la fonction densité de X est symétrique par rapport à l'axe d'équation $x=\mu$ pour simplifier certains calculs.

ex. Un boulanger produit des baguettes de 350 g environ. Sa production suit une loi normale de moyenne 350 et d'écart-type 5. Quelle est la probabilité de lui acheter une baguette de plus de 360 g ?

On recherche donc $p(X\geq 360)$.

Avec la calculatrice, $p(X\geq 360)=0,023$: on donne les bornes inférieure 360 et supérieure 10^4 car l'aire sous la courbe après 10^4 est négligeable.

TOP CHRONO
C'est l'interro !

Exercice 61.1 (4 pts) *10 min*

Soit X qui suit une loi normale de moyenne 100 et d'écart-type 5. On arrondira le résultat 10^{-4} près.

1. Calculer $p(90 \leq X \leq 110)$.
2. Calculer $p(X \leq 95)$.
3. Calculer $p(105 \leq X)$
4. Quelle est la probabilité que X soit égale à 100 ?

Exercice 61.2 (6 pts) *20 min*

Une scierie reçoit des tronçons d'arbre avec lesquels elle fabrique des planches de 1 m. Cependant la machine présente quelques défauts et on observe une variabilité de la longueur des planches.Cette longueur est distribuée selon une loi normale de moyenne 100 et d'écart-type 3.

Une planche est dite conforme si sa longueur se situe entre 95 et 105 cm.

Les résultats seront donnés à 0,01 % près.

1. Quelle est la proportion de planches conformes dans cette production ?
2. La scierie produit 300 planches par jour. Une planche conforme est vendue 13 € alors qu'une planche hors norme est vendue 8 €. Quel est le chiffre d'affaire théorique d'une journée de travail ?
3. Un client passe commande. Pour son utilisation, la taille des planches doit être comprise entre 98 et 102 cm.
   a. Quelle est la proportion de planches qu'il pourra lui servir directement dans le lot qu'il aura acheté ?
   b. Il a acheté un lot de 100 planches. En supposant qu'il recoupe lui-même les planches trop longues, quel montant lui aura coûté les planches inutilisables ?

62 COMMENT UTILISER UNE LOI NORMALE CENTRÉE RÉDUITE ?

DÉFINITION

La loi normale centrée réduite est la loi normale de moyenne 0 et d'écart-type 1.

Ainsi sa densité est $f(x)=\frac{1}{\sqrt{2\pi}}e^{-\frac{x}{2}}$. Sa fonction de répartition est symétrique par rapport à l'axe des ordonnées.

PROPRIÉTÉ

Une variable aléatoire X suit une loi normale de moyenne μ et d'écart-type σ si et seulement si $\frac{X-\mu}{\sigma}$ suit une loi normale centrée réduite.

Par conséquent, souvent on se ramène par soustraction de μ puis division par σ à la loi normale centrée réduite : on dit qu'on normalise ou que l'on centre et réduit la variable X .

ex. On considère une variable aléatoire X qui suit une loi normale de moyenne 55 et d'écart-type σ. On veut que $p(45 \leq X \leq 65)=0,95$. Quelle est la valeur de σ ?

On a $p(45 \leq X \leq 65)=p\left(-\frac{10}{\sigma} \leq \frac{X-55}{\sigma} \leq \frac{10}{\sigma}\right)=p\left(-\frac{10}{\sigma} \leq Z \leq \frac{10}{\sigma}\right)$

où Z suit une loi normale centrée réduite.

Or $p(-1,96 \leq Z \leq 1,96)=0,95$ donc $\frac{10}{\sigma}=1,96 \Leftrightarrow \sigma=5,1$.

TOP CHRONO
C'est l'interro !

Exercice 62.1 d'après Liban, mai 2013 (4 pts) *15 min*

L'entreprise Fructidoux fabrique des compotes qu'elle conditionne en petits pots de 50 grammes. Elle souhaite leur attribuer la dénomination « compote allégée ». La législation impose que la teneur en sucre soit comprise entre 0,16 et 0,18. On dit dans ce cas que le pot de compote est conforme. L'entreprise possède deux chaînes de fabrication F_1 et F_2.

On note X la variable aléatoire qui, à un petit pot pris au hasard dans la production de la chaîne F_1, associe sa teneur en sucre.

1. On suppose que X suit la loi normale d'espérance $m_1 = 0{,}17$ et d'écart-type $\sigma_1 = 0{,}006$. Donner une valeur approchée à 10^{-4} près de la probabilité qu'un petit pot prélevé au hasard dans la production de la chaîne F_1 soit conforme.

2. On note Y la variable aléatoire qui, à un petit pot pris au hasard dans la production de la chaîne F2, associe sa teneur en sucre. On suppose que Y suit la loi normale d'espérance $m_1 = 0{,}17$ et d'écart-type σ_2. On suppose de plus que la probabilité qu'un petit pot prélevé au hasard dans la production de la chaîne F2 soit conforme est égale à 0,99. Soit Z la variable aléatoire définie par $Z = \dfrac{Y - m_2}{\sigma_2}$.

a. Quelle loi la variable aléatoire Z suit-elle ?

b. Déterminer, en fonction de σ_2 l'intervalle auquel appartient Z lorsque Y appartient à l'intervalle [0,16;0,18].

c. En déduire une valeur approchée à 10^{-3} près de σ_2.

TOP CHRONO
C'est l'interro ! (suite)

Exercice 62.2 d'après Amérique du Nord mai 2013 (3 pts) *20 min*

Une boulangerie industrielle utilise une machine pour fabriquer des pains de campagne pesant en moyenne 400 g. Pour être vendus au client, ces pains doivent peser au moins 385 g. Un pain dont la masse est strictement inférieure à 385 g est un pain non-commercialisable, un pain dont la masse est supérieure ou égale à 385 g est commercialisable.

La masse d'un pain fabriqué par la machine peut être modélisée par une variable aléatoire X suivant la loi normale d'espérance $\mu = 400$ et d'écart-type $\sigma = 11$.

1. Calculer $p(390 \leq X \leq 410)$.

2. Calculer la probabilité p qu'un pain choisi au hasard dans la production soit commercialisable.

3. Le fabricant trouve cette probabilité trop faible. Il décide de modifier ses méthodes de production afin de faire varier la valeur de σ sans modifier l'espérance. Pour quelle valeur de σ la probabilité qu'un pain soit commercialisable est-elle égale à 96 % ? On arrondira le résultat au dixième.

PRODUIT SCALAIRE DANS L'ESPACE

63 QUELLE UTILISATION DU PRODUIT SCALAIRE DANS L'ESPACE ?

La principale difficulté pour calculer un produit scalaire que ce soit dans le plan ou l'espace est le choix de la formule à utiliser car on a plusieurs façons de le calculer :

Propriété

$\vec{u}\cdot\vec{v}=\frac{1}{2}\left[\|\vec{u}+\vec{v}\|^2-\|\vec{u}\|^2-\|\vec{v}\|^2\right]$

$\vec{u}\cdot\vec{v}=\|\vec{u}\|\|\vec{v}\|\cos(\vec{u},\vec{v})$

$\vec{u}\cdot\vec{v}=\vec{u}\cdot\vec{v}'$ où $\vec{v}'$ est le projeté orthogonal de $\vec{v}$ sur la direction de $\vec{u}$

Si $\vec{u}\begin{pmatrix}x\\y\\z\end{pmatrix}$ et $\vec{v}\begin{pmatrix}x'\\y'\\z'\end{pmatrix}$ alors $\vec{u}\cdot\vec{v}=xx'+yy'+zz'$

En général, on utilise des angles droits et des relations de Chasles ou la formule avec les coordonnées. Puis à l'aide de ce calcul, on peut calculer un angle ou une longueur avec la formule utilisant le cosinus.

ex. Soit ABCDEFGH un cube de côté 1 et O le centre de la face EFGH.

Alors $\overrightarrow{AO}\cdot\overrightarrow{BF}=\overrightarrow{AO}\cdot(\overrightarrow{BA}+\overrightarrow{AE}+\overrightarrow{EF})=\overrightarrow{AO}\cdot\overrightarrow{AE}$ car $\overrightarrow{BA}+\overrightarrow{EF}=\vec{0}$.

Donc $\overrightarrow{AO}\cdot\overrightarrow{BF}=(\overrightarrow{AE}+\overrightarrow{EO})\cdot\overrightarrow{AE}=AE^2+\overrightarrow{EO}\cdot\overrightarrow{AE}=AE^2$

car $\overrightarrow{AE}$ et $\overrightarrow{EO}$ sont contenus dans deux faces orthogonales donc de direction perpendiculaire. D'où $\overrightarrow{AO}\cdot\overrightarrow{BF}=1$.

Or dans le triangle rectangle en E, $AO^2=AE^2+EO^2=1+\frac{2}{4}=\frac{3}{2}, AO=\frac{\sqrt{6}}{2}$.

Or $\overrightarrow{AO}\cdot\overrightarrow{BF}=AO\times BF\times\cos(\overrightarrow{AO};\overrightarrow{BF})=\sqrt{\frac{3}{2}}BF\cos(\overrightarrow{AO};\overrightarrow{BF})$.

D'où $\cos(\overrightarrow{AO};\overrightarrow{BF})=\sqrt{\frac{2}{3}}$ donc $\theta\approx 35°$.

TOP CHRONO
C'est l'interro !

Exercice 63.1 (4 pts) *15 min*

Dans chaque cas, donner la valeur exacte de $\cos(\overrightarrow{AB};\overrightarrow{AC})$ puis une valeur approchée en degré de l'angle géométrique associé.

1. A(3;2;–1), B(–1;1;1) et C(2;–1;–2)

2. A(0;1;0), B(3;2;2) et C(–4;2;1)

Exercice 63.2 (3 pts) *15 min*

Soit A(2;3;–1) et B(1;–1;2). On désigne par M l'intersection de la droite (BA) et du plan orthogonal à (BA) passant par O. Soit t le réel tel que $\overrightarrow{BH}=t\overrightarrow{BA}$.

1. Montrer que $t=\dfrac{\overrightarrow{BO}\cdot\overrightarrow{BA}}{\left\|\overrightarrow{BA}\right\|^2}$.

2. En déduire le réel t et les coordonnées du point M.

Exercice 63.3 (5 pts) *20 min*

Soit ABCDEFGH un cube de côté 1, I et J les milieux respectifs de [BC] et [HG].

1. Calculer $\overrightarrow{AB}\cdot\overrightarrow{HJ}$, $\overrightarrow{AD}\cdot\overrightarrow{IB}$, $\overrightarrow{AB}\cdot\overrightarrow{DH}$.

2. a. Calculer $\overrightarrow{AB}\cdot\overrightarrow{DG}$, $\overrightarrow{AI}\cdot\overrightarrow{HD}$, $\overrightarrow{AJ}\cdot\overrightarrow{ID}$, $\overrightarrow{AJ}\cdot\overrightarrow{EC}$.

b. Que peut-on en déduire ?

3. Les droites (ID) et (EC) sont-elles orthogonales ?

64 COMMENT MONTRER QU'UN VECTEUR EST NORMAL À UN PLAN ?

Pour montrer qu'un vecteur $\vec{w}$ est normal à un plan (P) il suffit de montrer qu'il est normal à deux vecteurs non colinéaires de (P).

Ensuite on peut montrer que ce vecteur est orthogonal à ces deux vecteurs non colinéaires soit en utilisant des propriétés de calculs et des relations de Chasles, soit en calculant les produits scalaires avec les coordonnées.

ex. Soit A(1;–1;3), B(0;3;1), C(6;7;–1), D(2;1;3) et E(4;–6;2).

Alors $\overrightarrow{AB}\begin{pmatrix}-1\\4\\-2\end{pmatrix}$ et $\overrightarrow{AD}\begin{pmatrix}1\\2\\0\end{pmatrix}$:

$\overrightarrow{AB}$ et $\overrightarrow{AD}$ ne sont pas colinéaires donc ils définissent le plan (ABD).

$\overrightarrow{EC}\begin{pmatrix}2\\-1\\-3\end{pmatrix}$

Donc $\overrightarrow{EC}\cdot\overrightarrow{AB}=-2-4+6=0$ et $\overrightarrow{EC}\cdot\overrightarrow{AD}=2-2=0$.

Ainsi (EC) est orthogonale au plan (ABD).

TOP CHRONO
C'est l'interro !

Exercice 64.1 (3 pts) *15 min*

Dans chaque cas, dire si le vecteur $\vec{n}$ est normal au plan (ABC).

1. A(2;1;–2), B(3;1;0) et C(0;1;1) et $\vec{n}\begin{pmatrix}1\\2\\0\end{pmatrix}$.
2. A(–1;2;3), B(4;–2;3) et C(2;1;1) et $\vec{n}\begin{pmatrix}8\\10\\7\end{pmatrix}$.
3. A(1;1;0), B(3;–2;1) et C(5;–2;–2) et $\vec{n}\begin{pmatrix}3\\2\\3\end{pmatrix}$.

Exercice 64.2 (3 pts) *20 min*

Dans chaque cas, déterminer un vecteur normal au plan (ABC) a coordonnées entières.

1. A(1;2;1), B(–2;1;0) et C(–3;–1;1).
2. A(2;1;0), B(–2;0;–2) et C(1;1;1)
3. A(0;–1;1), B(1;0;2) et C(3;–1;1)

Exercice 64.3 d'après Amérique du Nord, juin 2009 (3 pts) *20 min*

Soit ABCDEFGH un cube de côté 1. On note I le centre de la face ADHE, J celui de la face ABCD et K le milieu de [IJ]. L'espace est rapporté au repère orthonormal $(A;\overrightarrow{AB},\overrightarrow{AD},\overrightarrow{AE})$.

1. Déterminer les coordonnées des points I, J et K dans ce repère.
2. Démontrer que les points A, K et G ne sont pas alignés.
3. On appelle plan médiateur de [IJ] le plan qui passe par le milieu de [IJ] et orthogonale à (IJ).

   Démontrer que le plan médiateur du segment [IJ] est le plan (AKG).

65 COMMENT DÉTERMINER UNE ÉQUATION CARTÉSIENNNE D'UN PLAN ?

L'équation cartésienne d'un plan repose sur la connaissance d'un vecteur normal $\vec{n}$ et un point du plan.

En effet, si P est un plan passant par $A(x_A;y_A;z_A)$ et de vecteur normal $\vec{n}\begin{pmatrix} a \\ b \\ c \end{pmatrix}$

alors M(x;y;z) est dans le plan si et seulement si $\overrightarrow{AM}$ et $\vec{n}$ sont orthogonaux, c'est-à-dire $\overrightarrow{AM}\cdot\vec{n}=0 \Leftrightarrow a(x-x_A)+b(y-y_A)+c(z-z_A)=0$.

D'où $ax+by+cz-ax_A-by_A-cz_A=0$ ce qui donne l'équation cartésienne.

ex. Soit A(2;3;–1) et $\vec{n}\begin{pmatrix} 1 \\ 2 \\ 1 \end{pmatrix}$ alors l'équation du plan P passant par A de vecteur normal $\vec{n}$ s'obtient avec $\overrightarrow{AM}\cdot\vec{n}=0$ qui donne :

$$1(x-2)+(y-3)+1(z+1)=0 \Leftrightarrow x+2y+z-7=0.$$

Soit P' le plan parallèle à P passant par O.
Alors $\vec{n}$ est aussi un vecteur normal de P'.
D'où $x+2y+z=0$.

TOP CHRONO
C'est l'interro !

Exercice 65.1 (2 pts) *10 min*

On reprend l'exercice 64.3.

1. Déterminer une équation cartésienne du plan (AKG).
2. Vérifier que le point D appartient au plan (AKG).

Exercice 65.2 (6 pts) *30 min*

Soient A(1;2;0), B(2;2;0), C(1;3;0) et D(1;2;1) quatre points de l'espace muni d'un repère orthonormal $(O:\vec{i},\vec{j};\vec{k})$.

- (P) désigne le plan orthogonal à (BC) passant par A ;
- (Q) désigne le plan orthogonal à (DC) passant par A ;
- (R) désigne le plan orthogonal à (BD) passant par A .

1. Montrer que le plan (P) a pour équation cartésienne $x-y+1=0$.

   On admet que le plan (Q) a pour équation cartésienne $-y+z+2=0$ et que le plan (R) a pour équation cartésienne $-x+z+1=0$.

2. **a.** Résoudre le système $\begin{cases} x-y+1=0 \\ -y+z+2=0 \\ -x+z+1=0 \end{cases}$.

   b. En déduire que l'intersection des trois plans (P), (Q) et (R) est une droite (d) passant par le point E(2;3;1).

   c. Vérifier que la droite (d) est orthogonale au plan (BCD).

   En déduire une équation cartésienne du pan (BCD).

Exercice 65.3 d'après Inde, avril 2010 (5 pts) *40 min*

L'espace est muni d'un repère orthonormal $(O:\vec{i},\vec{j};\vec{k})$.

Pour chacune des propositions suivantes, indiquer si elle est vraie ou fausse et donner une démonstration de la réponse choisie.

1. La droite de représentation paramétrique $\begin{cases} x = t+2 \\ y = -t \\ z = 3t-1 \end{cases}$, $t \in \mathbb{R}$ est parallèle au plan dont une équation cartésienne est $x+2y+z-3=0$.

2. Les plans (P),(P') et (P'') d'équations respectives $x-2y+3z=3$, $2x+3y-2z=6$ et $4x-y+4z=12$ n'ont pas de point commun.

3. Les droites de représentations paramétriques respectives $\begin{cases} x = 2-3t \\ y = 1+t \\ z = -3+2t \end{cases}$, $t \in \mathbb{R}$ et $\begin{cases} x = 7+2u \\ y = 2+2u \\ z = -6-u \end{cases}$, $u \in \mathbb{R}$ sont sécantes.

4. On considère les points A(–1;0;2), B(1;4;0) et C(3;–4;–2). Le plan (ABC) a pour équation $x+z=1$.

5. On considère les points A(–1;1;3), B(2;1;0) et C(4;–1;6). Les points A, B, C sont alignés.

66 COMMENT ÉTUDIER L'INTERSECTION D'UN PLAN ET D'UNE DROITE ?

En fonction des équations données ou des données, on peut déterminer l'intersection d'une droite et d'un plan :

- si le vecteur directeur de la droite est colinéaire à un vecteur normal du plan alors la droite est orthogonale au plan
- si le vecteur directeur de la droite est orthogonal à un vecteur normal du plan alors la droite est soit parallèle au plan soit contenue dans le plan

Pour finir l'étude, le plus simple est d'injecter les équations paramétriques de la droite dans l'équation cartésienne du plan pour déterminer la valeur du paramètre dans les équations paramétriques et par là déterminer les valeurs de *x*, *y* et *z*.

ex. Soit P le plan d'équation $3x-y+z-2=0$ et *d* la droite d'équation $\begin{cases} x=-1+2t \\ y=3t \\ z=4-t \end{cases}$, $t\in\mathbb{R}$.

Alors $\vec{u}\begin{pmatrix} 3 \\ -1 \\ 1 \end{pmatrix}$ est un vecteur normal de P et $\vec{v}\begin{pmatrix} 2 \\ 3 \\ -1 \end{pmatrix}$ est un vecteur directeur de *d*.

$\vec{u}\cdot\vec{v}=6-3-2=2\neq 0$ donc *d* et P sont sécants.

$3(-1+2t)-3t+4-t-2=0 \Leftrightarrow t=\dfrac{1}{2}$.

D'où $x=0$; $y=\dfrac{3}{2}$; $z=\dfrac{7}{2}$:

d et P sont sécants au point de coordonnées $\left(0;\dfrac{3}{2};\dfrac{7}{2}\right)$.

TOP CHRONO

C'est l'interro !

Exercice 66.1 (6 pts) *15 min*

Dans chaque cas, étudier la position de la droite et du plan :

1. $d:\begin{cases} x=t \\ y=3t-1 \\ z=-2 \end{cases}$, $t\in\mathbb{R}$ et $P: 4x-y+z=0$

2. $d:\begin{cases} x=-4t \\ y=1-2t \\ z=3+2t \end{cases}$, $t\in\mathbb{R}$ et $P: 2x+y-z-1=0$

3. $d:\begin{cases} x=t+2 \\ y=1 \\ z=-t=3 \end{cases}$, $t\in\mathbb{R}$ et $P: -x+2y-z+3=0$

Exercice 66.2 d'après Amérique du Nord, juin 2010 (4 pts) *20 min*

Soient A(1;–2;4), B(–2;–6;5), C(–4;0;–3) trois points de l'espace muni d'un repère orthonormal $(O:\vec{i},\vec{j};\vec{k})$.

1. **a.** Démontrer que les points A, B et C ne sont pas alignés.

   b. Démontrer que le vecteur $\vec{n}\begin{pmatrix} 1 \\ -1 \\ -1 \end{pmatrix}$ est un vecteur normal au plan (ABC).

   c. Déterminer une équation du plan (ABC).

2. **a.** Déterminer une représentation paramétrique de la droite passant par le point O et orthogonale au plan (ABC).

   b. Déterminer les coordonnées du point O', intersection du plan (ABC) et la droite passant par O orthogonale au plan (ABC).

67 COMMENT ÉTUDIER LA POSITION RELATIVE DE DEUX PLANS ?

Soit P et P′ deux plans. En général, on connaît les équations cartésiennes des deux plans et par conséquent les coordonnées d'un vecteur normal à chacun.

- Si les deux vecteurs normaux ne sont pas colinéaires, alors les plans P et P′ sont sécants selon une droite. Pour déterminer des équations paramétriques de cette droite, il faut alors regrouper les deux équations cartésiennes en un seul système, puis choisir l'une des coordonnées comme paramètre t.
- Si les deux vecteurs normaux sont colinéaires alors les plans P et P′ sont parallèles stricts ou confondus. Il faut alors chercher un éventuel lien de proportionnalité entre les deux équations. Si elles sont proportionnelles, les deux plans sont confondus. Sinon ils sont parallèles stricts.

ex. Soit P le plan d'équation $3x-y+z-1=0$ et d'équation P′ $x+y-z+4=0$.

Alors $\vec{n}_1\begin{pmatrix}3\\-1\\1\end{pmatrix}$ est un vecteur normal de P et $\vec{n}_2\begin{pmatrix}1\\1\\-1\end{pmatrix}$ est un vecteur normal de P′.

$\vec{n}_1$ et $\vec{n}_2$ ne sont pas colinéaires donc P et P′ sont sécants

$$\begin{cases}3x-y+z-1=0\\x+y-z+4=0\\z=t\end{cases}\Leftrightarrow\begin{cases}x=-\dfrac{3}{4}\\y=t-\dfrac{13}{4}\\z=t\end{cases},\ t\in\mathbb{R}$$ est un système d'équations paramétriques

de la droite d'intersection des plans P et P′.

TOP CHRONO
C'est l'interro !

Exercice 67.1 (8 pts) *30 min*

Dans chaque cas, étudier la position des plans P et P'.

1. $P: 3x - y + 4z - 7 = 0$ et $P': y + 3z = 0$

2. $P: x + y - 5 = 0$ et $P': 3x + 3y - 15 = 0$

3. $P: 4y - 2x + z + 1 = 0$ et $P': x - 2y - \frac{1}{2}z = 0$

4. $P: 2x - y + z + 2 = 0$ et P' le plan (Oyz)

Exercice 67.2 d'après Métropole, juin 2008 (6 pts) *30 min*

Dans l'espace muni d'un repère orthonormal $\left(O; \vec{i}, \vec{j}, \vec{k}\right)$, on considère les points A(1 ; 1 ; 0), B(1 ; 2 ; 1) et C(3 ; –1 ; 2).

1. a. Démontrer que les points A, B et C ne sont pas alignés.

b. Démontrer que le plan (ABC) a pour équation cartésienne $2x + y - z - 3 = 0$.

2. On considère les plans (P) et (Q) d'équations respectives $x + 2y - z - 4 = 0$ et $2x + 3y - 2z - 5 = 0$. Démontrer que l'intersection des plans (P) et (Q) est une droite (D), dont une représentation paramétrique est : $\begin{cases} x = -2 + t \\ y = 3 \\ z = t \end{cases}$, $t \in \mathbb{R}$.

3. Quelle est l'intersection des trois plans (ABC), (P) et (Q) ?

Exercice 67.3 d'après Antilles-Guyane, septembre 2012 (4 pts) *40 min*

L'espace est muni d'un repère orthonormal $\left(O; \vec{i}, \vec{j}, \vec{k}\right)$.

On note D la droite dont une représentation paramétrique est $\begin{cases} x = t \\ y = -t \\ z = 2t \end{cases}$, $t \in \mathbb{R}$.

Soit P le plan défini par l'équation $x + y + 2z - 1 = 0$.

Soit S la sphère de centre B(1 ; –1 ; 0) et de rayon 1.

Pour chacune des phrases ci-dessous, une seule des trois propositions est exacte. Dans chaque cas, indiquer la bonne réponse en justifiant soigneusement votre choix.

TOP CHRONO
C'est l'interro ! (suite)

1. La droite D et le plan P sont :

a. ☐ parallèles.

b. ☐ perpendiculaires.

c. ☐ non parallèles et non perpendiculaires.

2. Soit P′ le plan contenant la droite D et perpendiculaire au plan P . P′ admet pour équation cartésienne :

a. ☐ $-2y+z+2=0$

b. ☐ $2x-z=0$

c. ☐ $x-y-z=0$

3. La droite Δ, intersection du plan P et du plan d'équation $2x-z=0$, admet pour représentation paramétrique :

a. ☐ $\begin{cases} x=t \\ y=-3t+1,\ t\in\mathbb{R} \\ z=2t \end{cases}$

b. ☐ $\begin{cases} x=t \\ y=-t,\ t\in\mathbb{R} \\ z=2t \end{cases}$

c. ☐ $\begin{cases} x=t \\ y=-5t+1,\ t\in\mathbb{R} \\ z=2t \end{cases}$

4. L'intersection de la sphère S et du plan P est :

a. ☐ un point.

b. ☐ l'ensemble vide.

c. ☐ un cercle.

ESTIMATION ET FLUCTUATION

68 COMMENT APPROCHER UNE LOI BINOMIALE ?

Soit X_n une variable aléatoire qui suit une loi binomiale de paramètres n et p.
Si $n \geq 30$ alors le théorème de Moivre-Laplace affirme :

Propriété

Pour tout $p \in]0;1[$, $\lim\limits_{n \to +\infty} P\left(p - u_\alpha \sqrt{\frac{p(1-p)}{n}} \leq \frac{X_n}{n} \leq p + u_\alpha \sqrt{\frac{p(1-p)}{n}} \right) = 1 - \alpha$

où u_α désigne le réel tel que $P\left(-u_\alpha \leq Z \leq u_\alpha\right) = 1 - \alpha$ si Z suit une loi normale centrée réduite.

Ainsi si $n \geq 30$, $np \geq 5$ et $n(1-p) \geq 5$ on peut approcher la variable aléatoire $\frac{X_n - np}{\sqrt{np(1-p)}}$ par une variable aléatoire suivant la loi normale centrée réduite.

ex. On considère une population dans laquelle une maladie génétique bénigne touche 34 % de la population. On considère un échantillon de 147 personnes. Quelle est la probabilité pour que 50 personnes au moins soient porteuses de cette maladie dans l'échantillon observé ?
$n = 147 > 30$, $np = 49{,}98 > 5$ et $n(1-p) = 97{,}02 > 5$.

On peut approcher $\frac{X - 49{,}98}{\sqrt{147 \times 0{,}34 \times 0{,}66}}$ par une loi normale centrée réduite.

D'où $p\left(X \geq 50\right) = p\left(X - 49{,}98 \geq 0{,}02\right) = p\left(\frac{X - 49{,}98}{5{,}74} \geq 3{,}48.10^{-3} \right) \approx 0{,}5$.

TOP CHRONO
C'est l'interro !

Exercice 68.1 (6 pts) *30 min*

On considère une variable aléatoire X qui suit une loi binomiale de paramètres 0,4 et 1000.

Soit $F = \dfrac{X}{1000}$ la variable aléatoire de la fréquence associée.

Dans chaque cas, donner une valeur approchée de la probabilité demandée :

1. $p(F \leq 0{,}4)$

2. $p(0{,}35 \leq F \leq 0{,}45)$

3. $p(0{,}13 \leq F \leq 0{,}4)$

Exercice 68.2 (4 pts) *15 min*

La proportion de célibataires chez les personnes de 30 ans est de 37 %. Une étude porte sur un groupe de 214 personnes de 30 ans. Soit X le nombre de célibataires.

1. Donner une valeur approchée de $p(X \geq 50)$.

2. Donner une valeur approchée de $p(75 \leq X \leq 85)$.

69 COMMENT PRENDRE UNE DÉCISION ?

On étudie une population de taille n et on relève la présence ou non d'un caractère de proportion théorique p. On calcule la fréquence observée f. On vérifie que les conditions d'approximation sont validées :

$n \geq 30$

$np \geq 5$

$n(1-p) \geq 5$

On peut alors appliquer la règle de décision suivante :

PROPRIÉTÉ

Soit $I = \left[p - 1{,}96\sqrt{\dfrac{p(1-p)}{n}} ; p + 1{,}96\sqrt{\dfrac{p(1-p)}{n}} \right]$.

- Si $f \in I$ alors on ne peut pas rejeter l'hypothèse que l'échantillon est conforme.
- Si $f \notin I$ alors on rejette l'hypothèse que l'échantillon est conforme avec un risque d'erreur de 5 %.

Il faut bien noter que ce qui se joue est le rejet ou non de la conformité de l'échantillon à la proportion p. L'intervalle I est appelé intervalle de fluctuation asymptotique au seuil de 95 % ou 0,95.

ex. Dans une population, la proportion de femmes est de 53 %. On observe une entreprise de 1500 salariés avec 43 % de femmes. Peut-on affirmer que la répartition des sexes dans la masse salariale n'est pas représentative de la population d'origine ?

On a n = 1500, np = 795 et $n(1–p)$ = 705.

I = [0,51;0,55]. Comme 0,43 n'est pas dans I on peut dire que l'entreprise ne représente pas la proportion de femmes dans la population et emploie plus d'hommes.

TOP CHRONO
C'est l'interro !

Exercice 69.1 (4 pts) *20 min*

D'après une encyclopédie médicale, la fréquence du groupe sanguin A rhésus positif est de 0,38 et celle de groupe sanguin A rhésus négatif de 0,07.

1. Quelle est la proportion p de personnes de groupe sanguin A en France ?
2. On considère un groupe de donneurs de sang de 43 personnes.
   a. Déterminer l'intervalle de fluctuation asymptotique au seuil de 0,95.
   b. On note que 27 personnes sont de rhésus A. Peut-on dire que cet échantillon est représentatif de la population française ?

Exercice 69.2 d'après Amérique du Nord, mai 2013 (4 pts) *15 min*

Une boulangerie industrielle utilise une machine pour fabriquer des pains. Cette machine présente quelques défauts. Elle est paramétrée de manière à ce que 96 % des pains produits soient commercialisables. Un pain est dit commercialisable si sa masse est supérieure à 385 g. La masse d'un pain fabriqué peut être mdélisée par une variable aléatoire X suivant la loi normale d'espérance 400 et d'écart-type 11.

1. Déterminer l'intervalle de fluctuation asymptotique au seuil de 95 % de la proportion de pains commercialisables dans un échantillon de taille 300.
2. Parmi les 300 pains de l'échantillon, 283 sont commercialisables. Au regard de l'intervalle de fluctuation, peut-on décider que l'objecif est atteint ?

Exercice 69.3 d'après Asie, mai 2013 (4 pts) *15 min*

À des fins publicitaires, un grossiste affiche sur ses plaquettes « 88 % de notre thé est garanti sans trace de pesticides ».

Un inspecteur de la brigade de répression des fraudes souhaite étudier la validité de l'affirmation. À cette fin, il prélève 50 boîtes au hasard dans le stock du grossiste et en trouve 12 avec des traces de pesticides. On suppose que, dans le stock du grossiste, la proportion de boîtes sans pesticides est bien égale à 0,88. On note F la variable aléatoire qui, à tout échantillon de taille 50, associe la fréquence des boîtes ne contenant aucune trace de pesticides.

1. Donner l'intervalle de fluctuation asymptotique de la variable aléatoire F au seuil de 95 %.
2. L'inspecteur de la brigade de répression peut-il décider, au seuil de 95 %, que la publicité est mensongère ?

70 COMMENT ESTIMER UNE PROPORTION INCONNUE ?

Le principe abordé ici est celui des sondages. On considère un échantillon de taille n d'une population donnée pour laquelle la fréquence d'un caractère observé est f. À partir de ces données, on souhaite pouvoir s'exprimer sur la proportion réelle dans la population totale. Pour se faire, on utilise l'intervalle de confiance au seuil de 95 %.

DÉFINITION

L'intervalle $I=\left[f-\frac{1}{\sqrt{n}};f+\frac{1}{\sqrt{n}}\right]$ est l'intervalle de confiance de p au niveau de confiance de 0,95.

Cette estimation n'est valable que si les conditions $n \geq 30$, $np \geq 5$, $n(1-p) \geq 5$, où p est un nombre quelconque de l'intervalle de confiance sont vérifiées.

ex. Une étude sur 250 français rapporte que 78 personnes ont un niveau d'étude Bac+3. Quelle est la proportion de personnes ayant un Bac+3 en France ?

On a $f=\frac{78}{250}=0,312$. L'intervalle de confiance est [0,248;0,375], ainsi on peut estimer que la proportion de français ayant un niveau Bac+3 est de 24,8 % à 37,5 % car $n > 30$, $np \in [62,94]$ et $n(1-p) \in [156;198]$.

TOP CHRONO
C'est l'interro !

Exercice 70.1 (2 pts) *10 min*

Un élevage de poulet fermier produit des poules de poids supérieur à 1200 g pour être commercialisable. On extrait de l'élevage 60 poulets et on observe que 14 ont un poids inférieur à 200 g.

Donner un intervalle de confiance au seuil 0,95 de la proportion de poulets non commercialisables.

Exercice 70.2 (4 pts) *20 min*

On réalise un sondage à la veille des élections sur 1500 personnes.

350 personnes annoncent voter pour M. Paul, 395 pour Mme Leclair et les autres pour M. Stick.

1. Peut-on penser que M.Stick gagnera avec une majorité absolue au premier tour ?
2. Peut-on prévoir de manière presque certaine les candidats du second tour ?

Exercice 70.3 d'après Inde, avril 2013 (4 pts) *15 min*

On cherche à étudier le nombre d'étudiants connaissant la signification du sigle URSSAF. Pour cela, on les interroge en proposant un questionnaire à choix multiples. Chaque étudiant doit choisir parmi les trois réponses possibles, notées A, B et C, la bonne réponse étant A.

On note r la probabilité qu'un étudiant connaisse la bonne réponse. Tout étudiant connaissant la bonne réponse répond A, sinon il répond au hasard (de façon équiprobable).

1. On interroge un étudiant au hasard. On note :
   - A l'évènement « l'étudiant répond A »
   - B l'évènement « l'étudiant répond B »
   - C l'évènement « l'étudiant répond C »
   - R l'évènement « l'étudiant connaît la réponse »

   a. Montrer que la probabilité de A est $\dfrac{2r+1}{3}$.

   b. Exprimer en fonction de r la probabilité qu'une personne ayant choisi A connaisse la bonne réponse.

TOP CHRONO
C'est l'interro ! (suite)

2. Pour estimer r, on interroge 400 personnes et on note X la variable aléatoire comptant le nombre de bonnes réponses. On admettra qu'interroger au hasard 400 étudiants revient à effectuer un tirage avec remise de 400 étudiants dans l'ensemble de tous les étudiants.

a. Donner la loi de X et ses paramètres n et p en fonction de r.

b. Dans un premier sondage, on constate que 240 étudiants répondent A, parmi les 400 interrogés.

Donner un intervalle de confiance au seuil de 95 % de l'estimation de p.

En déduire un intervalle de confiance de r au seuil de 95 %.

c. Dans la suite, on suppose que $r = 0{,}4$. Compte-tenu du grand nombre d'étudiants, on considère que X suit une loi normale.

Donner les paramètres de cette loi normale.

Donner une valeur approchée de $p(X \leq 250)$ à 10^{-2} près.

71 COMMENT DÉTERMINER UNE TAILLE SUFFISANTE POUR ESTIMER UNE PROPORTION INCONNUE ?

On remarque dans les calculs de la fiche précédente que l'intervalle de confiance a une amplitude qui n'est pas forcément très satisfaisante, surtout dans le cas de sondage ou d'étude médicale par exemple, cas dans lesquels on souhaite pouvoir faire resortir de l'information utile.

On remarque que cette amplitude dépend uniquement de la taille de l'échantillon observé car l'amplitude de l'intervalle de confiance est $\frac{2}{\sqrt{n}}$. Ainsi en fonction de l'amplitude souhaitée, on détermine la taille nécessaire de l'échantillon à observer.

ex. Une banque de 1 millions de clients souhaite mener une enquête de satisfaction de son service d'accueil. Pour cela, elle fait appel à une société de sondage à qui elle confie l'enquête avec comme exigence un résultat de précision 1 %.

On veut donc $\frac{2}{\sqrt{n}} = 0{,}01 \Leftrightarrow n = 200^2 = 40000$.

Il faut donc interroger 40 000 personnes.

TOP CHRONO
C'est l'interro !

Exercice 71.1 (6 pts) *20 min*

Une équipe mondiale de médecins souhaite mener une étude sur une maladie importante. Ils souhaitent avoir une précision de leurs résultats au dixième de %.

1. Quel est le nombre de personnes minimum à soumettre à cette étude ?
2. Cette étude coûte en moyenne 15 € par personne. Le laboratoire dispose d'un budget de 5 millions d'euros. Peut-on lancer une étude satisfaisante ?
3. Après une campagne d'appel aux dons, le laboratoire dispose de 100 millions d'euros. Donner une fourchette du nombre de personnes que l'on peut soumettre à l'étude.

Exercice 71.2 (4 pts) *20 min*

On considère un élevage de bovins de 8000 têtes. L'éleveur souhaite connaître régulièrement sa proportion de taureaux. Pour cela il prélève régulièrement un échantillon et fait une estimation.

1. Si il souhaite avoir une estimation correcte à 5 % près, quelle est la taille de l'échantillon à prélever ?
2. Il prélève un échantillon de cette taille et relève 350 mâles. Quelle estimation peut-on donner de la proportion de taureaux dans l'élevage ?

72 QUELS CONSEILS POUR LE BAC ?

L'épreuve de bac diffère de tout autre devoir sur table par sa durée et le fait qu'elle porte sur l'intégralité du programme.

Il est recommandé de lire l'intégralité du sujet avant de commencer à le rédiger. En effet, cela permet d'avoir une vue d'ensemble et de savoir à quel chapitre se réfère tel ou tel exercice. Vous êtes certainement plus à l'aise avec l'une ou l'autre partie du programme. Comme vous avez le droit de traiter les exercices dans l'ordre que vous souhaitez, commencez par celui qui se rapporte à la partie du programme dans laquelle vous êtes le plus à l'aise. N'hésitez pas à composer une copie par exercice pour pouvoir facilement reprendre un exercice inachevé plus tard dans l'épreuve.

Enfin, si deux ou trois parties d'un exercice sont indiquées comme indépendantes traitez-les comme deux ou trois exercices séparés : pas besoin d'avoir réussi la première partie pour pouvoir faire la suivante !

Traiter les exercices de la fiche suivante de cette manière et bonne chance pour l'épreuve !

TOP CHRONO

C'est l'interro !

Exercice 72.1 (4 pts) *45 min*

Les quatre questions sont indépendantes.

Pour chaque question, une affirmation est proposée. Indiquer si elle est vraie ou fausse en justifiant la réponse. Une réponse non justifiée ne sera pas prise en compte.

Dans l'espace muni d'un repère orthonormé, on considère

- les points A (12 ; 0 ; 0), B (0 ; –15 ; 0), C (0 ; 0 ; 20), D (2 ; 7 ; –6), E (7 ; 3 ; –3)
- le plan P d'équation cartésienne : $2x+y-2z-5=0$

1. **Affirmation 1**
   Une équation cartésienne du plan parallèle à P et passant par le point A est : $2x+y+2z=0$.
   ☐ VRAI ☐ FAUX

2. **Affirmation 2**
   Une représentation paramétrique de la droite (AC) est : $\begin{cases} x=9-3t \\ y=0 \\ z=5+5t \end{cases}, \ t\in\mathbb{R}$
   ☐ VRAI ☐ FAUX

3. **Affirmation 3**
   La droite (DE) et le plan P ont au moins un point commun.
   ☐ VRAI ☐ FAUX

4. **Affirmation 4**
   La droite (DE) est orthogonale au plan (ABC).
   ☐ VRAI ☐ FAUX

Exercice 71.2 (6 pts) *70 min*

Les quatre parties A, B, C, D sont indépendantes. Un industriel fabrique des vannes électroniques destinées à des circuits hydrauliques.

Partie A – La durée de vie d'une vanne, exprimée en heures, est une variable aléatoire T qui suit la loi exponentielle de paramètre $\lambda=0{,}0002$.

1. Quelle est la durée de vie moyenne d'une vanne ?
2. Calculer la probabilité, à 0,001 près, que la durée de vie d'une vanne soit supérieure à 6000 heures.

TOP CHRONO

C'est l'interro ! (suite)

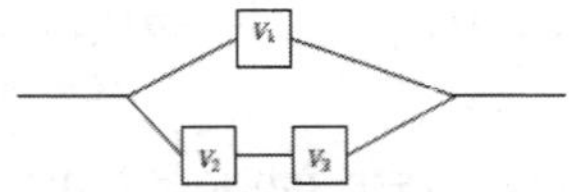

Partie B – Avec trois vannes identiques V_1, V_2 et V_3, on fabrique le circuit hydraulique ci-contre. Le circuit est en état demarche si V_1 est en état de marche ou si V_2 et V_3 le sont simultanément. On assimile à une expérience aléatoire le fait que chaque vanne est ou n'est pas en état de marche après 6 000 heures. On note :

- F1 l'évènement : « la vanne V_1 est en état demarche après 6 000 heures ».
- F2 l'évènement : « la vanne V_2 est en état demarche après 6 000 heures ».
- F3 l'évènement : « la vanne V_3 est en état demarche après 6 000 heures ».
- E : l'évènement : « le circuit est en état demarche après 6 000 heures ».

On admet que les évènements F_1, F_2 et F_3 sont deux à deux indépendants et ont chacun une probabilité égale à 0,3.

1. Construire un arbre pondéré représentant la situation.
2. Démontrer que P(E) = 0,363.
3. Sachant que le circuit est en état de marche après 6 000 heures, calculer la probabilité que la vanne V_1 soit en état de marche à ce moment-là. Arrondir au millième.

Partie C – L'industriel affirme que seulement 2 % des vannes qu'il fabrique sont défectueuses. On suppose que cette affirmation est vraie, et l'on note F la variable aléatoire égale à la fréquence de vannes défectueuses dans un échantillon aléatoire de 400 vannes prises dans la production totale.

1. Déterminer l'intervalle I de fluctuation asymptotique au seuil de 95 % de la variable F.
2. On choisit 400 vannes au hasard dans la production, On assimile ce choix à un tirage aléatoire de 400 vannes, avec remise, dans la production. Parmi ces 400 vannes, 10 sont défectueuses.
   Au vu de ce résultat peut-on remettre en cause. au seuil de 95 %, l'affirmation de l'industriel ?

Partie D – Dans cette partie, les probabilités calculées seront arrondies au millième. L'industriel commercialise ses vannes auprès de nombreux clients, La demande mensuelle est une variable aléatoire D qui suit la loi normale d'espérance $\mu = 800$ et d'écart-type $\sigma = 40$.

1. Déterminer $p(760 \leq X \leq 840)$.
2. Déterminer $p(D \leq 880)$.
3. L'industriel pense que s'il constitue un stock mensuel de 880 vannes, il n'aura pas plus de 1 % de chance d'être en rupture de stock. A-t-il raison ?

CORRIGÉS

1 COMMENT MENER UN RAISONNEMENT PAR RÉCURRENCE ?

Exercice 1.1

1. Soit P(n) : « $u_n > 0$ » pour $n \geq 0$.

   Initialisation : $n = 0$, $u_0 = 3$ par définition donc P(0) est vraie.

   Hérédité : Supposons P(n) vraie c'est-à-dire $u_n > 0$.

   Alors $2u_n > 0$ et $2u_n + 1 > 1 > 0$ donc $\frac{1}{2u_n+1} > 0$ c'est-à-dire $u_{n+1} > 0$:

   P(n+1) est vraie.

   Par principe de récurrence, P(n) est vraie pour tout entier n.

2. $u_n > 0$ donc $2u_n + 1 > 1$. Ainsi, $\frac{1}{2u_n+1} < 1$ c'est-à-dire $u_{n+1} < 1$ pour $n \geq 0$.

   En faisant un changement de variable ou décalage de rang on obtient $u_n < 1$ pour tout $n \geq 1$.

Exercice 1.2

Soit P(n) : « Il existe deux entiers a_n et b_n tels que $\left(1+\sqrt{2}\right)^n = a_n + b_n\sqrt{2}$ », $n \geq 1$.

Initialisation :

n = 1, on a $\left(1+\sqrt{2}\right)^1 = 1+\sqrt{2}$, on pose $a_1 = 1$ et $b_1 = 1$ alors P(1) est vraie.

Hérédité :

Supposons P(n) vraie c'est-à-dire $\left(1+\sqrt{2}\right)^n = a_n + b_n\sqrt{2}$ avec a_n et b_n deux entiers.

$$\left(1+\sqrt{2}\right)^{n+1} = \left(1+\sqrt{2}\right)\left(1+\sqrt{2}\right)^n = \left(1+\sqrt{2}\right)\left(a_n + b_n\sqrt{2}\right)$$
$$= a_n + b_n\sqrt{2} + a_n\sqrt{2} + b_n \times 2 = a_n + 2b_n + \left(a_n + b_n\right)\sqrt{2}$$

En posant $a_{n+1} = a_n + 2b_n$ et $b_{n+1} = a_n + b_n$ on a bien a_{n+1} et b_{n+1} deux entiers tels que $\left(1+\sqrt{2}\right)^{n+1} = a_{n+1} + b_{n+1}\sqrt{2}$, P(n+1) est donc vraie.

Par principe de récurrence, P(n) est vraie pour tout entier $n \geq 1$.

Exercice 1.3

1. f est dérivable sur $\left]0;+\infty\right[$ et $f'(x) = \frac{2\times x - (2x+1)\times 1}{x^2} = -\frac{1}{x^2} < 0$.

   Ainsi f est décroissante sur $\left]0;+\infty\right[$.

2. Raisonnons par récurrence : soit $P(n)$: « $2 \leq u_n \leq 3$ » pour $n \geq 0$.

   Initialisation : $n = 0$, on a alors $u_0 = 3$ donc $P(0)$ est vraie.

   Hérédité : Supposons $P(n)$ vraie c'est-à-dire $2 \leq u_n \leq 3$.

   Comme f est décroissante sur $\left]0;+\infty\right[$, $f(3) \leq f(u_n) \leq f(2)$.

   Or $f(2) = \frac{5}{2}$ et $f(3) = \frac{7}{3}$ d'où $2 \leq f(3) \leq f(u_n) \leq f(2) \leq 3$

   c'est-à-dire $2 \leq u_{n+1} \leq 3$: P(n+1) est vraie.

   Par principe de récurrence, P(n) est vraie pour tout n.

2 QUEL EST LE SENS DE VARIATION D'UNE SUITE ?

Exercice 2.1

1. $u_{n+1}-u_n=\dfrac{3(n+1)+2}{7(n+1)+1}-\dfrac{3n+2}{7n+1}=\dfrac{(3n+5)(7n+1)-(3n+2)(7n+8)}{(7n+8)(7n+1)}$

$=\dfrac{-11}{(7n+8)(7n+1)}<0$

La suite u est donc décroissante.

2. $v_n>0$ pour tout entier n. $\dfrac{v_{n+1}}{v_n}=\dfrac{\left(\dfrac{7}{3}\right)^{n+1}}{\left(\dfrac{7}{3}\right)^{n}}=\dfrac{7}{3}>1$. Comme $v_n>0$ on peut multiplier sans changer le sens de l'inégalité : $v_{n+1}>v_n$ la suite v est donc croissante.

3. $w_n>0$ pour tout entier n. $\dfrac{w_{n+1}}{w_n}=\dfrac{\dfrac{1}{2^{n+1}}}{\dfrac{1}{2^n}}=\dfrac{2^n}{2^{n+1}}=\dfrac{1}{2}<1$. Comme $w_n>0$ on peut multiplier sans changer le sens de l'inégalité : $w_{n+1}<w_n$ la suite w est donc décroissante.

4.

n	0	1	2	3	4	5	6	7	8
a_n	0	0,84	0,91	0,14	−0,76	−0,96	−0,28	0,66	0,99

On remarque alors que la suite n'est pas monotone c'est-à-dire qu'elle n'est ni croissante ni décroissante.

5. $b_{n+1}-b_n=2b_n^2+1>0$ car un carré est toujours positif donc b est croissante.

6. $c_0=1$, $c_1=-1$, $c_2=1$, $c_3=-1$,... : la suite c prend alternativement les valeurs 1 et −1 donc elle n'est pas monotone.

7. $d_{n+1}-d_n=\left(1-\dfrac{3}{n+1}\right)-\left(1-\dfrac{3}{n}\right)=-\dfrac{3}{n+1}+\dfrac{3}{n}=\dfrac{3n+3-3n}{n(n+1)}=\dfrac{3}{n(n+1)}>0$

donc la suite d est croissante.

8. Soit $P(n)$: « $0<e_n$» pour $n\geq 0$.

Initialisation : $n=0$, on a alors $e_0=1$ donc $P(0)$ est vraie.

Hérédité : Supposons $P(n)$ vraie c'est-à-dire $0<e_n$.

Donc $3e_n+2>$ c'est-à-dire $0<e_{n+1}$: $P(n+1)$ est vraie.

Par principe de récurrence, $P(n)$ est vraie pour tout n.

$e_{n+1}-e_n=3e_n+2-e_n=2e_n+2$. Comme $e_n>0$ on a $e_{n+1}-e_n>0$ ainsi la suite e est croissante.

Exercice 2.2

1.

n	0	1	2	3	4	5	6	7
2^n	1	2	4	8	16	32	64	128
n^2	0	1	4	9	16	25	36	49

On peut conjecturer que si $n \geq 4$ alors $2^n \geq n^2$. Raisonnons par récurrence :

Raisonnons par récurrence :

Soit $P(n)$: « $n^2 \leq 2^n$ » pour $n \geq 4$.

Initialisation : $n = 4$, on a alors $4^2 = 16$ et $2^4 = 16$ donc $P(4)$ est vraie.

Hérédité : supposons $P(n)$ vraie c'est-à-dire $n^2 \leq 2^n$.

Alors $2n^2 \leq 2\times2^n$ donc $2n^2 \leq 2^{n+1}$.

Or $(n+1)^2 - 2n^2 = n^2 + 2n + 1 - 2n^2 = -n^2 + 2n + 1$.

Etudions le signe de $-x^2 + 2x + 1$: $\Delta = 2^2 - 4 \times (-1) \times 1 = 8$.

$$x_1 = \frac{2-2\sqrt{2}}{-2} = -1+\sqrt{2} \text{ et } x_2 = \frac{2+2\sqrt{2}}{-2} = -1-\sqrt{2}$$

x	$-\infty$		x_2		x_1		$+\infty$
$-x^2 + 2x + 1$		$-$	0	$+$	0	$-$	

Ainsi si $n \geq 4 > x_1$ on a $-n^2 + 2n + 1 < 0$ donc $(n+1)^2 < 2n^2 \leq 2^{n+1}$: $P(n+1)$ est vraie.

Par principe de récurrence, $P(n)$ est vraie pour tout n.

2. On peut donc en déduire que pour tout entier $n \geq 4$ on a $0 < u_n \leq 1$.

3. Tous les termes de la suite sont positifs.

$\frac{u_{n+1}}{u_n} = \frac{(n+1)^2}{2^{n+1}} \times \frac{2^n}{n^2} = \left(\frac{n+1}{n}\right)^2 \times \frac{1}{2} = \frac{(n+1)^2}{2n^2}$ or $(n+1)^2 < 2n^2$ pour tout entier n d'après l'étude de la question 1 donc pour tout n, $\frac{u_{n+1}}{u_n} < 1$.

Comme $u_n > 0$ on peut multiplier sans changer le sens de l'inégalité donc $u_{n+1} < u_n$: la suite u est décroissante.

Exercice 2.3

1. Raisonnons par récurrence : soit $P(n)$: « $0 < u_n \leq 2$ » pour $n \geq 0$.

Initialisation : $n = 0$, on a alors $u_0 = 1$ donc $P(0)$ est vraie.

Hérédité : supposons $P(n)$ vraie c'est-à-dire $0 < u_n \leq 2$.

Alors $0 < 2u_n \leq 4$ donc $0 < \sqrt{2u_n} \leq 2$ c'est-à-dire $0 < u_{n+1} \leq 2$: $P(n+1)$ est vraie.

Par principe de récurrence, $P(n)$ est vraie pour tout n.

2. On peut calculer les premiers termes de la suite pour émettre une conjecture sur le sens de variation de la suite : $u_0 = 1$, $u_1 = \sqrt{2}$, $u_2 = \sqrt{2\sqrt{2}}$.

On peut conjecturer que la suite est croissante.

Raisonnons par récurrence : soit $P(n)$: « $u_n \leq u_{n+1}$ » pour $n \geq 0$.

Initialisation : $n = 0$, on a alors $u_0 = 1$ et $u_1 = \sqrt{2}$, donc $P(0)$ est vraie.

Hérédité : Supposons $P(n)$ vraie c'est-à-dire $u_n \leq u_{n+1}$ alors $2u_n \leq 2u_{n+1}$, $\sqrt{2u_n} \leq \sqrt{2u_{n+1}}$ c'est-à-dire $u_{n+1} \leq u_{n+2}$ ainsi $P(n+1)$ est vraie.

Par principe de récurrence, $P(n)$ est vraie pour tout n.

La suite u est donc croissante.

Erreur à éviter : Faire un changement de variables injustifié pour décaler les indices et obtenir $P(n+1)$. Quand on écrit « on suppose $P(n)$ vraie » cela sous-entend que l'on considère UN entier n pour lequel la proposition est vraie et on essaie de prouver qu'elle sera alors aussi vraie pour l'entier consécutif.

3 EST-CE QUE LA SUITE EST ARITHMÉTIQUE ? GÉOMÉTRIQUE ?

Exercice 3.1

1. $u_{n+1} - u_n = 3(n+1) + 2 - (3n+2) = 3n + 3 + 2 - 3n - 2 = 3$.

Ainsi la suite u est arithmétique de raison 3.

2. $v_{n+1} = \frac{2}{3^{n+1}} = \frac{2}{3 \times 3^n} = \frac{1}{3} \times \frac{2}{3^n} = \frac{1}{3} v_n$. La suite v est géométrique de raison $\frac{1}{3}$.

3. $a_0 = 0$, $a_5 = 5$, $a_2 = 15 \ldots a_{n+1} - a_n = a_n + 5$ non constant.

a_{n+1} ne peut pas s'exprimer comme le produit d'un réel et de a_n donc la suite n'est ni arithmétique ni géométrique.

4. $b_{n+1} - b_n = -7$: la suite b est arithmétique de raison -7.

Exercice 3.2

1. a. $u_1 = 0{,}4 \times u_0 + 480 = 0{,}4 \times 1000 + 480 = 880$.

$u_2 = 0{,}4 \times u_1 + 480 = 0{,}4 \times 880 + 480 = 832$.

b. Raisonnons par récurrence : soit $P(n)$: « $800 \leq u_n$ » pour $n \geq 0$.

Initialisation : $n = 0$, on a alors $u_0 = 1000 \geq 800$ donc $P(0)$ est vraie.

Hérédité : supposons $P(n)$ vraie c'est-à-dire $800 \leq u_n$ alors $320 \leq 0{,}4u_n$,

$0{,}4u_n + 480 \geq 800$ c'est-à-dire $800 \leq u_{n+1}$ ainsi $P(n+1)$ est vraie.

Par principe de récurrence, $P(n)$ est vraie pour tout n.

c. $u_{n+1} - u_n = 0{,}4u_n + 480 - u_n = -0{,}6u_n + 480$. Or

x		800	
$-0{,}6x + 480$	+	0	−

Comme pour tout entier naturel n, $u_n \geq 800$ on a $u_{n+1} - u_n \leq 0$ donc la suite u est décroissante.

3. a. $v_{n+1} = u_{n+1} - 800 = 0{,}4u_n + 480 - 800 = 0{,}4u_n - 320 = 0{,}4(u_n - 800) = 0{,}4v_n$.

$v_0 = u_0 - 800 = 1000 - 800 = 200$.

La suite v est géométrique de raison 0,4 et de premier terme 200.

b. On a donc $v_n = v_0 \times q^n = 200 \times 0{,}4^n$.

Or $v_n = u_n - 800$ donc $u_n = v_n + 800 = 200 \times 0{,}4^n + 800$.

c. $u_{50} = 200 \times 0{,}4^{50} + 800 \approx 800$

4 COMMENT UTILISER MA CALCULATRICE DANS L'ÉTUDE D'UNE SUITE ?

Exercice 4.1

1. Je peux conjecturer que la suite est croissante et divergente vers $+\infty$.

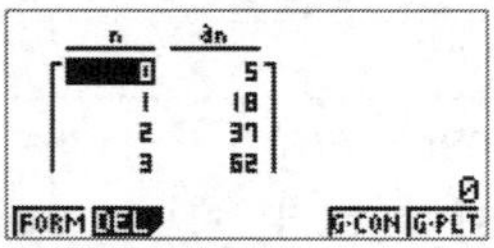

2. Je peux conjecturer que la suite est décroissante et convergente vers 0.

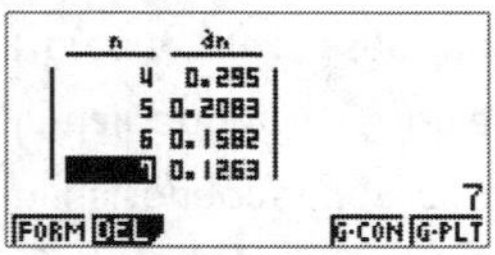

3. Je peux conjecturer que la suite est décroissante et divergente vers $-\infty$.

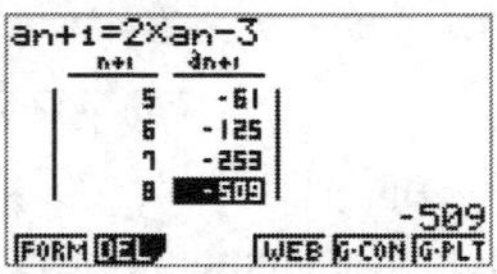

4. Je peux conjecturer que la suite est décroissante et convergente vers 0,366.

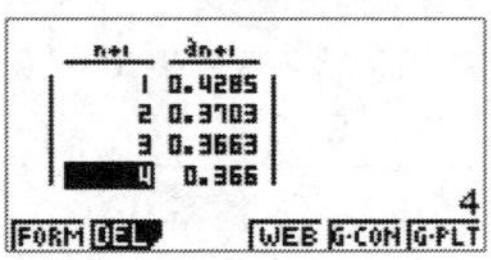

Exercice 4.2

Partie A

1. $u_1 = 0{,}5u_0 + 1 = 0{,}5 \times 0 + 1 = 1$ et $u_2 = 0{,}5 \times u_1 + 1 = 0{,}5 \times 1 + 1 = 1{,}5$.

2. **a.** On peut conjecturer que pour tout entier n on a $0 \leq u_n \leq 2$.

b. On peut conjecturer que la suite u est croissante.

c. On peut conjecturer que la suite u est convergente vers 2.

Partie B

1. Soit $P(n)$: « $0 \leq u_n \leq 2$» pour $n \geq 0$.

Initialisation : $n = 0$, on a alors $u_0 = 0$ donc $P(0)$ est vraie.

Hérédité : supposons $P(n)$ vraie c'est-à-dire $0 \leq u_n \leq 2$ alors $0 \leq 0{,}5u_n \leq 1$,

$0 \leq 1 \leq 0{,}5u_n + 1 \leq 2$ c'est-à-dire $0 \leq u_{n+1} \leq 2$ ainsi $P(n+1)$ est vraie.

Par principe de récurrence, $P(n)$ est vraie pour tout n.

2. $u_{n+1} - u_n = 0{,}5u_n + 1 - u_n = -0{,}5u_n + 1$. Or :

x		2	
$-0{,}5x + 1$	+	0	−

Comme $0 \leq u_n \leq 2$, on a $u_{n+1} - u_n \geq 0$. Ainsi la suite est croissante.

3. **a.** $v_{n+1} = u_{n+1} - 2 = 0{,}5u_n + 1 - 2 = 0{,}5u_n - 1 = 0{,}5(u_n - 2) = 0{,}5v_n$.

La suite v est géométrique de raison 0,5 et de premier terme $v_0 = u_0 - 2 = -2$.

b. On a donc $v_n = v_0 \times q^n = -2 \times 0{,}5^n$. Or $v_n = u_n - 2$ donc $u_n = v_n + 2 = -2 \times 0{,}5^n + 2$.

c. $-1 < 0{,}5 < 1$ donc $\lim\limits_{n \to +\infty} 0{,}5^n = 0$. D'où $\lim\limits_{n \to +\infty} u_n = 2$.

Exercice 4.3

Partie A

1. À l'aide des vingt premiers termes, on peut conjecturer que pour tout entier n, $0 \leq u_n \leq 1$.

2. On peut conjecturer que la suite u est décroissante.

3. On peut conjecturer que la suite converge vers 0.

Partie B

1. $f(0) = \sin(0) - 0 = 0$.

2. f est dérivable sur $\mathbb{R}$ et $f'(x) = \cos(x) - 1 \leq 0$. Donc f est décroissante sur $\mathbb{R}$.

3. On a donc :

x	$-\infty$		0		$+\infty$
$f(x)$		↘	0	↘	
$f(x)$		+	0	−	

Partie C

1. Soit $P(n)$: « $0 \leq u_n \leq 1$» pour $n \geq 0$.

Initialisation : $n = 0$, on a alors $u_0 = 1$ donc $P(0)$ est vraie.

Hérédité : supposons $P(n)$ vraie c'est-à-dire $0 \leq u_n \leq 1$.

Comme $[0;1] \subset \left[0;\frac{\pi}{2}\right]$ et que la fonction sinus est croissante sur $\left[0;\frac{\pi}{2}\right]$, on a $\sin(0) \leq \sin(u_n) \leq \sin(1)$ c'est-à-dire $0 \leq u_{n+1} \leq \sin(1) \leq 1$ ainsi $P(n+1)$ est vraie.

Par principe de récurrence, $P(n)$ est vraie pour tout n.

2. **a.** $u_{n+1} - u_n = \sin(u_n) - u_n = f(u_n)$.

b. $0 \leq u_n \leq 1$ donc $f(u_n) \leq 0$ donc $u_{n+1} - u_n \leq 0$: la suite u est décroissante.

3. La suite u est décroissante et minorée par 0 donc convergente.

5 COMMENT UTILISER LES OPÉRATIONS POUR DÉTERMINER UNE LIMITE ?

Exercice 5.1

1. $u_n = -3n^2(2n+1)$

$$\left.\begin{array}{l}\lim\limits_{n\to+\infty} -3n^2 = -\infty \\ \lim\limits_{n\to+\infty} 2n+1 = +\infty\end{array}\right\}\text{Par produit, } \lim\limits_{n\to+\infty} u_n = -\infty.$$

2. $u_n = (1-2n)(3-4n)$

$$\left.\begin{array}{l}\lim\limits_{n\to+\infty} 1-2n = -\infty \\ \lim\limits_{n\to+\infty} 3-4n = -\infty\end{array}\right\}\text{Par produit, } \lim\limits_{n\to+\infty} u_n = +\infty.$$

3. $u_n = 3^n + 2n^2 - 1$

$$\left.\begin{array}{l}\lim\limits_{n\to+\infty} 3^n = +\infty \text{ car } 3 > 1 \\ \lim\limits_{n\to+\infty} 2n^2 - 1 = +\infty\end{array}\right\}\text{Par produit, } \lim\limits_{n\to+\infty} u_n = +\infty.$$

4. $u_n = 0{,}2^n - n^2$

$$\left.\begin{array}{l}\lim\limits_{n\to+\infty} 0{,}2^n = 0 \text{ car } -1 < 0{,}2 < 1 \\ \lim\limits_{n\to+\infty} -n^2 = -\infty\end{array}\right\}\text{Par somme, } \lim\limits_{n\to+\infty} u_n = -\infty$$

Exercice 5.2

1.
$$\left.\begin{array}{l}\lim\limits_{n\to+\infty} -4n^2 = -\infty \\ \lim\limits_{n\to+\infty} -2n+3 = -\infty\end{array}\right\}\text{Par somme, } \lim\limits_{n\to+\infty} u_n = -\infty.$$

2.
$$\left.\begin{array}{l}\lim\limits_{n\to+\infty} 3n+1 = +\infty \\ \lim\limits_{n\to+\infty} 4-n = -\infty\end{array}\right\}\text{Par produit, } \lim\limits_{n\to+\infty} u_n = -\infty.$$

3.
$$\left.\begin{array}{l}\lim\limits_{n\to+\infty} -2n^2 = -\infty \\ \lim\limits_{n\to+\infty} 4n^2+1 = +\infty\end{array}\right\}\text{Par produit, } \lim\limits_{n\to+\infty} u_n = -\infty.$$

4.
$$\left.\begin{array}{l}\lim\limits_{n\to+\infty} 3n+1 = +\infty \\ \lim\limits_{n\to+\infty} \dfrac{1}{n} = 0 \text{ donc } \lim\limits_{n\to+\infty} 6 - \dfrac{1}{n} = 6\end{array}\right\}\text{Par quotient, } \lim\limits_{n\to+\infty} u_n = +\infty.$$

5.
$$\left.\begin{array}{l}\lim\limits_{n\to+\infty} 2^n = +\infty \text{ car } 2 > 1 \\ \lim\limits_{n\to+\infty} n^2 = +\infty\end{array}\right\}\text{Par somme, } \lim\limits_{n\to+\infty} u_n = +\infty.$$

6.
$$\left.\begin{array}{l}\lim\limits_{n\to+\infty} 0{,}5^n = 0 \text{ car } -1 < 0{,}5 < 1 \\ \lim\limits_{n\to+\infty} -n+2 = -\infty\end{array}\right\}\text{Par somme, } \lim\limits_{n\to+\infty} u_n = -\infty.$$

7. $\left.\begin{array}{l}\lim\limits_{n\to+\infty} 4n^3 = +\infty \\ \lim\limits_{n\to+\infty} 5n^2 = +\infty \\ \lim\limits_{n\to+\infty} 2n+1 = +\infty\end{array}\right\}$ Par somme, $\lim\limits_{n\to+\infty} u_n = +\infty$.

8. $\left.\begin{array}{l}\lim\limits_{n\to+\infty} 3 = 3 \\ \lim\limits_{n\to+\infty} 6n+2 = +\infty\end{array}\right\}$ Par quotient, $\lim\limits_{n\to+\infty} u_n = 0$.

9. $\left.\begin{array}{l}\lim\limits_{n\to+\infty} -2 = -2 \\ \lim\limits_{n\to+\infty} 3n^2 = +\infty \text{ et } \lim\limits_{n\to+\infty} n-2 = +\infty \\ \text{donc } \lim\limits_{n\to+\infty} 3n^2+n-2 = +\infty\end{array}\right\}$ Par quotient, $\lim\limits_{n\to+\infty} u_n = 0$.

10. $\left.\begin{array}{l}\lim\limits_{n\to+\infty} \dfrac{1}{n} = 0 \\ \lim\limits_{n\to+\infty} n^2 = +\infty \text{ donc } \lim\limits_{n\to+\infty} 3 - \dfrac{1}{n^2} = 3\end{array}\right\}$ Par produit, $\lim\limits_{n\to+\infty} u_n = 0$.

11. $\left.\begin{array}{l}\lim\limits_{n\to+\infty} 1 + \dfrac{3}{n} = 1 \\ \lim\limits_{n\to+\infty} 4n^2 = +\infty \text{ et } \lim\limits_{n\to+\infty} \dfrac{1}{n} = 0 \text{ donc } \lim\limits_{n\to+\infty} 4n^2 + \dfrac{1}{n} = +\infty\end{array}\right\}$ Par produit, $\lim\limits_{n\to+\infty} u_n = +\infty$.

12. $\left.\begin{array}{l}\lim\limits_{n\to+\infty} 1-3^n = -\infty \text{ car } 3 > 1 \\ \lim\limits_{n\to+\infty} 2n^2 = +\infty \text{ et } \lim\limits_{n\to+\infty} n+1 = +\infty \\ \text{donc } \lim\limits_{n\to+\infty} 2n^2+n+1 = +\infty\end{array}\right\}$ Par produit, $\lim\limits_{n\to+\infty} u_n = -\infty$.

EXERCICE 5.3

1. $u_0 = \dfrac{1}{2^0} + 0 - 1 = 0$

Si $n \geq 1$ alors $2n \geq 2$ donc $2n - 1 \geq 1$. Comme $u_n \geq 2n - 1 > 0$. Donc $u_n \geq 0$.

2. $S_{n+1} - S_n = u_0 + u_1 + \ldots + u_{n+1} - (u_0 + u_1 + \ldots + u_n) = u_{n+1} \geq 0$

Ainsi, la suite $(S_n)_n$ est croissante.

3. $S_n = \displaystyle\sum_{k=0}^{n}\left(\frac{1}{2^k} + 2k - 1\right) = \sum_{k=0}^{n}\frac{1}{2^k} + \sum_{k=0}^{n}2k - \sum_{k=0}^{n}1 = \frac{1-\left(\frac{1}{2}\right)^{n+1}}{1-\frac{1}{2}} + 2\left(\sum_{k=0}^{n}k\right) - (n+1)$

$$= \frac{1-\left(\frac{1}{2}\right)^{n+1}}{\frac{1}{2}} - 2\times\frac{n(n+1)}{2} - (n+1) = 2\left[1-\left(\frac{1}{2}\right)^{n+1}\right] - n(n+1) - (n+1)$$

$$= 2\left[1-\left(\frac{1}{2}\right)^{n+1}\right] - n^2 - 2n - 1$$

Corrigés

$-1<\dfrac{1}{2}<1$ donc $\lim\limits_{n\to+\infty}\left(\dfrac{1}{2}\right)^{n+1}=0$ donc $\lim\limits_{n\to+\infty}2\left(1-\left(\dfrac{1}{2}\right)^{n+1}\right)=2$

$\lim\limits_{n\to+\infty}-n^2=-\infty$ et $\lim\limits_{n\to+\infty}-2n-1=-\infty$.

Par somme, $\lim\limits_{n\to+\infty}S_n=-\infty$.

6 COMMENT DÉTERMINER LA LIMITE DANS LE CAS D'UNE FORME INDÉTERMINÉE ?

Exercice 6.1

1. $u_n=6n^3\left(1-\dfrac{2n^2}{6n^3}+\dfrac{3n}{6n^3}-\dfrac{1}{6n^3}\right)=6n^3\left(1-\dfrac{1}{3n}+\dfrac{1}{2n^2}-\dfrac{1}{6n^3}\right)$

$\lim\limits_{n\to+\infty}\dfrac{1}{3n}=\lim\limits_{n\to+\infty}\dfrac{1}{2n^2}=\lim\limits_{n\to+\infty}\dfrac{1}{6n^3}=0$. Par somme, $\lim\limits_{n\to+\infty}1-\dfrac{1}{3n}+\dfrac{1}{2n^2}-\dfrac{1}{6n^3}=1$.

$\lim\limits_{n\to+\infty}6n^3=+\infty$. Par produit, $\lim\limits_{n\to+\infty}u_n=+\infty$.

2. $u_n=\dfrac{n^3\left(1-\dfrac{n^2}{n^3}+\dfrac{1}{n^3}\right)}{n^2\times1}=n\left(1-\dfrac{1}{n}+\dfrac{1}{n^3}\right)$. $\lim\limits_{n\to+\infty}\dfrac{1}{n}=\lim\limits_{n\to+\infty}\dfrac{1}{n^3}=0$.

Par somme, $\lim\limits_{n\to+\infty}1-\dfrac{1}{n}+\dfrac{1}{n^3}=1$. Comme $\lim\limits_{n\to+\infty}n=+\infty$, par produit $\lim\limits_{n\to+\infty}u_n=+\infty$.

3. $u_n=\dfrac{2n\left(1+\dfrac{1}{2n}\right)}{n^2\left(1-\dfrac{3}{n^2}\right)}=\dfrac{2\left(1+\dfrac{1}{2n}\right)}{n\left(1-\dfrac{3}{n^2}\right)}$. $\lim\limits_{n\to+\infty}\dfrac{1}{2n}=0$ donc $\lim\limits_{n\to+\infty}2\left(1+\dfrac{1}{2n}\right)=2$

$\lim\limits_{n\to+\infty}n=+\infty$ et $\lim\limits_{n\to+\infty}\dfrac{3}{n^2}=0$ donc $\lim\limits_{n\to+\infty}n\left(1-\dfrac{3}{n^2}\right)=+\infty$. Par quotient, $\lim\limits_{n\to+\infty}u_n=0$.

4. $u_n=3^n\times\dfrac{-n^2\times1}{2n^2\left(1+\dfrac{3}{2n^2}\right)}=3^n\times\dfrac{-1}{2\left(1+\dfrac{3}{2n^2}\right)}$, $3>1$ donc $\lim\limits_{n\to+\infty}3^n=+\infty$

$\lim\limits_{n\to+\infty}\dfrac{3}{2n^2}=0$ donc $\lim\limits_{n\to+\infty}2\left(1+\dfrac{3}{2n^2}\right)=2$. Produit et quotient, $\lim\limits_{n\to+\infty}u_n=-\infty$.

5. $u_n=2^n+n^3\left(1-\dfrac{n^2}{n^3}+\dfrac{3n}{n^3}+\dfrac{1}{n^3}\right)=2^n+n^3\left(1-\dfrac{1}{n^2}+\dfrac{3}{n^2}+\dfrac{1}{n^3}\right)$

D'une part, $2>1$ donc $\lim\limits_{n\to+\infty}2^n=+\infty$.

D'autre part, $\lim\limits_{n\to+\infty}\dfrac{1}{n}=\lim\limits_{n\to+\infty}\dfrac{3}{n^2}=\lim\limits_{n\to+\infty}\dfrac{1}{n^3}=0$. Par somme, $\lim\limits_{n\to+\infty}1-\dfrac{1}{n}+\dfrac{3}{n^2}+\dfrac{1}{n^3}=1$.

$\lim\limits_{n\to+\infty}n^3=+\infty$. Par produit, $\lim\limits_{n\to+\infty}n^3\left(1-\dfrac{1}{n}+\dfrac{3}{n^2}+\dfrac{1}{n^3}\right)=+\infty$.

Par somme, $\lim\limits_{n\to+\infty}u_n=+\infty$.

6. $u_n = 3^n\left(1-\dfrac{2^n}{3^n}\right) = 3^n\left[1-\left(\dfrac{2}{3}\right)^n\right].$

Or $-1<\dfrac{2}{3}<1$ donc $\lim\limits_{n\to+\infty}\left(\dfrac{2}{3}\right)^n = 0$ d'où $\lim\limits_{n\to+\infty} 1-\left(\dfrac{2}{3}\right)^n = 1.$

$3 > 1$ donc $\lim\limits_{n\to+\infty} 3^n = +\infty$. Par produit, $\lim\limits_{n\to+\infty} u_n = +\infty$.

7. $u_n = 0{,}5^n \times \dfrac{n^2\times 1}{2n^3\left(1+\dfrac{1}{2n^3}\right)} = 0{,}5^n \times \dfrac{1}{2n\left(1+\dfrac{1}{2n^3}\right)}.$

D'une part, $-1 < 0{,}5 < 1$ donc $\lim\limits_{n\to+\infty} 0{,}5^n = 0$.

D'autre part, $\lim\limits_{n\to+\infty} 1+\dfrac{1}{2n^3} = 1$ et $\lim\limits_{n\to+\infty} 2n = +\infty$. Par produit, $\lim\limits_{n\to+\infty} 2n\left(1+\dfrac{1}{2n^3}\right) = +\infty$.

Par quotient, $\lim\limits_{n\to+\infty} u_n = 0$.

8. $u_n = \sqrt{2n+3}-\sqrt{2n} = \dfrac{\left(\sqrt{2n+3}-\sqrt{2n}\right)\left(\sqrt{2n+3}+\sqrt{2n}\right)}{\sqrt{2n+3}+\sqrt{2n}} = \dfrac{\left(\sqrt{2n+3}\right)^2-\left(\sqrt{2n}\right)^2}{\sqrt{2n+3}+\sqrt{2n}}$

$= \dfrac{2n+3-2n}{\sqrt{2n+3}+\sqrt{2n}} = \dfrac{3}{\sqrt{2n+3}+\sqrt{2n}}$

$\lim\limits_{n\to+\infty}\sqrt{2n+3} = \lim\limits_{n\to+\infty}\sqrt{2n} = +\infty$ donc $\lim\limits_{n\to+\infty}\sqrt{2n+3}+\sqrt{2n} = +\infty$.

Par quotient $\lim\limits_{n\to+\infty} u_n = 0$.

9. $u_n = \sqrt{2}\times\sqrt{n}-\sqrt{n} = \sqrt{n}\left(\sqrt{2}-1\right).$

Or $\sqrt{2}-1>0$ et $\lim\limits_{n\to+\infty}\sqrt{n} = +\infty$, d'où $\lim\limits_{n\to+\infty} u_n = +\infty$.

10. $u_n = 5^n\left(1-\dfrac{3^n}{5^n}\right)+n^3 = 5^n\left[1-\left(\dfrac{3}{5}\right)^n\right]+n^3.$

D'une part, $-1<\dfrac{3}{5}<1$ donc $\lim\limits_{n\to+\infty} 1-\left(\dfrac{3}{5}\right)^n = 1.$

$5 > 1$ donc $\lim\limits_{n\to+\infty} 5^n = +\infty$. Par produit, $\lim\limits_{n\to+\infty} 5^n\left[1-\left(\dfrac{3}{5}\right)^n\right] = +\infty$.

D'autre part, $\lim\limits_{n\to+\infty} n^3 = +\infty$. Par somme, $\lim\limits_{n\to+\infty} u_n = +\infty$.

Exercice 6.2

Partie A

1. $u_1 = f(u_0) = \dfrac{5u_0-9}{u_0-1} = 4$ et $u_2 = f(u_1) = \dfrac{5u_1-9}{u_1-1} = \dfrac{11}{3}$

2. Je peux conjecturer que la suite est décroissante et converge vers 3.

Partie B

1. $v_{n+1}-v_n=\dfrac{1}{u_{n+1}-3}-\dfrac{1}{u_n-3}=\dfrac{1}{\dfrac{5u_n-9}{u_n-1}-3}-\dfrac{1}{u_n-3}=\dfrac{u_n-1}{2u_n-6}-\dfrac{1}{u_n-3}=\dfrac{u_n-3}{2(u_n-3)}=\dfrac{1}{2}$

Ainsi la suite v est arithmétique de raison $\dfrac{1}{2}$ et de premier terme :

$$v_0=\frac{1}{u_0-3}=\frac{1}{5-3}=\frac{1}{2}$$

2. On a donc $v_n=v_0+nr=\dfrac{1}{2}+n\times\dfrac{1}{2}=\dfrac{n+1}{2}$.

$v_n=\dfrac{1}{u_n-3}$ donc $u_n-3=\dfrac{1}{v_n}$ $\left(v_n\neq 0 \text{ car } v_n=\dfrac{n+1}{2}\right)$

D'où $u_n=\dfrac{1}{v_n}+3=\dfrac{1}{\dfrac{1+n}{2}}+3=\dfrac{2}{n+1}+3=\dfrac{3n+5}{n+1}$

3. $u_{n+1}-u_n=\dfrac{3(n+1)+5}{n+1+1}-\dfrac{3n+5}{n+1}=\dfrac{(3n+8)(n+1)-(3n+5)(n+2)}{(n+1)(n+2)}=\dfrac{-2}{(n+1)(n+2)}<0$

Ainsi la suite u est décroissante.

4. $u_n=\dfrac{3n\left(1+\dfrac{5}{3n}\right)}{n\left(1+\dfrac{1}{n}\right)}=3\times\dfrac{1+\dfrac{5}{3n}}{1+\dfrac{1}{n}}$

$\lim\limits_{n\to+\infty} 1+\dfrac{5}{3n}=1$ et $\lim\limits_{n\to+\infty} 1+\dfrac{1}{n}=1$. Par produit et quotient, $\lim\limits_{n\to+\infty} u_n=3$.

7 COMMENT UTILISER LE THÉORÈME DE COMPARAISON ET LE THÉORÈME DES GENDARMES ?

Exercice 7.1

1. $(-1)^n$ vaut 1 si n est pair et -1 si n impair d'où $-1\leq(-1)^n\leq 1$, donc $2n^2-3n-1\leq a_n$.

Or $2n^2-3n-1=2n^2\left(1-\dfrac{3n}{2n^2}-\dfrac{1}{2n^2}\right)=2n^2\left(1-\dfrac{3}{2n}-\dfrac{1}{2n^2}\right)$

$$\left.\begin{array}{l}\lim\limits_{n\to+\infty} 1-\dfrac{3}{2n}-\dfrac{1}{2n^2}=1\\ \lim\limits_{n\to+\infty} 2n^2=+\infty\end{array}\right\}\text{Par produit, } \lim_{n\to+\infty} 2n^2-3n-1=+\infty.$$

Par comparaison, $\lim\limits_{n\to+\infty} a_n=+\infty$.

2. $-1\leq\cos(n)\leq 1$ d'où $\sqrt{n}-1\leq\cos(n)+\sqrt{n}\leq 1+\sqrt{n}$

$n>0$ donc $\dfrac{\sqrt{n}-1}{n}\leq b_n\leq\dfrac{\sqrt{n}+1}{n}$

Or $\dfrac{\sqrt{n}-1}{n}=\dfrac{\sqrt{n}\left(1-\dfrac{1}{\sqrt{n}}\right)}{(\sqrt{n})^2}=\dfrac{\left(1-\dfrac{1}{\sqrt{n}}\right)}{\sqrt{n}}$

$\lim\limits_{n\to+\infty}\sqrt{n}=+\infty$ donc $\lim\limits_{n\to+\infty}1-\dfrac{1}{\sqrt{n}}=1$. D'où $\lim\limits_{n\to+\infty}\dfrac{\sqrt{n}-1}{n}=0$.

De même, $\dfrac{\sqrt{n}+1}{n}=\dfrac{\sqrt{n}\left(1+\dfrac{1}{\sqrt{n}}\right)}{(\sqrt{n})^2}=\dfrac{\left(1+\dfrac{1}{\sqrt{n}}\right)}{\sqrt{n}}$

$\lim\limits_{n\to+\infty}\sqrt{n}=+\infty$ donc $\lim\limits_{n\to+\infty}1+\dfrac{1}{\sqrt{n}}=1$. D'où $\lim\limits_{n\to+\infty}\dfrac{\sqrt{n}+1}{n}=0$.

Par le théorème des gendarmes, $\lim\limits_{n\to+\infty}b_n=0$.

3. $-1\leq\sin(n)\leq 1$ donc $n-1\leq n+\sin(n)\leq n+1$. $2n^2>0$ donc $\dfrac{n-1}{2n^2}\leq d_n\leq\dfrac{n+1}{2n^2}$

$\dfrac{n-1}{2n^2}=\dfrac{n\left(1-\dfrac{1}{n}\right)}{n\times 2n}=\dfrac{1-\dfrac{1}{n}}{2n}$ $\qquad \left.\begin{array}{l}\lim\limits_{n\to+\infty}1-\dfrac{1}{n}=1\\ \lim\limits_{n\to+\infty}2n=+\infty\end{array}\right\}$ Par quotient $\lim\limits_{n\to+\infty}\dfrac{n-1}{2n^2}=0$

De même, $\dfrac{n+1}{2n^2}=\dfrac{n\left(1+\dfrac{1}{n}\right)}{n\times 2n}=\dfrac{1+\dfrac{1}{n}}{2n}$ $\qquad \left.\begin{array}{l}\lim\limits_{n\to+\infty}1+\dfrac{1}{n}=1\\ \lim\limits_{n\to+\infty}2n=+\infty\end{array}\right\}$ Par quotient $\lim\limits_{n\to+\infty}\dfrac{n+1}{2n^2}=0$

Par le théorème des gendarmes, $\lim\limits_{n\to+\infty}d_n=0$.

4. $1\leq k\leq n$ d'où $1\leq 1+n^2\leq k+n^2\leq n+n^2$.

La fonction inverse est décroissante sur $]\,0\,;+\infty\,[$ d'où $\dfrac{1}{1+n^2}\geq\dfrac{1}{n^2+k}\geq\dfrac{1}{n^2+n}$.

$n\geq 0$ donc $\dfrac{n}{1+n^2}\geq\dfrac{n}{n^2+k}\geq\dfrac{n}{n^2+n}$.

Cette inégalité étant vraie pour tout k entre 1 et n, on peut additionner termes à termes.

$\sum\limits_{k=1}^{n}\dfrac{n}{n^2+n}\leq d_n\leq\sum\limits_{k=1}^{n}\dfrac{n}{n^2+1}$ donc $\dfrac{n}{n^2+n}\left(\sum\limits_{k=1}^{n}1\right)\leq d_n\leq\dfrac{n}{n^2+1}\left(\sum\limits_{k=1}^{n}1\right)$

$\dfrac{n}{n^2+n}\times n\leq d_n\leq\dfrac{n}{n^2+1}\times n$ ainsi $\dfrac{n^2}{n^2+n}\leq d_n\leq\dfrac{n^2}{n^2+1}$

D'une part, $\dfrac{n^2}{n^2+n}=\dfrac{n^2}{n^2\left(1+\dfrac{1}{n}\right)}=\dfrac{1}{1+\dfrac{1}{n}}$. $\lim\limits_{n\to+\infty}1+\dfrac{1}{n}=1$ d'où $\lim\limits_{n\to+\infty}\dfrac{n^2}{n^2+n}=1$.

D'autre part, $\dfrac{n^2}{n^2+1}=\dfrac{n^2}{n^2\left(1+\dfrac{1}{n^2}\right)}=\dfrac{1}{1+\dfrac{1}{n^2}}$. $\lim\limits_{n\to+\infty}1+\dfrac{1}{n^2}=1$ d'où $\lim\limits_{n\to+\infty}\dfrac{n^2}{n^2+1}=1$.

Par le théorème des gendarmes, $\lim\limits_{n\to+\infty} d_n = 1$.

5. $-1 \leq \sin(n) \leq 1$ et $(-1)^n$ vaut 1 ou -1 d'où $-1 \leq (-1)^n\sin(n) \leq 1$.

n ≥ 3 donc $n-2>0$: $\dfrac{-1}{n-2} \leq e_n \leq \dfrac{1}{n-2}$

$\lim\limits_{n\to+\infty} n-2 = +\infty$ ainsi $\lim\limits_{n\to+\infty} \dfrac{-1}{n-2} = \lim\limits_{n\to+\infty} \dfrac{1}{n-2} = 0$.

Par le théorème des gendarmes, $\lim\limits_{n\to+\infty} e_n = 0$.

Exercice 7.2

1. $u_1 = \dfrac{1}{3}u_0 + 0 - 2 = -\dfrac{5}{3}$, $u_2 = \dfrac{1}{3}u_1 + 1 - 2 = -\dfrac{14}{9}$ et $u_3 = \dfrac{1}{3}u_2 + 2 - 2 = -\dfrac{14}{27}$

2. **a.** Soit $P(n)$: « $0 \leq u_n$ » pour $n \geq 4$.

Initialisation : $n = 4$, on a alors $u_4 = \dfrac{1}{3}u_3 + 3 - 2 = \dfrac{67}{81} \geq 0$ donc $P(4)$ est vraie.

Hérédité : supposons $P(n)$ vraie c'est-à-dire $0 \leq u_n$.

$u_{n+1} = \underbrace{\dfrac{1}{3}u_n}_{\geq 0} + \underbrace{n-2}_{>0} \geq 0$ car $n \geq 4$ ainsi $P(n+1)$ est vraie.

Par principe de récurrence, $P(n)$ est vraie pour tout n.

b. $u_{n+1} = \underbrace{\dfrac{1}{3}u_n}_{\geq 0} + n - 2 \geq n-2$ pour $n \geq 4$. En décalant les indices on obtient $u_n \geq n-1-2$

pour n-1 ≥ 4, c'est-à-dire $u_n \geq n-3$ pour $n \geq 5$.

c. $\lim\limits_{n\to+\infty} n-3 = +\infty$. Par comparaison, $\lim\limits_{n\to+\infty} u_n = +\infty$.

Exercice 7.3

1. f est dérivable sur [0 ; 8] et $f'(x) = 1{,}4 - 0{,}05 \times 2x = 1{,}4 - 0{,}1x$

$1{,}4 - 0{,}1x = 0$ donne $x = 14$. Donc $f'(x) > 0$ su [0 ; 8] d'où f croissante sur [0 ; 8].

2. **a.** Soit $P(n)$: « $2 \leq u_n \leq u_{n+1} \leq 8$ » pour tout entier n.

Initialisation : $n = 0$, on a alors $u_0 = 2$ et $u_1 = f(u_0) = 2{,}6$ donc $P(0)$ est vraie.

Hérédité : supposons $P(n)$ vraie c'est-à-dire $2 \leq u_n \leq u_{n+1} \leq 8$.

f est croissante sur [0 ; 8] donc $f(2) \leq f(u_n) \leq f(u_{n+1}) \leq f(8)$,

c'est-à-dire $2 \leq 2{,}6 \leq u_{n+1} \leq u_{n+2} \leq 8$ ainsi $P(n+1)$ est vraie.

Par principe de récurrence, $P(n)$ est vraie pour tout n.

b. La suite u est donc croissante et bornée, donc convergente vers un réel l tel que $2 \leq l \leq 8$.

3. **a.** $-0{,}05(x-20)(x-8) = -0{,}05(x^2 - 8x - 20x + 160) = -0{,}05x^2 + 1{,}4x - 8 = f(x) - 8$.

b. $u_{n+1} = f(u_n)$, remplaçons x par u_n : $f(u_n) - 8 = -0{,}05(u_n - 20)(u_n - 8)$

donc $u_{n+1} - 8 = -0{,}05(u_n - 20)(u_n - 8)$ autrement dit $8 - u_{n+1} = -0{,}05(u_n - 20)(8 - u_n)$.

Or $2 \leq u_n \leq 8$ d'où $-18 \leq u_n - 20 \leq -12$ et donc $0{,}6 \leq -0{,}05(u_n - 20) \leq 0{,}9$.

En ne gardant que la première inégalité et en multipliant par $8 - u_n$ qui est positif on a $-0{,}05(u_n - 20)(8 - u_n) \leq 0{,}9(8 - u_n)$ c'est-à-dire $8 - u_{n+1} \leq 0{,}9(8 - u_n)$.

c. Soit $P(n)$: « $8 - u_n \leq 6 \times 0{,}9^n$ » pour tout entier n.

Initialisation : $n = 0$, on a alors $8 - u_0 = 6$ et $6 \times 0{,}9^0 = 6$ donc $P(0)$ est vraie.

Hérédité : supposons $P(n)$ vraie c'est-à-dire $8 - u_n \leq 6 \times 0{,}9^n$.

D'où $0{,}9(8 - u_n) \leq 0{,}9 \times 6 \times 0{,}9^n$. Or $8 - u_{n+1} \leq 0{,}9(8 - u_n)$ donc $8 - u_{n+1} \leq 6 \times 0{,}9^{n+1}$ ainsi $P(n+1)$ est vraie.

Par principe de récurrence, $P(n)$ est vraie pour tout n.

d. On a donc $0 \leq 8 - u_n \leq 6 \times 0{,}9^n$. Or $-1 < 0{,}9 < 1$ donc $\lim\limits_{n \to +\infty} 6 \times 0{,}9^n = 0$.

Par le théorème des gendarmes, $\lim\limits_{n \to +\infty} 8 - v_n = 0$.

Or $v_n = 8 - (8 - v_n)$. Par somme, $\lim\limits_{n \to +\infty} v_n = 8$.

8 QUELS ALGORITHMES AVEC LES SUITES ?

EXERCICE 8.1

1. Variables
n un entier donné en entrée
u un réel
Début
u prend la valeur $\dfrac{3^n}{n!}$
afficher *u*
Fin

2. Variables
n un entier donné en entrée
v un réel, *k* entier
Début
v prend la valeur –2
Pour *k* de 1 à *n* faire
    v prend la valeur $-0{,}5 \times v^2 + 4v - 1$
Fin pour
afficher *v*
Fin

3. Variables
n un entier donné en entrée
a, *b* et *c* trois réels
Début
a prend la valeur 1
b prend la valeur 1
Pour *k* de 2 à *n* faire
    c prend la valeur *a* + *b*
    a prend la valeur *b*
    b prend la valeur *c*
Fin pour

afficher c
Fin

Exercice 8.2

1. Calculons u_1 : $\frac{1}{2}u_0 + 0 - 1 = -\frac{1}{2}$.

Commençons à faire tourner l'algorithme à la main en consignant les résultats dans un tableau des variables.

	u	n	$u < 1000$
1re étape	/	0	
2e étape	1	0	
3e étape	1	1	oui
4e étape	0,5	1	

On remarque alors que le calcul de u_1 est erroné. Cela parce que la valeur du rang a déjà été modifié avant de calculer u. Il suffit donc d'inverser les deux instructions dans la boucle :

Variables
n un entier
u un réel
Début
n prend la valeur 0
u prend la valeur 1
Tant que $u < 1000$ faire
    u prend la valeur $\frac{1}{2}u + n - 1$
    n prend la valeur $n + 1$
Fin tant que
afficher *n*
Fin

2. Variables
M un réel donné en entrée
u, *n* deux réels
Début
n prend la valeur 0
u prend la valeur 1
Tant que $u < M$ faire
    u prend la valeur $\frac{1}{2}u + n - 1$
    n prend la valeur $n + 1$
Fin tant que
afficher *n*
Fin

Exercice 8.3

Variables

n un entier donnée en entrée

u, v, k, a quatre réels

Début

u prend la valeur 0

v prend la valeur 2

Pour k de 1 à n faire

  a prend la valeur u

  u prend la valeur $\frac{1}{2}u+v$

  v prend la valeur $2v-a$

Fin pour

afficher u, v

Fin

Il est nécessaire de stocker au moins l'une des données u_n (ou v_n) avant de calculer le terme suivant car alors la valeur de u_n est perdue pour le calcul de v_{n+1}.

9 COMMENT ÉTUDIER LA DÉRIVABILITÉ D'UNE FONCTION EN UN POINT ?

Exercice 9.1

1. $t(h)=\dfrac{f(1+h)-f(1)}{h}=\dfrac{4(1+h)^2-(1+h)+3-(4-1+3)}{h}=\dfrac{7h+4h^2}{h}=7+4h$

$\lim\limits_{h\to0}t(h)=7$. Donc f est dérivable en 1 et $f'(1) = 7$.

2. $t(h)=\dfrac{g(2+h)-g(2)}{h}=\dfrac{\dfrac{1}{2(2+h)+1}-\dfrac{1}{5}}{h}=\dfrac{\dfrac{1}{5+2h}-\dfrac{1}{5}}{h}=\dfrac{\dfrac{5-(5+2h)}{5(5+2h)}}{h}$

$=\dfrac{-2h}{5h(5+2h)}=\dfrac{-2}{5(5+2h)}$

$\lim\limits_{h\to0}t(h)=-\dfrac{2}{25}$ Donc g est dérivable en 2 et $g'(2)=-\dfrac{2}{25}$.

3. $t(h)=\dfrac{u(0+h)-u(0)}{h}=\dfrac{\dfrac{1}{(0+h)^2+1}-\dfrac{1}{1}}{h}=\dfrac{\dfrac{1}{1+h^2}-1}{h}=\dfrac{\dfrac{1-(1+h^2)}{1+h^2}}{h}=\dfrac{-h^2}{h(1+h^2)}=\dfrac{-h}{1+h^2}$

$\left.\begin{array}{l}\lim\limits_{h\to0}-h=0\\ \lim\limits_{h\to0}1+h^2=1\end{array}\right\}$ Par quotient, $\lim\limits_{h\to0}t(h)=0$

Donc u est dérivable en 0 et $u'(0) = 0$.

4. v est définie sur $]-\infty;1]$ car il faut $1 - x$ positif. Donc $t(h)$ n'existe que pour des valeurs de h strictement négatives.

$$t(h)=\frac{\sqrt{1-(1+h)}-\sqrt{1-1}}{h}=\frac{\sqrt{-h}}{\left(\sqrt{-h}\right)^2}=\frac{1}{\sqrt{-h}} \quad \text{car } h<0$$

$\lim\limits_{h\to 0}\sqrt{-h}=0^+$. Par quotient, $\lim\limits_{h\to 0}t(h)=+\infty$

Donc v n'est pas dérivable en 1.

EXERCICE 9.2

1. **a.** $$t(h)=\frac{f(0+h)-f(0)}{h}=\frac{\sqrt{(0+h)(2-h)}-0}{h}=\frac{\sqrt{h(2-h)}}{\left(\sqrt{h}\right)^2}=\frac{\sqrt{2-h}}{\sqrt{h}}$$

$$\left.\begin{array}{l}\lim\limits_{h\to 0}\sqrt{2-h}=\sqrt{2}\\ \lim\limits_{h\to 0}\sqrt{h}=0^+\end{array}\right\}\text{Par quotient, } \lim\limits_{h\to 0}t(h)=+\infty$$

Donc f n'est pas dérivable en 0.

b. f est définie sur $[0 ; 2]$ donc le taux en 2 n'est définie que pour des valeurs de h strictement négatives.

$$t(h)=\frac{f(2+h)-f(2)}{h}=\frac{\sqrt{(2+h)(2-2-h)}-\sqrt{2(2-2)}}{h}=\frac{\sqrt{-h(2+h)}}{\left(\sqrt{-h}\right)^2}=\frac{\sqrt{2+h}}{\sqrt{-h}} \text{ car } h<0$$

$$\left.\begin{array}{l}\lim\limits_{h\to 0}\sqrt{2+h}=\sqrt{2}\\ \lim\limits_{h\to 0}\sqrt{-h}=0^+\end{array}\right\}\text{Par quotient, } \lim\limits_{h\to 0}t(h)=+\infty$$

Donc f n'est pas dérivable en 2.

2. **a.** g est définie sur $[0 ; 2]$ donc le taux en 0 n'est définie que pour des valeurs de h strictement positives.

$$t(h)=\frac{g(0+h)-g(0)}{h}=\frac{h\sqrt{(0+h)(2-h)}-0}{h}=\sqrt{h(2-h)}$$

Par quotient, $\lim\limits_{h\to 0}t(h)=0$

Ainsi g est dérivable en 0 et $g'(0) = 0$.

b. g est définie sur $[0 ; 2]$ donc le taux en 2 n'est définie que pour des valeurs de h strictement négatives.

$$t(h)=\frac{(2+h)\sqrt{(2+h)(2-2-h)}-2\sqrt{2(2-2)}}{h}=\frac{(2+h)\sqrt{-h(2+h)}}{\left(\sqrt{-h}\right)^2}=\frac{(2+h)\sqrt{2+h}}{\sqrt{-h}}$$

car $h<0$

$$\left.\begin{array}{l}\lim\limits_{h\to 0}(2+h)\sqrt{2+h}=2\sqrt{2}\\ \lim\limits_{h\to 0}\sqrt{-h}=0^+\end{array}\right\}\text{Par quotient, } \lim\limits_{h\to 0}t(h)=+\infty$$

Donc g n'est pas dérivable en 2.

3. u est définie sur]0 ; 2] donc le taux en 2 n'est définie que pour des valeurs de h strictement négatives.

$$t(h)=\frac{\frac{\sqrt{(2+h)(2-2-h)}}{(2+h)}-0}{h}=\frac{\sqrt{-h(2+h)}}{(2+h)\left(\sqrt{-h}\right)^2}=\frac{\sqrt{2+h}}{(2+h)\sqrt{-h}} \text{car } h<0$$

$$\left.\begin{array}{l}\lim\limits_{h\to 0}\sqrt{2+h}=\sqrt{2}\\ \lim\limits_{h\to 0}(2+h)\sqrt{-h}=0^+\end{array}\right\}\text{Par quotient, } \lim_{h\to 0}t(h)=+\infty$$

Donc u n'est pas dérivable en 2.

10 COMMENT APPLIQUER LES FORMULES DE DÉRIVATION SUR LES OPÉRATIONS DE FONCTIONS ?

Exercice 10.1

1. a est définie et dérivable sur $\mathbb{R}$ et $a'(x)=4\times 3x^2-3\times 2x-1=12x^2-6x-1$.
2. b est définie sur $[0;+\infty[$ et dérivable sur $]0;+\infty[$.

$$f'(x)=\frac{1}{2\sqrt{x}}(3x-1)+(\sqrt{x}+2)\times 3=\frac{3x}{2\sqrt{x}}-\frac{1}{2\sqrt{x}}+3\sqrt{x}+6=\frac{9}{2}\sqrt{x}-\frac{1}{2\sqrt{x}}+6$$

3. Pour déterminer l'ensemble de définition de c il faut résoudre l'équation $x^2+x+1=0$: $\Delta=1^2-4\times 1\times 1=-3<0$. L'équation n'admet pas de solutions ainsi c est définie et dérivable sur $\mathbb{R}$.

$$c'(x)=\frac{2x(x^2+x+1)-(x^2-2)(2x+1)}{(x^2+x+1)^2}=\frac{x^2+6x+2}{(x^2+x+1)^2}$$

4. Pour déterminer l'ensemble de définition de d il faut résoudre l'équation $x^2-x-2=0$: $\Delta=(-1)^2-4\times 1\times(-2)=9$. On a $x_1=\frac{1-3}{2}=-1$ et $x_2=\frac{1+3}{2}=2$.
d est définie et dérivable sur $\mathbb{R}\setminus\{-1;2\}$.

$$d'(x)=-\frac{2x-1}{(x^2-x-2)^2}=\frac{1-2x}{(x^2-x-2)^2}$$

Exercice 10.2

1. $f(x)$ existe si $3-x\neq 0$ c'est-à-dire $x\neq 3$. $D_f=\mathbb{R}\setminus\{3\}$.
2. **a.** f est dérivable sur $\mathbb{R}\setminus\{3\}$ et $f'(x)=\frac{2(3-x)-(2x+1)(-1)}{(3-x)^2}=\frac{7}{(3-x)^2}$

   b. On a donc $f'(x)>0$ pour $x\neq 3$ donc f est croissante sur $\mathbb{R}\setminus\{3\}$.
3. **a.** L'équation est $y=f'(1)(x-1)+f(1)=\frac{7}{(3-1)^2}(x-1)+\frac{3}{2}=\frac{7}{4}x-\frac{1}{4}$

   b. $f(x)-\left(\frac{7}{4}x-\frac{1}{4}\right)=\frac{4(2x+1)-(7x-1)(3-x)}{4(3-x)}=\frac{7(x-1)^2}{4(3-x)}$

Ainsi le signe de $f(x)-\left(\frac{7}{4}x-\frac{1}{4}\right)$ est le même que celui de $3-x$.

Si $x>3$ alors $f(x)-\left(\frac{7}{4}x-\frac{1}{4}\right)<0$: C_f est en-dessous de la tangente en 0.

Si $x<3$ alors $f(x)-\left(\frac{7}{4}x-\frac{1}{4}\right)>0$: C_f est au-dessus de la tangente en 0.

c.

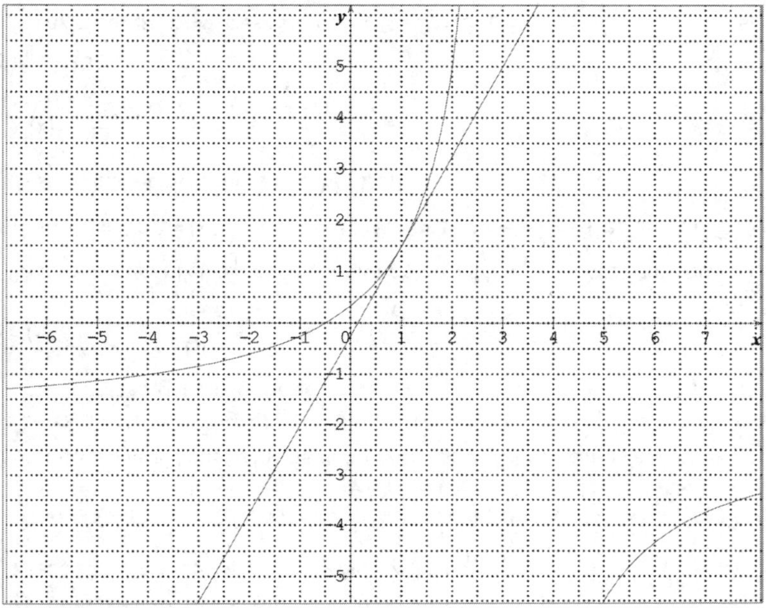

Exercice 10.3

1. Pour déterminer l'ensemble de définition de f, il faut résoudre l'équation $x^2-x-2=0$ $\Delta=(-1)^2-4\times1\times(-2)=9$. On a $x_1=\frac{1-3}{2}=-1$ et $x_2=\frac{1+3}{2}=2$.

f est définie sur $\mathbb{R}\setminus\{-1;2\}$.

2. **a.** f est dérivable sur $\mathbb{R}\setminus\{-1;2\}$.

$$f'(x)=\frac{3(x^2-x-2)-(3x+1)(2x-1)}{(x^2-x-2)^2}=\frac{-3x^2-2x-5}{(x^2-x-2)^2}$$

b. Le signe de $f'(x)$ est le même que celui de $-3x^2-2x-5$.

$\Delta=(-2)^2-4\times(-3)\times(-5)=-56<0$ d'où :

x	$-\infty$		-1		2		$+\infty$
$f'(x)$		$-$	‖	$-$	‖	$-$	
$f(x)$		↘	‖	↘	‖	↘	

Exercice 11.1

1. $f(x)$ existe si $x^2-3x+2\geq 0$. $\Delta=(-3)^2-4\times1\times2=1>0$

$x_1=\frac{3-1}{2}=1$ et $x_1=\frac{3+1}{2}=2$. D'où le tableau de signes :

x	$-\infty$		1		2		$+\infty$
x^2-3x+2		+	0	−	0	+	

Ainsi $D_f=]-\infty;1]\cup[2;+\infty[$ et f est dérivable sur $]-\infty;1[\cup]2;+\infty[$.

$f'(x)=\frac{2x-3}{2\sqrt{x^2-3x+2}}$

2. $g(x)$ existe si $(2x+1)^3\neq 0$ d'où $x\neq-\frac{1}{2}$. g est définie et dérivable sur $\mathbb{R}\setminus\left\{-\frac{1}{2}\right\}$

$g'(x)=-\frac{3\times2}{(2x+1)^4}=-\frac{6}{(2x+1)^4}$

3. h est définie et dérivable sur $\mathbb{R}$.

$h'(x)=4(-\sin x-\cos x)(\cos x-\sin x)^3=-4(\sin x+\cos x)(\cos x-\sin x)^3$

4. $i(x)$ existe si $\sin x+1\geq 0\Leftrightarrow \sin x\geq -1$ ce qui est toujours vrai. Par contre, i est dérivable si $i(x)>0$ c'est-à-dire $\sin(x)>-1$. Or $\sin(x)=-1$ pour tout réel x de la forme $-\frac{\pi}{2}+2k\pi,k\in\mathbb{Z}$. Ainsi i est dérivable sur $\mathbb{R}\setminus\left\{-\frac{\pi}{2}+2k\pi,k\in\mathbb{Z}\right\}$.

$i'(x)=\frac{\cos(x)}{2\sqrt{\sin(x)+1}}$

5. j est définie et dérivable sur $\mathbb{R}$.

$j'(x)=3(-\sin(x))\cos^2(x)-3\cos(x)\sin^2(x)=-3\sin(x)\cos(x)(\cos(x)+\sin(x))$

6. k est définie et dérivable sur $\mathbb{R}$, $k'(x)=3(-\sin(3x-1))=-3\sin(3x-1)$

Exercice 11.2

1. $f(x)$ existe si $x^3+3x^2-9x\geq 0$. Or $x^3+3x^2-9x=x(x^2+3x-9)$.

Étudions le signe de x^2+3x-9 : $\Delta=3^2+4\times9=45>0$.

$x_1=\frac{-3-3\sqrt{5}}{2}$ et $x_1=\frac{-3+3\sqrt{5}}{2}$

x	$-\infty$		x_1		0		x_2		$+\infty$
x		−		−	0	+		+	
x^2+3x-9		+	0	−		−	0	+	
x^3+3x^2-9x		−	0	+	0	−	0	+	

Ainsi f est définie sur $\left[\frac{-3-3\sqrt{5}}{2};0\right]\cup\left[\frac{-3+3\sqrt{5}}{2};+\infty\right[$.

2. **a.** f est dérivable si $x^3+3x^2-9x>0$

donc sur $\left]\dfrac{-3-3\sqrt{5}}{2};0\right[\cup\left]\dfrac{-3+3\sqrt{5}}{2};+\infty\right[$

et $f'(x)=\dfrac{3x^2+6x-9}{2\sqrt{x^3+3x^2-9x}}=\dfrac{3}{2}\times\dfrac{x^2+2x-3}{\sqrt{x^3+3x^2-9x}}$.

b. $f'(x)$ est du signe de x^2+2x-3 puisque les autres termes sont tous positifs.

Étude du signe de x^2+2x-3 : $\Delta=4+4\times3=16$.

$x'_1=\dfrac{-2-4}{2}=-3$ et $x'_2=\dfrac{-2+4}{2}=1$

x	x_1		-3		0		1		x_2		$+\infty$
x^2+2x-3		+	0	−		−	0	+		+	
$f'(x)$	||	+	0	−	||		non définie		||	+	

c.

x	x_1		-3		0		1		x_2		$+\infty$
$f(x)$	0	↗	$3\sqrt{3}$	↘	0		non définie		0	↗	

12 QUE DOIT-ON SAVOIR SUR LES FONCTIONS TRIGONOMÉTRIQUES ?

Exercice 12.1

Il ne faut surtout pas hésiter à tracer le cercle trigonométrique et à placer les points correspondants à l'équation.

1. $\sin(x)=-1$ est équivalent à $x=-\dfrac{\pi}{2}+2k\pi,\ k\in\mathbb{Z}$

2. $\cos(x)=\dfrac{1}{2}\Leftrightarrow x=\dfrac{\pi}{3}+2k\pi,k\in\mathbb{Z}$ ou $x=-\dfrac{\pi}{3}+2k\pi,k\in\mathbb{Z}$

3. $\sin(x)=\sin\left(\dfrac{\pi}{3}\right)\Leftrightarrow x=\dfrac{\pi}{3}+2k\pi,k\in\mathbb{Z}$ ou $x=\dfrac{2\pi}{3}+2k\pi,k\in\mathbb{Z}$

4. $\cos(x)=-\cos\left(\dfrac{\pi}{4}\right)=\cos\left(\dfrac{3\pi}{4}\right)\Leftrightarrow x=\dfrac{3\pi}{4}+2k\pi,k\in\mathbb{Z}$ ou $x=-\dfrac{3\pi}{4}+2k\pi,k\in\mathbb{Z}$

5. $\sin(x+\dfrac{\pi}{6})=1\Leftrightarrow x+\dfrac{\pi}{6}=\dfrac{\pi}{2}+2k\pi,k\in\mathbb{Z}\Leftrightarrow\ x=\dfrac{\pi}{3}+2k\pi,k\in\mathbb{Z}$

6. $\sin\left(3x-\dfrac{\pi}{2}\right)=\sin\left(\dfrac{3\pi}{4}\right)\Leftrightarrow 3x-\dfrac{\pi}{2}=\dfrac{3\pi}{4}+2k\pi,k\in\mathbb{Z}$ ou $3x-\dfrac{\pi}{2}=\pi-\dfrac{3\pi}{4}+2k\pi,k\in\mathbb{Z}$

   $\Leftrightarrow x=\dfrac{5\pi}{12}+\dfrac{2k\pi}{3},k\in\mathbb{Z}$ ou $x=\dfrac{3\pi}{12}+\dfrac{2k\pi}{3},k\in\mathbb{Z}$

7. $\cos(2x)=\dfrac{\sqrt{2}}{2}\Leftrightarrow 2x=\dfrac{\pi}{4}+2k\pi,k\in\mathbb{Z}$ ou $2x=-\dfrac{\pi}{4}+2k\pi,k\in\mathbb{Z}$

   $\Leftrightarrow x=\dfrac{\pi}{8}+k\pi,k\in\mathbb{Z}$ ou $x=-\dfrac{\pi}{8}+k\pi,k\in\mathbb{Z}$

8. $\cos\left(\dfrac{x}{2}+\dfrac{\pi}{3}\right)=-\cos\left(\dfrac{\pi}{6}\right)=\cos\left(\dfrac{5\pi}{6}\right)\Leftrightarrow \dfrac{x}{2}+\dfrac{\pi}{3}=\dfrac{5\pi}{6}+2k\pi, k\in\mathbb{Z}$ ou $\dfrac{x}{2}+\dfrac{\pi}{3}=-\dfrac{5\pi}{6}+2k\pi, k\in\mathbb{Z}$

$$\Leftrightarrow x=\pi+4k\pi, k\in\mathbb{Z} \text{ ou } x=-\frac{7\pi}{3}+4k\pi, k\in\mathbb{Z}$$

Exercice 12.2

1. $\cos(x)\geq\dfrac{1}{2}\Leftrightarrow x\in\left[-\dfrac{\pi}{3};\dfrac{\pi}{3}\right]$

2. $\sin(x)\leq 0\Leftrightarrow x\in[-\pi;0]$

3. $-\pi\leq x\leq\pi$ d'où $-\dfrac{7\pi}{4}\leq 2x+\dfrac{\pi}{4}\leq\dfrac{9\pi}{4}$.

Ainsi $\cos\left(2x+\dfrac{\pi}{4}\right)\geq 0$

si $-\dfrac{\pi}{2}\leq 2x+\dfrac{\pi}{4}\leq\dfrac{\pi}{2}$ ou $-\dfrac{7\pi}{4}\leq 2x+\dfrac{\pi}{4}\leq-\dfrac{6\pi}{4}$ ou $\dfrac{6\pi}{4}\leq 2x+\dfrac{\pi}{4}\leq\dfrac{9\pi}{4}$.

Ce qui donne $-\pi\leq x\leq-\dfrac{7\pi}{8}$ ou $-\dfrac{3\pi}{8}\leq x\leq\dfrac{\pi}{8}$ ou $\dfrac{5\pi}{8}\leq x\leq\pi$

Exercice 12.3

1. a. $\sqrt{2}\cos\left(x-\dfrac{\pi}{4}\right)=\sqrt{2}\left[\cos(x)\cos\left(\dfrac{\pi}{4}\right)+\sin(x)\sin\left(\dfrac{\pi}{4}\right)\right]$

$$=\sqrt{2}\left[\frac{\sqrt{2}}{2}\cos(x)+\frac{\sqrt{2}}{2}\sin(x)\right]=\cos(x)+\sin(x)$$

b. f est dérivable sur $[-\pi;\pi]$ et $f'(x)=3\cos^2(x)(-\sin(x))-3\sin^2(x)\cos(x)$

$$=-3\cos(x)\sin(x)(\cos(x)+\sin(x))$$

$$=-3\cos(x)\sin(x)\cos\left(x-\frac{\pi}{4}\right)$$

2. Si $x\in[-\pi;\pi]$ alors $x-\dfrac{\pi}{4}\in\left[-\dfrac{5\pi}{4};\dfrac{3\pi}{4}\right]$

donc $\cos\left(x-\dfrac{\pi}{4}\right)\geq 0\Leftrightarrow -\dfrac{\pi}{2}\leq x-\dfrac{\pi}{4}\leq\dfrac{\pi}{2}\Leftrightarrow -\dfrac{\pi}{4}\leq x\leq\dfrac{3\pi}{4}$

x	$-\pi$		$-\pi/2$		$-\pi/4$		0		$\pi/2$		$3\pi/4$		π
cos(x)		$-$	0	$+$		$+$		$+$	0	$-$		$-$	
sin(x)		$-$		$-$		$-$	0	$+$		$+$		$+$	
cos(x−π/4)		$-$		$-$	0	$+$		$+$		$+$	0	$-$	
f'(x)		$+$	0	$-$	0	$+$	0	$-$	0	$+$	0	$-$	
f(x)	-1	↗	1	↘	$\frac{\sqrt{2}}{2}$	↗	1	↘	-1	↗	$-\frac{\sqrt{2}}{2}$	↘	-1

3.

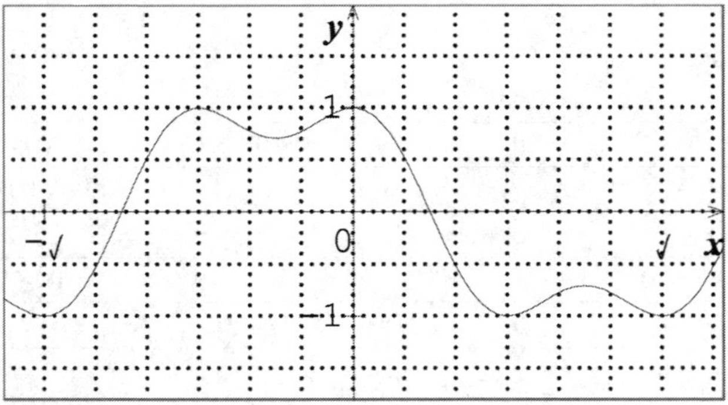

13 COMMENT ÉTUDIER LA PARITÉ D'UNE FONCTION ? LA PÉRIODICITÉ D'UNE FONCTION ?

Exercice 13.1

1. $f(x) = x$ est définie sur $\mathbb{R}$.

   Soit $x \in \mathbb{R}$ alors $-x \in \mathbb{R}$ et $f(-x) = -x = -f(x)$: f est impaire.

2. $f(x) = x^2 - 1$ est définie sur $\mathbb{R}$.

   Soit $x \in \mathbb{R}$ alors $-x \in \mathbb{R}$ et $f(-x) = (-x)^2 - 1 = x^2 - 1 = f(x)$: f est paire.

3. $f(x) = |x|$ est définie sur $\mathbb{R}$.

   Soit $x \in \mathbb{R}$ alors $-x \in \mathbb{R}$ et $f(-x) = |-x| = |x| = f(x)$: f est paire.

4. $f(x) = \dfrac{1}{x}$ est définie sur $\mathbb{R}^*$.

   Soit $x \in \mathbb{R}^*$ alors $-x \in \mathbb{R}^*$ et $f(-x) = \dfrac{1}{-x} = -\dfrac{1}{x} = -f(x)$: f est impaire.

5. $f(x) = |-2x - 1|$ est définie sur $\mathbb{R}$.

   Soit $x \in \mathbb{R}$ alors $-x \in \mathbb{R}$ et $f(-x) = |2x - 1|$: f n'est ni paire, ni impaire.

6. $f(x) = x^3 - 2x$ est définie sur $\mathbb{R}$.

   Soit $x \in \mathbb{R}$ alors $-x \in \mathbb{R}$ et $f(-x) = (-x)^3 - 2(-x) = -x^3 + 2x = -f(x)$: f est impaire.

Exercice 13.2

1. $f(x)$ existe si $\cos(x) + 2 \neq 0 \Leftrightarrow \cos(x) \neq -2$ ce qui est toujours vrai.

   Donc f est définie sur $\mathbb{R}$.

2. Soit $x \in \mathbb{R}$ alors $-x \in \mathbb{R}$ et $f(-x) = \dfrac{\cos(-x)}{\cos(-x)+2} = \dfrac{\cos(x)}{\cos(x)+2} = f(x)$.

   Donc f est paire.

3. $f(x+2\pi) = \dfrac{\cos(x+2\pi)}{\cos(x+2\pi)+2} = \dfrac{\cos(x)}{\cos(x)+2} = f(x)$. Ainsi f est 2π-périodique.

4. f est dérivable sur $[0;\pi]$.

   et $f'(x) = \dfrac{-\sin(x)(\cos(x)+2) - \cos(x) \times (-\sin(x))}{(\cos(x)+2)^2} = \dfrac{-2\sin(x)}{(\cos(x)+2)^2}$

   Or $x \in [0;\pi]$ donc $\sin(x) \geq 0$ ainsi $f'(x) \leq 0$: f est décroissante sur $[0;\pi]$.

5. f est 2π-périodique donc il suffit de l'étudier sur $[-\pi;\pi]$ puis de reproduire le motif par translation de $2\pi\vec{i}$ et $-2\pi\vec{i}$.

D'autre part, f est paire donc la courbe est symétrique par rapport à l'axe des ordonnées donc il suffit de la tracer sur $[0;\pi]$ puis de faire le symétrique par rapport à l'axe des ordonnées.

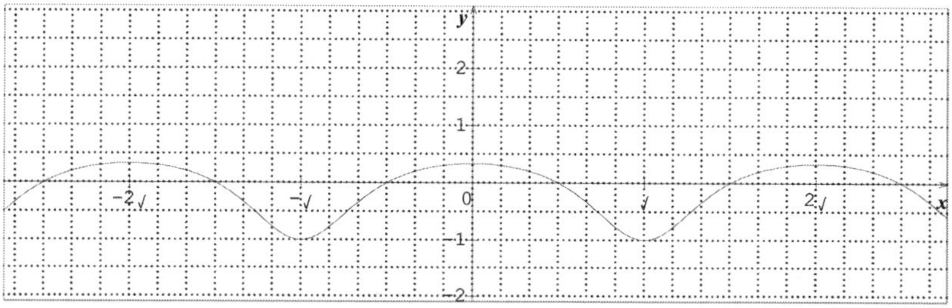

EXERCICE 13.3

1. Soit $x \in \mathbb{R}$ alors $-x \in \mathbb{R}$ et $f(-x) = \cos(-2x) - 2\cos(-x) = \cos(2x) - 2\cos(x) = f(x)$.

Donc f est paire.

2. $f(x+2\pi) = \cos(2(x+2\pi)) - 2\cos(x+2\pi)$ donc f est 2π-périodique.

$= \cos(2x+4\pi) - 2\cos(x)$

$= \cos(2x) - 2\cos(x) = f(x)$

3. f est 2π-périodique donc il suffit de l'étudier sur $[-\pi;\pi]$ puis de reproduire le motif par translation de $2\pi\vec{i}$ et $-2\pi\vec{i}$.

D'autre part, f est paire donc sa courbe est symétrique par rapport à l'axe des ordonnées donc il suffit de la tracer sur $[0;\pi]$ puis de faire le symétrique par rapport à l'axe des ordonnées.

4. f est dérivable sur $[0;\pi]$ et $f'(x) = 2\times(-\sin(2x)) - 2\times(-\sin(x)) = 2(-\sin(2x) + \sin(x))$

Or $\sin(2x) = 2\sin(x)\cos(x)$ donc $f'(x) = 2\sin(x)(1 - 2\cos(x))$.

D'autre part $x \in [0;\pi]$ donc $\sin(x) \geq 0$.

Résolvons $1 - 2\cos(x) \geq 0 \Leftrightarrow \cos(x) \leq \dfrac{1}{2} \Leftrightarrow x \in \left[\dfrac{\pi}{3};\pi\right]$ car $x \in [0;\pi]$.

x	0		$\pi/3$		π
$2\sin(x)$	0	$+$		$+$	0
$1-2\cos(x)$		$-$	0	$+$	
$f'(x)$	0	$-$	0	$+$	0
$f(x)$	-1	↘	$-1{,}5$	↗	3

5.

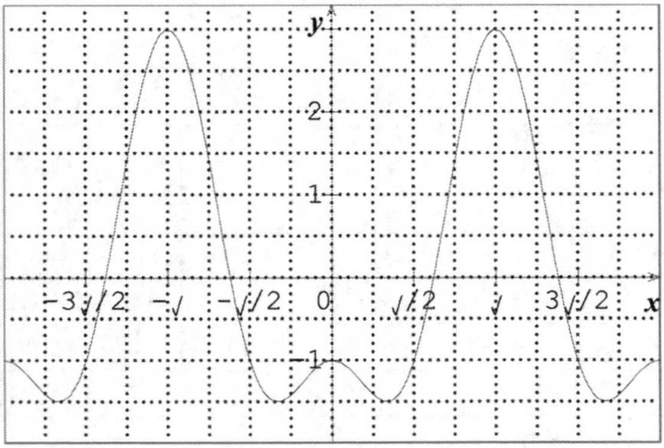

14 COMMENT CALCULER AVEC LES NOMBRES COMPLEXES ? COMMENT SE RAMENER À LA FORME ALGÉBRIQUE ?

Exercice 14.1

1. $(2-i)-i(3+i)=2-i-3i-i^2=3-4i$
2. $(1-3i)(1+i)=1+i-3i-3i^2=4-2i$
3. $(\sqrt{3}-i)^2=(\sqrt{3})^2-2i\sqrt{3}+i^2=2-2i\sqrt{3}$
4. $i(5-3i)=5i-3i^2=5i+3$
5. $\dfrac{1}{4-i}=\dfrac{4+i}{(4-i)(4+i)}=\dfrac{4+i}{16-i^2}=\dfrac{4}{17}+\dfrac{1}{17}i$
6. $\dfrac{3-i}{1+i}=\dfrac{(3-i)(1-i)}{(1+i)(1-i)}=\dfrac{2-4i}{2}=1-2i$

Exercice 14.2

1. $z^2=-3=3i^2$ d'où $z=\sqrt{3}i$ ou $z=-\sqrt{3}i$
2. $3z+5-i=5+3i \Leftrightarrow 3z=4i \Leftrightarrow z=\dfrac{4i}{3}$
3. $7z+2i=iz-1 \Leftrightarrow 7z-iz=-1-2i \Leftrightarrow z(7-i)=-1-2i \Leftrightarrow z=\dfrac{-1-2i}{7-i}$

   $z=\dfrac{(-1-2i)(7+i)}{(7-i)(7+i)}=\dfrac{-5-15i}{50}$
4. $\dfrac{2z+1}{3z-i}=0 \Leftrightarrow 2z+1=0 \Leftrightarrow z=-\dfrac{1}{2}$
5. $\dfrac{z-1}{2z+i}=2+2i \Leftrightarrow z-1=(2+2i)(2z+i)$ et $z\neq-\dfrac{i}{2}$

   $\Leftrightarrow z-1=4z+2i+4iz+2i^2$ et $z\neq-\dfrac{i}{2}$

   $\Leftrightarrow z(-3-4i)=-1+2i \Leftrightarrow z=\dfrac{-1+2i}{-3-4i}=\dfrac{(-1+2i)(-1-2i)}{(-3-4i)(-1-2i)}=\dfrac{-1-2i}{5}\neq-\dfrac{i}{2}$ et $z\neq-\dfrac{i}{2}$
6. $\dfrac{iz}{1-iz}=2 \Leftrightarrow iz=2(1-iz) \Leftrightarrow 3iz=2 \Leftrightarrow z=\dfrac{2}{3i}=-\dfrac{2i}{3}$

Exercice 14.3

1. $Z^2=(x+iy)^2=x^2+2ixy+(iy)^2=x^2-y^2+2ixy$

$\text{Re}(Z^2)=x^2-y^2$ et $\text{Im}(Z^2)=2xy$

2. **a.** Ainsi $Z^2=8-6i \Leftrightarrow x^2-y^2+2ixy=8-6i \Leftrightarrow \begin{cases} x^2-y^2=8 \\ 2xy=-6 \end{cases} \Leftrightarrow \begin{cases} x^2-y^2=8 \\ xy=-3 \end{cases}$

b. Comme $xy=-3$, on ne peut pas avoir $x=0$. D'où $y=-\dfrac{3}{x}$.

Ainsi $x^2-\left(-\dfrac{3}{x}\right)^2=8, x^2-\dfrac{9}{x^2}=8, x^4-9-8x^2=0$

c. Soit $X=x^2$. Alors X est solution de $X^2-8X-9=0$.

$\Delta=(-8)^2+4\times 9=100$

$X_1=\dfrac{8-10}{2}=-1<0$ et $X_2=\dfrac{8+10}{2}=9>0$ Ainsi $x_1=3$ et $x_2=-3$

d. Comme $y=-\dfrac{3}{x}$ on a deux complexes solutions : $z_1=3-i$ et $z_2=-3+i$

15 COMMENT UTILISER LES PROPRIÉTÉS SUR LE CONJUGUÉ ?

Exercice 15.1

1. **a.** $\overline{(1+3i)^4}=(\overline{1+3i})^4=(1-3i)^4=((1-3i)^2)^2=(-8-6i)^2=28-96i$

b. $z_2=\dfrac{\bar{i}\,\overline{(3-i)}}{\overline{2+i}}=\dfrac{-i(3+i)}{2-i}=\dfrac{-3i+1}{2-i}=\dfrac{(-3i+1)(2+i)}{4+1}=\dfrac{5-5i}{5}=1-i$

2. **a.** $\overline{Z}=\dfrac{\overline{2z-i}}{\overline{z-1+3i}}=\dfrac{2\bar{z}+i}{\bar{z}-1-3i}=\dfrac{2(x-iy)+i}{x-iy-1-3i}=\dfrac{2x-2iy+i}{x-1-i(3+y)}$

$$=\frac{(2x-2iy+i)(x-1+i(3+y))}{(x-1)^2+(3+y)^2}=\frac{2x^2+2y^2-2x+5y-3+i(7x+2y-1)}{(x-1)^2+(3+y)^2}$$

$$\text{Re}(\overline{Z})=\frac{2\text{Re}(z)^2+2\text{Im}(z)^2-2\text{Re}(z)+5\text{Im}(z)-3}{(\text{Re}(z)-1)^2+(3+\text{Im}(z))^2}$$

$$\text{Im}(\overline{Z})=\frac{7\text{Re}(z)+2\text{Im}(z)-1}{(\text{Re}(z)-1)^2+(3+\text{Im}(z))^2}$$

b. $\overline{Z}=\dfrac{\bar{i}\,\overline{(3-iz)}}{\overline{4+iz}}=\dfrac{-i(3+i\bar{z})}{4-i\bar{z}}=\dfrac{-i(3+ix+y)}{4-ix-y}=\dfrac{-3i+x-iy}{4-y-ix}$

$$=\frac{(x-3i-iy)(4-y+ix)}{(4-y)^2+x^2}=\frac{7x+i(x^2+y^2-y-12)}{(4-y)^2+x^2}$$

$$\text{Re}(\overline{Z})=\frac{7\text{Re}(z)}{(4-\text{Im}(z))^2+\text{Re}(z)^2}$$

$$\text{Im}(\overline{Z})=\frac{\text{Re}(z)^2+\text{Im}(z)^2-\text{Im}(z)-12}{(4-\text{Im}(z))^2+\text{Re}(z)^2}$$

Exercice 15.2

1. $(1+3i)\bar{z}=-1-4i \Leftrightarrow \bar{z}=\dfrac{-1-4i}{1+3i} \Leftrightarrow z=\overline{\dfrac{-1-4i}{1+3i}}=\dfrac{-1+4i}{1-3i}=\dfrac{(-1+4i)(1+3i)}{10}=\dfrac{-13+i}{10}$

2. $2z+3i=\bar{z}-1 \Leftrightarrow 2x+2iy+3i=x-iy-1 \Leftrightarrow \begin{cases}2x=x-1\\2y+3=-y\end{cases} \Leftrightarrow \begin{cases}x=-1\\y=-1\end{cases} \Leftrightarrow z=-1-i$

3. $(5i+1)\bar{z}=3z+2i \Leftrightarrow (5i+1)(x-iy)=3(x+iy)+2i \Leftrightarrow 5ix+5y+x-iy=3x+3iy+2i$

$$\Leftrightarrow \begin{cases}x+5y=3x\\5x-y=3y+2\end{cases} \Leftrightarrow \begin{cases}-2x+5y=0\\5x-4y=2\end{cases} \Leftrightarrow \begin{cases}x=\dfrac{5}{2}y\\\dfrac{25}{2}y-4y=2\end{cases} \Leftrightarrow \begin{cases}x=\dfrac{10}{17}\\y=\dfrac{4}{17}\end{cases} \Leftrightarrow z=\frac{10}{17}+\frac{4}{17}i$$

4. $z^2=3\bar{z}-1 \Leftrightarrow (x+iy)^2=3x-3iy-1 \Leftrightarrow x^2-y^2+2ixy=3x-1-3iy$

$$\Leftrightarrow \begin{cases}x^2-y^2=3x-1\\2xy=-3y\end{cases} \Leftrightarrow \begin{cases}x^2-3x+1=y^2\\y(2x+3)=0\end{cases}$$

1er cas : $y=0$ Alors $x^2-3x+1=0$.

$\Delta=9-4=5$

$x_1=\dfrac{3-\sqrt{5}}{2}$ et $x_2=\dfrac{3+\sqrt{5}}{2}$ d'où $z_1=\dfrac{3-\sqrt{5}}{2}$ ou $z_2=\dfrac{3+\sqrt{5}}{2}$.

2e cas : $2x+3=0$, $x=-\dfrac{3}{2}$. Alors $y^2=\left(-\dfrac{3}{2}\right)^2-3\times\left(-\dfrac{3}{2}\right)+1=\dfrac{31}{4}$.

$y=\dfrac{\sqrt{31}}{2}$ ou $y=-\dfrac{\sqrt{31}}{2}$

D'où $S=\left\{\dfrac{3-\sqrt{5}}{2};\dfrac{3+\sqrt{5}}{2};-\dfrac{3}{2}+\dfrac{\sqrt{31}}{2}i;-\dfrac{3}{2}-\dfrac{\sqrt{31}}{2}i\right\}$

Exercice 15.3

1. z^2-2z+7 réel si et seulement si :

$z^2-2z+7=\overline{z^2-2z+7}=\bar{z}^2-2\bar{z}+7$

$\Leftrightarrow z^2-\bar{z}^2-2(z-\bar{z})=0 \Leftrightarrow (z-\bar{z})(z+\bar{z}-2)=0$

$\Leftrightarrow z-\bar{z}=0$ ou $z+\bar{z}-2=0 \Leftrightarrow 2\mathrm{Im}(z)=0$ ou $2\mathrm{Re}(z)=2$

$\Leftrightarrow \mathrm{Im}(z)=0$ ou $\mathrm{Re}(z)=1$

$S=\{x, x\in\mathbb{R}\}\cup\{1+iy, y\in\mathbb{R}\}$

2. $2iz^2+3z-i$ imaginaire pur $\Leftrightarrow 2iz^2+3z-i=-\overline{2iz^2+3z-i}=2i\bar{z}^2-3\bar{z}-i$

$\Leftrightarrow 2i(z^2-\bar{z}^2)+3(z+\bar{z})=0 \Leftrightarrow (z+\bar{z})(2i(z-\bar{z})+3)=0$

$\Leftrightarrow z+\bar{z}=0$ ou $2i(z-\bar{z})+3=0 \Leftrightarrow 2\mathrm{Re}(z)=0$ ou $\mathrm{Im}(z)=\dfrac{3}{4i}$ $\qquad S=\left\{x+\dfrac{3}{4}i, x\in\mathbb{R}\right\}$

16 COMMENT RÉSOUDRE UNE ÉQUATION DU SECOND DEGRÉ DANS $\mathbb{C}$?

Exercice 16.1

1. $z^2-6z+13=0$

   $\Delta=(-6)^2-4\times13=-16$

   $z_1=\dfrac{6-4i}{2}=3-2i$ et $z_2=3+2i$

   $S=\{3-2i;3+2i\}$

2. $4z^2-12z+9=0$

   $\Delta=(-12)^2-4\times4\times9=0, z_0=\dfrac{12}{8}=\dfrac{3}{2} S=\left\{\dfrac{3}{2}\right\}$

3. $\dfrac{3z+2}{z+1}=z+3$

   Valeur interdite : $z\neq-1$

   Résolution : $3z+2=(z+3)(z+1)\Leftrightarrow z^2+z+1=0$

   $\Delta=1^2-4\times1=-3$

   $z_1=\dfrac{-1-i\sqrt{3}}{2}$ et $z_2=\dfrac{-1+i\sqrt{3}}{2}$

   $S=\left\{\dfrac{-1-i\sqrt{3}}{2};\dfrac{-1+i\sqrt{3}}{2}\right\}$

4. Soit $Z=\dfrac{z-i}{4+z}$ alors Z est solution de $Z^2-6Z+13=0$. Alors $Z=3-2i$ ou $Z=3+2i$.

$\dfrac{z-i}{z+4}=3-2i\Leftrightarrow z-i=(4+z)(3-2i)\Leftrightarrow z(2-2i)=-12+7i\Leftrightarrow z=\dfrac{-12+7i}{2-2i}$

ou

$\dfrac{z-i}{z+4}=3+2i\Leftrightarrow z-i=(4+z)(3+2i)\Leftrightarrow z(2+2i)=-12-9i\Leftrightarrow z=\dfrac{-12-9i}{2+2i}$

Exercice 16.2

1. $P(2i)=(2i)^3-2(1+i)(2i)^2+(10+4i)2i-20i=0$. Donc 2i est solution de P(z)=0.
2. $(z-2i)(z^2+az+b)=z^3+az^2+bz-2iz^2-2iaz-2ib$

   On veut que $z^3+(a-2i)z^2+(b-2ia)z-2ib=z^3-2(1+i)z^2+(10+4i)z-20i$

   d'où $\begin{cases}a-2i=-2(1+i)\\b-2ia=10+4i\\-2ib=-20i\end{cases}\Leftrightarrow\begin{cases}a=-2\\b=10\\b=10\end{cases}$ D'où $P(z)=(z-2i)(z^2-2z+10)$

3. **a.** $P(z)=0\Leftrightarrow(z-2i)(z^2-2z+10)=0\Leftrightarrow z=2i$ ou $z^2-2z+10=0$

   $\Delta=-36$ donc $z_1=1-3i$ ou $z_2=1+3i$

   $S=\{2i;1-3i;1+3i\}$

   b. Ainsi $P(z)=(z-2i)(z-1+3i)(z-1-3i)$.

Exercice 16.3

1. $0^4-4\times0^3+5\times0^2-4\times0+1=1\neq0$ donc 0 n'est pas solution de (E).

2. Soit z solution de (E) alors $z\neq0$. On peut donc diviser par z^2 :

$$\frac{z^4-4z^3+5z^2-4z+1}{z^2}=0\Leftrightarrow z^2+\frac{1}{z^2}-4\left(z+\frac{1}{z}\right)+5=0$$

Donc (E) et (E') ont les mêmes solutions.

3. **a.** $Z^2=\left(z+\frac{1}{z}\right)^2=z^2+2+\frac{1}{z^2}$ d'où $z^2+\frac{1}{z^2}=Z^2-2$

b. Soit z solution de (E') alors $Z^2-2-4Z+5=0\Leftrightarrow Z^2-4Z+3=0$

Donc Z est solution de $Z^2-4Z+3=0$

c. $z^2-z+1=0,\Delta=(-1)^2-4\times1=-3$

$z_1=\frac{1-i\sqrt{3}}{2}$ et $z_2=\frac{1+i\sqrt{3}}{2}$

$z^2-3z+1=0,\Delta=(-3)^2-4\times1=5$

$z_1=\frac{3-\sqrt{5}}{2}$ et $z_2=\frac{3+\sqrt{5}}{2}$

d. $Z^2-4Z+3=0,\ \Delta=(-4)^2-4\times3=4$ $\qquad Z_1=\frac{4-\sqrt{4}}{2}=1$ et $Z_2=\frac{4+\sqrt{4}}{2}=3$

Ainsi $z+\frac{1}{z}=1$ ou $z+\frac{1}{z}=3\Leftrightarrow z^2+1=z$ ou $z^2+1=3z$

$\Leftrightarrow z^2-z+1=0$ ou $z^2-3z+1=0,$

$z_1=\frac{3-\sqrt{5}}{2}$ et $z_2=\frac{3+\sqrt{5}}{2}$ et $z_3=\frac{1-i\sqrt{3}}{2}$ et $z_4=\frac{1+i\sqrt{3}}{2}$

17 COMMENT UTILISER LES AFFIXES ?

Exercice 17.1

1.

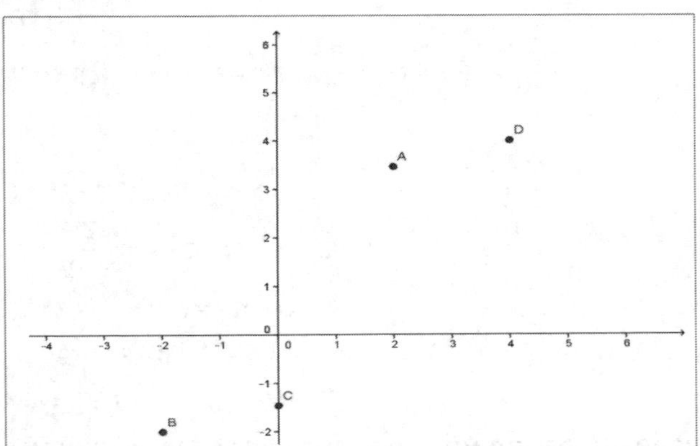

2. a. $z_I = \dfrac{z_A + z_C}{2} = \dfrac{2+2\sqrt{3}i+(2-2\sqrt{3})i}{2} = 1+i$

$z_J = \dfrac{z_B + z_D}{2} = \dfrac{-2-2i+4+4i}{2} = 1+i$

b. Ainsi I = J c'est-à-dire que les diagonales se coupent en leurs milieux donc ABCD est un parallélogramme.

3. $z_{\overrightarrow{AB}} = z_B - z_A = -2-2i-(2+2\sqrt{3}i) = -4-2(1+\sqrt{3})i$

$z_{\overrightarrow{DC}} = z_C - z_D = (2-2\sqrt{3}i)-(4+4i) = -4-2(1+\sqrt{3})i$

Ainsi $z_{\overrightarrow{AB}} = z_{\overrightarrow{DC}}$. Ainsi $\overrightarrow{AB} = \overrightarrow{DC}$ donc ABCD est un parallélogramme.

Exercice 17.2

1.

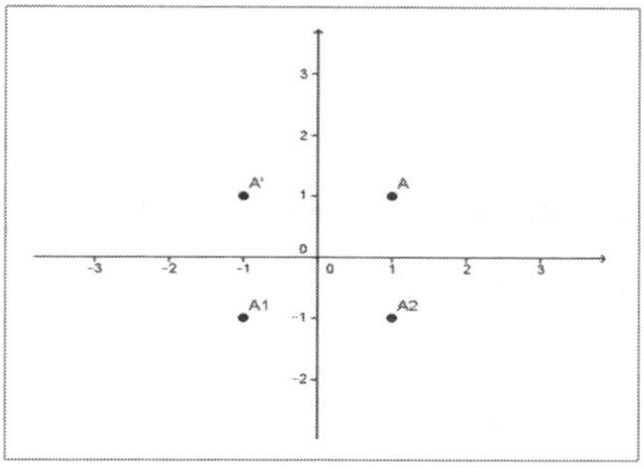

2. $z_{A'} = iz_A = i(1 + i) = i - 1$.

3. $z_{A1} = iz_{A'} = i(i - 1) = - 1 - i$.

4. $z_{A2} = iz_{A1} = i(-1 - i) = -i + 1$.

5. $z_{A3} = iz_{A2} = i(1 - i) = 1 + i$.

6. On a $A' = A_3$.

Soit I le milieu de $[AA_1]$. Alors $z_I = \dfrac{z_A + z_{A1}}{2} = \dfrac{1+i-1-i}{2} = 0$.

Soit J le milieu de $[A'A_2]$. Alors $z_J = \dfrac{z_{A'} + z_{A2}}{2} = \dfrac{i-1+1-i}{2} = 0$.

Ainsi les diagonales se coupent en leurs milieux. On a un parallélogramme.

De plus, A et A_1 sont sur la droite d'équation $y = x$ et A' et A_2 sont sur la droite d'équation $y = -x$, donc (AA_1) et $(A'A_2)$ sont perpendiculaires : on a un losange.

$AA_1^2 = (-1-1)^2 + (-1-1)^2 = 8$ et $A'A_2^2 = (1+1)^2 + (-1-1)^2 = 8$

Aisni $AA_1 = A'A_2$. Les diagonales sont de longueur égales ainsi $AA'A_1A_2$ est un carré.

7. L'application *f* semble traduire la rotation de centre O et d'angle $\dfrac{\pi}{2}$.

Exercice 17.3

1. $z' = \dfrac{2(x+iy)+1-i}{x+iy+2} = \dfrac{(2x+2iy+1-i)(x+2-iy)}{(x+2+iy)(x+2-iy)} = \dfrac{2x^2+2y^2+5x-y+2+i(3y-x-2)}{(x+2)^2+y^2}$

2. a. z' est un réel si et seulement si Im(z') = 0 ce qui se ramène à $\dfrac{3y-x-2}{(x+2)^2+y^2} = 0$

d'où $3y - x - 2 = 0$; $y = \frac{x}{3} + \frac{2}{3}$: E est une droite d'équation $y = \frac{x}{3} + \frac{2}{3}$.

b. z' est un imaginaire pur si et seulement si $\text{Re}(z') = 0$ ce qui se ramène à

$$\frac{2x^2 + 2y^2 + 5x - y + 2}{(x+2)^2 + y^2} = 0$$ d'où $2x^2 + 2y^2 + 5x - y + 2 = 0$.

$$x^2 + y^2 + \frac{5}{2}x - \frac{y}{2} + 1 = 0 \Leftrightarrow \left(x + \frac{5}{4}\right)^2 - \frac{25}{16} + \left(y - \frac{1}{4}\right)^2 - \frac{1}{16} + 1 = 0 \Leftrightarrow \left(x + \frac{5}{4}\right)^2 + \left(y - \frac{1}{4}\right)^2 = \frac{10}{16}$$

F est le cercle de centre $\left(-\frac{5}{4}; \frac{1}{4}\right)$ et de rayon $\frac{\sqrt{10}}{4}$.

c.

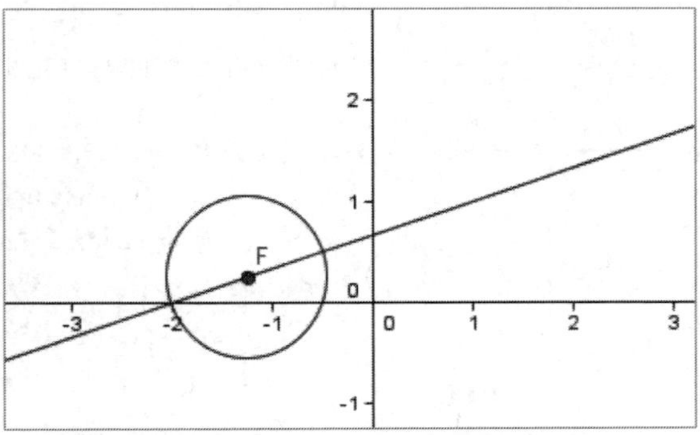

3. $\frac{2z + 1 - i}{z + 2} = i \Leftrightarrow z \neq -2$ et $2z + 1 - i = iz + 2i \Leftrightarrow z = \frac{-1 + 3i}{2 - i} = -1 + i \neq -2$

Cette équation équivaut à $z' = i$ qui est un imaginaire pur donc $-1 + i$ est un élément de F.

18 COMMENT DÉTERMINER LA LIMITE D'UNE FONCTION ?

Exercice 18.1

1. f est définie sur $\mathbb{R}$

Limite en $+\infty$:

$$\left.\begin{array}{l} \lim\limits_{x \to +\infty} 3x^2 = +\infty \\ \lim\limits_{x \to +\infty} 4x - 1 = +\infty \end{array}\right\} \text{Par somme, } \lim_{x \to +\infty} f(x) = +\infty$$

Limite en $-\infty$: on a une FI de type « $\infty - \infty$ »

$$f(x) = x^2\left(3 + \frac{4}{x} - \frac{1}{x^2}\right)$$

$$\left.\begin{array}{l} \lim\limits_{x \to -\infty} 3 + \frac{4}{x} - \frac{1}{x^2} = 3 \\ \lim\limits_{x \to -\infty} x^2 = +\infty \end{array}\right\} \text{Par produit, } \lim_{x \to -\infty} f(x) = +\infty$$

2. g est définie sur $\mathbb{R}$

Limite en $-\infty$:

$$\left.\begin{array}{l}\lim\limits_{x\to-\infty} -2x^2 = -\infty \\ \lim\limits_{x\to-\infty} 3x+3 = -\infty\end{array}\right\}\text{Par somme, } \lim\limits_{x\to-\infty} g(x) = -\infty$$

Limite en $+\infty$: on a une FI de type « $\infty - \infty$ »

$$g(x) = x^2\left(-2+\frac{3}{x}+\frac{3}{x^2}\right)$$

$$\left.\begin{array}{l}\lim\limits_{x\to+\infty} -2+\frac{3}{x}+\frac{3}{x^2} = -2 \\ \lim\limits_{x\to+\infty} x^2 = +\infty\end{array}\right\}\text{Par produit, } \lim\limits_{x\to+\infty} g(x) = -\infty$$

3. h est définie sur $\mathbb{R}\setminus\{0\}$

Limite en 0 :

$$\left.\begin{array}{l}\lim\limits_{x\to0} 4x-1 = -1 \\ \lim\limits_{x\to0} x^2 = 0^+\end{array}\right\}\text{Par somme, } \lim\limits_{x\to0} h(x) = -\infty$$

Limite en $+\infty$:

$$h(x) = \frac{x\left(4-\frac{1}{x}\right)}{x^2} = \frac{4-\frac{1}{x}}{x}$$

$$\left.\begin{array}{l}\lim\limits_{x\to+\infty} 4-\frac{1}{x} = 4 \\ \lim\limits_{x\to+\infty} x = +\infty\end{array}\right\}\text{Par quotient, } \lim\limits_{x\to+\infty} h(x) = 0$$

$$\left.\begin{array}{l}\lim\limits_{x\to-\infty} 4-\frac{1}{x} = 4 \\ \lim\limits_{x\to-\infty} x = -\infty\end{array}\right\}\text{Par quotient, } \lim\limits_{x\to-\infty} h(x) = 0$$

4. i est définie sur $]0;+\infty[$

Limite en 0 :

$$\left.\begin{array}{l}\lim\limits_{x\to0} x+2 = 2 \\ \lim\limits_{x\to0} \sqrt{x} = 0^+\end{array}\right\}\text{Par quotient, } \lim\limits_{x\to0} h(x) = +\infty$$

Limite en $+\infty$:

$$i(x) = \frac{x\left(1+\frac{2}{x}\right)}{\sqrt{x}} = \sqrt{x}\left(1+\frac{2}{x}\right) \quad \text{car } x>0$$

$$\left.\begin{array}{l}\lim\limits_{x\to+\infty} 1+\frac{2}{x} = 1 \\ \lim\limits_{x\to+\infty} \sqrt{x} = +\infty\end{array}\right\}\text{Par produit, } \lim\limits_{x\to+\infty} i(x) = +\infty$$

Exercice 18.2

1. f est définie sur $\mathbb{R}^*$

   Limite en 0 :

   $$\left.\begin{array}{l}\lim\limits_{x\to 0}\cos(x)=1\\ \lim\limits_{x\to 0}x^2=0^+\end{array}\right\}\text{Par quotient, } \lim_{x\to 0} f(x)=+\infty$$

   Limite en $+\infty$: la fonction cosinus n'admet pas de limite en $+\infty$.

   Par contre, $-1\leq\cos(x)\leq 1$. Comme $x^2>0$ on a $-\dfrac{1}{x^2}\leq f(x)\leq\dfrac{1}{x^2}$

   $\lim\limits_{x\to+\infty}\dfrac{1}{x^2}=0$. Par le théorème des gendarmes, $\lim\limits_{x\to+\infty} f(x)=0$

2. g est définie sur $\mathbb{R}$. $-1\leq\sin(x)\leq 1$.

   Limite en $+\infty$: Soit $x>0$ (ce qui est réalisé si x tend vers $+\infty$) alors $-x\leq x\sin(x)\leq x$.

   Comme $1+x^2>0$, on a $-\dfrac{x}{1+x^2}\leq g(x)\leq\dfrac{x}{1+x^2}$.

   Or $\dfrac{x}{1+x^2}=\dfrac{x}{x^2\left(1+\dfrac{1}{x^2}\right)}=\dfrac{1}{x\left(1+\dfrac{1}{x^2}\right)}$.

   $\lim\limits_{x\to+\infty}1+\dfrac{1}{x^2}=1$ et $\lim\limits_{x\to+\infty}x=+\infty$, par produit et quotient $\lim\limits_{x\to+\infty}\dfrac{x}{1+x^2}=0$

   Par le théorème des gendarmes, $\lim\limits_{x\to+\infty} g(x)=0$

   Limite en $-\infty$: Soit $x<0$ (ce qui est réalisé si x tend vers $-\infty$ alors $-x\geq x\sin(x)\geq x$.

   Comme $1+x^2>0$, on a $-\dfrac{x}{1+x^2}\geq g(x)\geq\dfrac{x}{1+x^2}$.

   Or $\lim\limits_{x\to-\infty}\dfrac{x}{1+x^2}=0$, par le théorème des gendarmes, $\lim\limits_{x\to-\infty} g(x)=0$

3. h est définie sur $\mathbb{R}$.

   Limite en $+\infty$: $\sin(x)\geq -1$ pour tout réel x donc $h(x)\geq x-1$ or $\lim\limits_{x\to+\infty}x-1=+\infty$.

   Par comparaison, $\lim\limits_{x\to+\infty} h(x)=+\infty$

   Limite en $-\infty$: $\sin(x)\leq 1$ pour tout réel x donc $h(x)\leq x+1$ or $\lim\limits_{x\to-\infty}x+1=-\infty$.

   Par comparaison, $\lim\limits_{x\to-\infty} h(x)=-\infty$

4. i est définie sur $\mathbb{R}$ le cosinus ne pouvant atteindre la valeur 2.

   Limite en $+\infty$: $-1\leq\cos(x)\leq 1\Leftrightarrow 1\leq 2-\cos(x)\leq 3\Leftrightarrow 1\geq\dfrac{1}{2-\cos(x)}\geq\dfrac{1}{3}$

   Si $x>0$, alors $x\geq i(x)\geq\dfrac{x}{3}$. Or $\lim\limits_{x\to+\infty}\dfrac{x}{3}=+\infty$, par comparaison $\lim\limits_{x\to+\infty} i(x)=+\infty$

   Limite en $-\infty$: Si $x<0$, alors $x\leq i(x)\leq\dfrac{x}{3}$.

   Or $\lim\limits_{x\to-\infty}\dfrac{x}{3}=-\infty$, par comparaison $\lim\limits_{x\to-\infty} i(x)=-\infty$

19 QUAND FAIRE UNE LIMITE À DROITE ET UNE LIMITE À GAUCHE ?

EXERCICE 19.1

1.

x	$-\infty$	0	$+\infty$
x	$-$	0	$+$

Limite à droite de 0 :

$$\left.\begin{array}{l}\lim\limits_{x\to0} 3x-1=-1\\ \lim\limits_{\substack{x\to0\\x>0}} x=0^+\end{array}\right\}\text{Par quotient, } \lim\limits_{\substack{x\to0\\x>0}} f(x)=-\infty$$

Limite à gauche de 0 :

$$\left.\begin{array}{l}\lim\limits_{x\to0} 3x-1=-1\\ \lim\limits_{\substack{x\to0\\x<0}} x=0^-\end{array}\right\}\text{Par quotient, } \lim\limits_{\substack{x\to0\\x<0}} f(x)=+\infty$$

2.

x	$-\infty$	1	$+\infty$
1–x	$+$	0	$-$

Limite à droite de 1 :

$$\left.\begin{array}{l}\lim\limits_{x\to1} x^2+2=3\\ \lim\limits_{\substack{x\to1\\x>1}} 1-x=0^-\end{array}\right\}\text{Par quotient, } \lim\limits_{\substack{x\to1\\x>1}} f(x)=-\infty$$

Limite à gauche de 1 :

$$\left.\begin{array}{l}\lim\limits_{x\to1} x^2+2=3\\ \lim\limits_{\substack{x\to1\\x<1}} 1-x=0^+\end{array}\right\}\text{Par quotient, } \lim\limits_{\substack{x\to1\\x<1}} f(x)=+\infty$$

3. $(1+x)^2\geq 0$ donc on fait une limite globale.

$$\left.\begin{array}{l}\lim\limits_{x\to-1} x=-1\\ \lim\limits_{x\to-1} (1+x)=0^+\end{array}\right\}\text{Par quotient, } \lim\limits_{x\to-1} f(x)=-\infty$$

4. $\sqrt{x}\geq 0$ donc on fait une limite globale.

$$\left.\begin{array}{l}\lim\limits_{x\to-0} 3-x=3\\ \lim\limits_{x\to-0} \sqrt{x}=0^+\end{array}\right\}\text{Par quotient, } \lim\limits_{x\to0} f(x)=+\infty$$

5.

x	$-\frac{\pi}{2}$	0	$\frac{\pi}{2}$
sin(x)	$-$	0	$+$

Limite à droite de 0 :

$$\left.\begin{array}{l}\lim\limits_{x\to0} x+1=1\\ \lim\limits_{\substack{x\to0\\x>0}} \sin(x)=0^+\end{array}\right\}\text{Par quotient, } \lim\limits_{\substack{x\to0\\x>0}} f(x)=+\infty$$

Limite à gauche de 0 :

$$\left.\begin{array}{l}\lim\limits_{x\to0} x+1=1\\ \lim\limits_{\substack{x\to0\\x<0}} \sin(x)=0^-\end{array}\right\}\text{Par quotient, } \lim\limits_{\substack{x\to0\\x<0}} f(x)=-\infty$$

Exercice 19.2

1. $f(x)$ existe si $x+2\neq 0$ donc f est définie sur $\mathbb{R}\setminus\{-2\}$.

Limite en $+\infty$: $f(x)=\dfrac{x^2\left(\dfrac{1}{x^2}-1\right)}{x\left(1+\dfrac{2}{x}\right)}=x\dfrac{\dfrac{1}{x^2}-1}{\left(1+\dfrac{2}{x}\right)}$

$$\left.\begin{array}{l}\lim\limits_{x\to+\infty}\dfrac{1}{x^2}-1=-1\\ \lim\limits_{x\to+\infty}1+\dfrac{2}{x}=1\\ \lim\limits_{x\to+\infty}x=+\infty\end{array}\right\}\text{Par quotient, } \lim\limits_{x\to-\infty}f(x)=-\infty$$

Limite en $-\infty$:

$$\left.\begin{array}{l}\lim\limits_{x\to-\infty}\dfrac{1}{x^2}-1=-1\\ \lim\limits_{x\to-\infty}1+\dfrac{2}{x}=1\\ \lim\limits_{x\to-\infty}x=-\infty\end{array}\right\}\text{Par quotient, } \lim\limits_{x\to-\infty}f(x)=+\infty$$

x	$-\infty$		-2		$+\infty$
$2+x$		$-$	0	$+$	

Limite à droite de -2 :

$$\left.\begin{array}{l}\lim\limits_{x\to-2}1-x^2=-3\\ \lim\limits_{\substack{x\to-2\\x>-2}}x+2=0^+\end{array}\right\}\text{Par quotient, } \lim\limits_{\substack{x\to-2\\x>-2}}f(x)=-\infty$$

Limite à gauche de -2 :

$$\left.\begin{array}{l}\lim\limits_{x\to-2}1-x^2=-3\\ \lim\limits_{\substack{x\to-2\\x<-2}}x+2=0^-\end{array}\right\}\text{Par quotient, } \lim\limits_{\substack{x\to-2\\x<-2}}f(x)=+\infty$$

2. Limite en 1 :

x	$-\infty$		-3		1		$+\infty$
x^2+2x-3		$+$	0	$-$	0	$+$	

Limite à droite de 1 : $\left.\begin{array}{l}\lim\limits_{x\to1}x=1\\ \lim\limits_{\substack{x\to1\\x>1}}x^2+2x-3=0^+\end{array}\right\}\text{Par quotient, } \lim\limits_{\substack{x\to1\\x>1}}g(x)=+\infty$

Limite à gauche de 1 : $\left.\begin{array}{l}\lim\limits_{x\to 1} x = 1 \\ \lim\limits_{\substack{x\to 1\\ x<1}} x^2+2x-3 = 0^-\end{array}\right\}$ Par quotient, $\lim\limits_{\substack{x\to 1\\ x<1}} g(x) = -\infty$

Limite à droite de –3 : $\left.\begin{array}{l}\lim\limits_{x\to -3} x = -3 \\ \lim\limits_{\substack{x\to -3\\ x>-3}} x^2+2x-3 = 0^-\end{array}\right\}$ Par quotient, $\lim\limits_{\substack{x\to -3\\ x>-3}} g(x) = +\infty$

Limite à gauche de –3 : $\left.\begin{array}{l}\lim\limits_{x\to -3} x = -3 \\ \lim\limits_{\substack{x\to -3\\ x<-3}} x^2+2x-3 = 0^+\end{array}\right\}$ Par quotient, $\lim\limits_{\substack{x\to -3\\ x<-3}} g(x) = -\infty$

3. $h(x)$ existe si $\sqrt{x}(x+2) \neq 0$ et $x \geq 0 \Leftrightarrow \sqrt{x} \neq 0$ et $x \neq -2$. D'où $D_h =]0;+\infty[$.

Limite en $+\infty$: $h(x) = \dfrac{1-\dfrac{3}{x}}{\sqrt{x}\left(1+\dfrac{2}{x}\right)}$

$\left.\begin{array}{l}\lim\limits_{x\to +\infty} 1-\dfrac{3}{x} = 1 \\ \lim\limits_{x\to +\infty} \sqrt{x} = +\infty \\ \lim\limits_{x\to +\infty} 1+\dfrac{2}{x} = 1\end{array}\right\}$ Par quotient, $\lim\limits_{x\to +\infty} h(x) = 0$

Limite en 0 :

$\left.\begin{array}{l}\lim\limits_{x\to 0} x-3 = -3 \\ \lim\limits_{x\to 0} \sqrt{x}(x+2) = 0^+\end{array}\right\}$ Par quotient, $\lim\limits_{x\to 0} h(x) = -\infty$

4. $i(x)$ existe si $x^2-2x+1 \neq 0 \Leftrightarrow (x-1)^2 \neq 0 \Leftrightarrow x \neq 1$: $D_i = \mathbb{R}\setminus\{1\}$

Limite en $+\infty$: $i(x) = \dfrac{3}{x\left(1-\dfrac{2}{x}+\dfrac{1}{x^2}\right)}$

$\left.\begin{array}{l}\lim\limits_{x\to +\infty} x = +\infty \\ \lim\limits_{x\to +\infty} 1-\dfrac{2}{x}+\dfrac{1}{x^2} = 1\end{array}\right\}$ Par quotient, $\lim\limits_{x\to +\infty} i(x) = 0$

Limite en $-\infty$: $\left.\begin{array}{l}\lim\limits_{x\to -\infty} x = -\infty \\ \lim\limits_{x\to -\infty} 1-\dfrac{2}{x}+\dfrac{1}{x^2} = 1\end{array}\right\}$ Par quotient, $\lim\limits_{x\to -\infty} i(x) = 0$

Limite en 1 : $i(x) = \dfrac{3x}{(x-1)^2}$ $\left.\begin{array}{l}\lim\limits_{x\to 1} 3x = 3 \\ \lim\limits_{x\to 1} (x-1)^2 = 0^+\end{array}\right\}$ Par quotient, $\lim\limits_{x\to 1} i(x) = +\infty$

Exercice 19.3

1. $f(x)=\dfrac{x}{\sqrt{x}}=\sqrt{x}$ car nécessairement $x>0$. $\lim\limits_{x\to 0} f(x)=0$

2. $f(x)=\dfrac{x^2-4x+4}{(x-2)(x+1)}=\dfrac{(x-2)^2}{(x-2)(x+1)}=\dfrac{x-2}{x+1}$

$\left.\begin{array}{l}\lim\limits_{x\to 2} x-2=0\\ \lim\limits_{x\to 2} x+1=3\end{array}\right\}$ Par quotient, $\lim\limits_{x\to 2} f(x)=0$

20 COMMENT UTILISER LA LIMITE D'UNE COMPOSÉE ?

Exercice 20.1

1. $\left.\begin{array}{l}\lim\limits_{x\to 0} 3x+\dfrac{\pi}{2}=\dfrac{\pi}{2}\\ \lim\limits_{x\to \frac{\pi}{2}} \cos(x)=0\end{array}\right\}$ Par composée, $\lim\limits_{x\to 0} f(x)=0$

2. $\left.\begin{array}{l}\lim\limits_{x\to -\infty} 4-x=+\infty\\ \lim\limits_{x\to +\infty} \sqrt{x}=+\infty\end{array}\right\}$ Par composée, $\lim\limits_{x\to -\infty} f(x)=+\infty$

3. $\left.\begin{array}{l}\lim\limits_{x\to +\infty} 3x+2=+\infty\\ \lim\limits_{x\to +\infty} \sqrt{x}=+\infty\end{array}\right\}$ Par composée et quotient, $\lim\limits_{x\to +\infty} f(x)=0$

4. $\left.\begin{array}{l}\lim\limits_{x\to +\infty} \dfrac{1}{x}=0\\ \lim\limits_{x\to 0} \sin(x)=0\end{array}\right\}$ Par composée, $\lim\limits_{x\to +\infty} f(x)=0$

5. $\lim\limits_{x\to +\infty} \dfrac{1}{x}=0$ et $\lim\limits_{x\to +\infty} 3x-1=+\infty$. Par somme, $\lim\limits_{x\to +\infty} \dfrac{1}{x}+3x-1=+\infty$

$\lim\limits_{x\to +\infty} x^2=+\infty$. Par composée, $\lim\limits_{x\to +\infty} f(x)=+\infty$.

Exercice 20.2

1. $f(x)$ existe si $1-\dfrac{1}{x}\geq 0$ et si $x\neq 0 \Leftrightarrow 1\geq \dfrac{1}{x}$ et $x\neq 0 \Leftrightarrow x<0$ ou $x\geq 1$

$D_f=]-\infty;0[\cup[1;+\infty[$

Limite en $+\infty$ $\left.\begin{array}{l}\lim\limits_{x\to +\infty} 1-\dfrac{1}{x}=1\\ \lim\limits_{x\to 1} \sqrt{x}=1\end{array}\right\}$ Par composée, $\lim\limits_{x\to +\infty} f(x)=1$

Limite en 1 $\left.\begin{array}{l}\lim\limits_{x\to 1} 1-\dfrac{1}{x}=0\\ \lim\limits_{x\to 0} \sqrt{x}=0\end{array}\right\}$ Par composée, $\lim\limits_{x\to 1} f(x)=0$

Limite en 0 (on a forcément $x<0$) : $\left.\begin{array}{l}\lim\limits_{x\to 0} 1-\dfrac{1}{x}=+\infty \\ \lim\limits_{x\to+\infty}\sqrt{x}=+\infty\end{array}\right\}$ Par composée, $\lim\limits_{x\to 0} f(x)=+\infty$

Limite en $-\infty$ $\left.\begin{array}{l}\lim\limits_{x\to-\infty} 1-\dfrac{1}{x}=1 \\ \lim\limits_{x\to 1}\sqrt{x}=1\end{array}\right\}$ Par composée, $\lim\limits_{x\to-\infty} f(x)=1$

2. $g(x)$ existe si $\sqrt{x}\neq 0$ et $x\geq 0$: $D_g=\left]0;+\infty\right[$

Limite en $+\infty$ $\left.\begin{array}{l}\lim\limits_{x\to+\infty} 3+\dfrac{4}{\sqrt{x}}=3 \\ \lim\limits_{x\to 3} x^2=9\end{array}\right\}$ Par composée, $\lim\limits_{x\to+\infty} g(x)=9$

Limite en 0 : $\lim\limits_{x\to 0}\sqrt{x}=0^+$ d'où $\lim\limits_{x\to 0} 3+\dfrac{4}{\sqrt{x}}=+\infty$.

$\lim\limits_{x\to+\infty} x^2=+\infty$ Par composée, $\lim\limits_{x\to 0} g(x)=+\infty$

3. $h(x)$ est définie sur $\mathbb{R}^*$

Limite en $+\infty$: $\dfrac{x+1}{3x}=\dfrac{x\left(1+\dfrac{1}{x}\right)}{3x}=\dfrac{1}{3}\left(1+\dfrac{1}{x}\right)$

$\left.\begin{array}{l}\lim\limits_{x\to+\infty}\dfrac{x+1}{3x}=\dfrac{1}{3} \\ \lim\limits_{x\to\frac{1}{3}} x^4=\dfrac{1}{81}\end{array}\right\}$ Par composée, $\lim\limits_{x\to+\infty} h(x)=\dfrac{1}{81}$

Limite en $-\infty$: on utilise la même forme.

$\left.\begin{array}{l}\lim\limits_{x\to-\infty}\dfrac{x+1}{3x}=\dfrac{1}{3} \\ \lim\limits_{x\to\frac{1}{3}} x^4=\dfrac{1}{81}\end{array}\right\}$ Par composée, $\lim\limits_{x\to-\infty} h(x)=\dfrac{1}{81}$

Limite à droite de 0 : $\lim\limits_{x\to 0} x+1=1$ et $\lim\limits_{\substack{x\to 0\\ x>0}} 3x=0^+$. Par quotient, $\lim\limits_{\substack{x\to 0\\ x>0}}\dfrac{x+1}{3x}=+\infty$

$\lim\limits_{x\to+\infty} x^4=+\infty$. Par composée, $\lim\limits_{\substack{x\to 0\\ x>0}} h(x)=+\infty$

Limite à gauche de 0 : $\lim\limits_{x\to 0} x+1=1$ et $\lim\limits_{\substack{x\to 0\\ x<0}} 3x=0$. Par quotient, $\lim\limits_{\substack{x\to 0\\ x<0}}\dfrac{x+1}{3x}=-\infty$

$\lim\limits_{x\to-\infty} x^4=+\infty$. Par composée, $\lim\limits_{\substack{x\to 0\\ x<0}} h(x)=+\infty$

On remarque que la limite à droite et la limite à gauche sont égales, donc h admet une limite « globale » en 0 : $\lim\limits_{x\to 0} h(x) = +\infty$.

4. $i(x)$ existe si $x^2+2 \neq 0$ ce qui est toujours vrai donc $D_i = \mathbb{R}$.

$$\frac{3x+1}{x^2+2} = \frac{x\left(3+\frac{1}{x}\right)}{x^2\left(1+\frac{2}{x^2}\right)} = \frac{\left(3+\frac{1}{x}\right)}{x\left(1+\frac{2}{x^2}\right)}$$

Limite en $+\infty$: $\left.\begin{array}{l}\lim\limits_{x\to+\infty} 3+\frac{1}{x}=3\\ \lim\limits_{x\to+\infty} x=+\infty\\ \lim\limits_{x\to+\infty} 1+\frac{2}{x^2}=1\end{array}\right\}$ Par produit et quotient, $\lim\limits_{x\to+\infty} \frac{3x+1}{x^2+2}=0$

$\lim\limits_{x\to 0}\cos(x)=1$. Par composée, $\lim\limits_{x\to+\infty} i(x)=1$

Limite en $-\infty$: $\left.\begin{array}{l}\lim\limits_{x\to-\infty} 3+\frac{1}{x}=3\\ \lim\limits_{x\to-\infty} x=-\infty\\ \lim\limits_{x\to-\infty} 1+\frac{2}{x^2}=1\end{array}\right\}$ Par produit et quotient, $\lim\limits_{x\to-\infty} \frac{3x+1}{x^2+2}=0$

$\lim\limits_{x\to 0}\cos(x)=1$. Par composée, $\lim\limits_{x\to-\infty} i(x)=1$

Exercice 20.3

1. a. $\frac{4x+1}{x}=4+\frac{1}{x}$

Limite en $+\infty$: $\left.\begin{array}{l}\lim\limits_{x\to+\infty} 4+\frac{1}{x}=4\\ \lim\limits_{x\to 4} x^3=64\end{array}\right\}$ Par composée, $\lim\limits_{x\to+\infty} f(x)=64$

Limite en $-\infty$: $\left.\begin{array}{l}\lim\limits_{x\to-\infty} 4+\frac{1}{x}=4\\ \lim\limits_{x\to 4} x^3=64\end{array}\right\}$ Par composée, $\lim\limits_{x\to-\infty} f(x)=64$

b. Limite à droite de 0 : $\left.\begin{array}{l}\lim\limits_{x\to 0} 4x+1=1\\ \lim\limits_{\substack{x\to 0\\ x>0}} x=0^+\end{array}\right\}$ Par quotient, $\lim\limits_{\substack{x\to -0\\ x>0}} \frac{4x+1}{x}=+\infty$

$\lim\limits_{x\to+\infty} x^3=+\infty$. Par composée, $\lim\limits_{\substack{x\to 0\\ x>0}} f(x)=+\infty$.

Limite à gauche de 0 : $\left.\begin{array}{l}\lim\limits_{x\to 0} 4x+1=1\\ \lim\limits_{\substack{x\to 0\\ x<0}} x=0^-\end{array}\right\}$ Par quotient, $\lim\limits_{\substack{x\to 0\\ x<0}} \frac{4x+1}{x}=-\infty$

$\lim\limits_{x\to-\infty} x^3=-\infty$. Par composée, $\lim\limits_{\substack{x\to 0\\ x<0}} f(x)=-\infty$.

2. a. $f(x)=(u(x))^3$ avec u dérivable sur $\mathbb{R}^*$ donc f est dérivable sur $\mathbb{R}^*$.

$$f'(x)=3u'(x)u(x)^2=3\left(\frac{4x+1}{x}\right)^2\times\frac{4x-(4x+1)}{x^2}=-\frac{3}{x^2}\left(\frac{4x+1}{x}\right)^2$$

b. Ainsi $f'(x)<0$ donc f est décroissante sur $\mathbb{R}^*$.

21 QUELLES INTERPRÉTATIONS GRAPHIQUES DES LIMITES ?

EXERCICE 21.1

1. $f(x)$ existe si $x^2+2\neq 0$ c'est-à-dire $D_f=\mathbb{R}$.

   Limite en $+\infty$: $\lim\limits_{x\to+\infty} x^2+2=+\infty$. Par quotient, $\lim\limits_{x\to+\infty} f(x)=0$.

   Limite en $-\infty$: $\lim\limits_{x\to-\infty} x^2+2=+\infty$. Par quotient, $\lim\limits_{x\to-\infty} f(x)=0$.

   Ainsi la droite d'équation y = 0 est asymptote horizontale à C_f en $+\infty$ et $-\infty$.

2. $f(x)$ existe si $x-2\neq 0$ c'est-à-dire $D_f=\mathbb{R}\setminus\{2\}$.

   Limite à droite de 2 : $\left.\begin{array}{l}\lim\limits_{x\to2} 3x+1=7\\ \lim\limits_{\substack{x\to2\\x>2}} x-2=0^+\end{array}\right\}$ Par quotient, $\lim\limits_{\substack{x\to2\\x>2}} f(x)=+\infty$

   Limite à gauche de 2 : $\left.\begin{array}{l}\lim\limits_{x\to2} 3x+1=7\\ \lim\limits_{\substack{x\to2\\x<2}} x-2=0^-\end{array}\right\}$ Par quotient, $\lim\limits_{\substack{x\to2\\x<2}} f(x)=-\infty$

   Ainsi la droite d'équation x = 2 est asymptote verticale à la courbe.

   $$f(x)=\frac{x\left(3+\frac{1}{x}\right)}{x\left(1-\frac{2}{x}\right)}=\frac{3+\frac{1}{x}}{1-\frac{2}{x}}$$

   Limite en $+\infty$: $\left.\begin{array}{l}\lim\limits_{x\to+\infty} 3+\frac{1}{x}=3\\ \lim\limits_{x\to+\infty} 1-\frac{2}{x}=1\end{array}\right\}$ Par quotient, $\lim\limits_{x\to+\infty} f(x)=3$.

   Limite en $-\infty$: $\left.\begin{array}{l}\lim\limits_{x\to-\infty} 3+\frac{1}{x}=3\\ \lim\limits_{x\to-\infty} 1-\frac{2}{x}=1\end{array}\right\}$ Par quotient, $\lim\limits_{x\to-\infty} f(x)=3$.

   Ainsi la droite d'équation y = 3 est asymptote horizontale en $+\infty$ et en $-\infty$.

3. $f(x)$ existe si $x(\cos(x)+2)\neq 0 \Leftrightarrow x\neq 0$ car $\cos(x)+2$ est toujours non nul.

Donc $D_f = \mathbb{R}^*$.

Limite à droite de 0 : $\left.\begin{array}{l}\lim\limits_{x\to 0}\cos(x)+2=2\\ \lim\limits_{\substack{x\to 0\\ x>0}} x=0^+\end{array}\right\}$ Par quotient, $\lim\limits_{\substack{x\to 0\\ x>0}} f(x)=+\infty$

Limite à gauche de 0 : $\left.\begin{array}{l}\lim\limits_{x\to 0}\cos(x)+2=2\\ \lim\limits_{\substack{x\to 0\\ x<0}} x=0^-\end{array}\right\}$ Par quotient, $\lim\limits_{\substack{x\to 0\\ x<0}} f(x)=-\infty$

Ainsi la droite d'équation $x = 0$ est asymptote verticale à la courbe.

Limite en $+\infty$: $-1\leq\cos(x)\leq 1$ d'où $1\leq\cos(x)+2\leq 3$.

Si $x > 0$ alors $0<x\leq x(\cos(x)+2)\leq 3x$.

Par passage à l'inverse sur $]0;+\infty[$ on obtient $\frac{1}{x}\geq f(x)\geq\frac{1}{3x}$. $\lim\limits_{x\to+\infty}\frac{1}{x}=\lim\limits_{x\to+\infty}\frac{1}{3x}=0$.

Par le théorème des gendarmes, $\lim\limits_{x\to+\infty} f(x)=0$.

La droite d'équation $y = 0$ est asymptote horizontale à C_f en $+\infty$.

Limite en $-\infty$: $-1\leq\cos(x)\leq 1$ d'où $1\leq\cos(x)+2\leq 3$.

Si $x < 0$ alors $0>x\geq x(\cos(x)+2)\geq 3x$. Par passage à l'inverse sur $]-\infty;0[$, on obtient $\frac{1}{x}\leq f(x)\leq\frac{1}{3x}$. $\lim\limits_{x\to-\infty}\frac{1}{x}=\lim\limits_{x\to-\infty}\frac{1}{3x}=0$.

Par le théorème des gendarmes, $\lim\limits_{x\to-\infty} f(x)=0$.

La droite d'équation $y = 0$ est asymptote horizontale à C_f en $-\infty$.

4. $f(x)$ existe si $\frac{1-3x}{x^2+2}\geq 0$ et $x^2+2\neq 0$.

Comme $x^2+2>0$ il faut $1-3x\geq 0\Leftrightarrow\frac{1}{3}\geq x$ donc $D_f=\left]-\infty;\frac{1}{3}\right]$.

Limite en $+\infty$: $\frac{1-3x}{x^2+2}=\frac{\frac{1}{x}-3}{x\left(1+\frac{2}{x^2}\right)}$

$\left.\begin{array}{l}\lim\limits_{x\to+\infty}\frac{1}{x}-3=-3\\ \lim\limits_{x\to+\infty} x\left(1+\frac{2}{x^2}\right)=+\infty\end{array}\right\}$ Par quotient, $\lim\limits_{x\to+\infty} f(x)=0$, $\lim\limits_{x\to 0}\sqrt{x}=0$.

Par composée, $\lim\limits_{x\to+\infty} f(x)=0$.

La droite d'équation $y = 0$ est asymptote horizontale à C_f en $-\infty$.

EXERCICE 21.2

1. $f(x)$ existe si $1-x^2 \neq 0 \Leftrightarrow x^2 \neq 1 \Leftrightarrow x \neq 1$ et $x \neq -1$ ainsi $D_f = \mathbb{R} \setminus \{-1;1\}$.

2. a. $f(x) = \dfrac{x^2-3x+2}{1-x^2} = \dfrac{1-\dfrac{3}{x}+\dfrac{2}{x^2}}{\dfrac{1}{x^2}-1}$

$$\left.\begin{array}{l} \lim\limits_{x\to+\infty} 1-\dfrac{3}{x}+\dfrac{2}{x^2}=1 \\ \lim\limits_{x\to+\infty} \dfrac{1}{x^2}-1=-1 \end{array}\right\} \text{Par quotient, } \lim_{x\to+\infty} f(x)=-1$$

$$\left.\begin{array}{l} \lim\limits_{x\to-\infty} 1-\dfrac{3}{x}+\dfrac{2}{x^2}=1 \\ \lim\limits_{x\to-\infty} \dfrac{1}{x^2}-1=-1 \end{array}\right\} \text{Par quotient, } \lim_{x\to-\infty} f(x)=-1$$

Ainsi la droite d'équation y = –1 est asymptote horizontale à C_f en $+\infty$ et en $-\infty$.

b. Il faut étudier le signe de $f(x) - (-1)$:

$$f(x)+1 = \frac{x^2-3x+2}{1-x^2}+1 = \frac{x^2-3x+2+1-x^2}{1-x^2} = \frac{-3x+3}{(1-x)(1+x)}$$

x	$-\infty$		–1		1		$+\infty$
–3x + 3		+		+	0	–	
1 – x		+		+	0	–	
1 + x		–	0	+		+	
f(x) + 1		– C est en-dessous de la droite y = –1	||	+ C est au-dessus de la droite y = –1	||	+ C est au-dessus de la droite y = –1	

3. Limite à droite de –1 :
$$\left.\begin{array}{l} \lim\limits_{x\to-1} x^2-3x+2=6 \\ \lim\limits_{\substack{x\to-1\\x>-1}} 1-x^2=0^+ \end{array}\right\} \text{Par quotient, } \lim_{\substack{x\to-1\\x>-1}} f(x)=+\infty$$

Limite à gauche de –1 :
$$\left.\begin{array}{l} \lim\limits_{x\to-1} x^2-3x+2=6 \\ \lim\limits_{\substack{x\to-1\\x<-1}} 1-x^2=0^- \end{array}\right\} \text{Par quotient, } \lim_{\substack{x\to-1\\x<-1}} f(x)=-\infty$$

Ainsi la droite d'équation x = –1 est asymptote verticale à la courbe.

4. a. $\dfrac{x-2}{x+1} = \dfrac{(x-2)(x-1)}{(x+1)(x-1)} = \dfrac{x^2-x-2x+2}{x^2-1} = f(x)$ si $x \neq 1$

b. $$\left.\begin{array}{l} \lim\limits_{x\to1} x-2=-1 \\ \lim\limits_{x\to1} 1+x=2 \end{array}\right\} \text{Par quotient, } \lim_{x\to1} f(x)=-\frac{1}{2}$$

5. f est dérivable sur $\mathbb{R}\setminus\{-1;1\}$.

$$f'(x)=\frac{(2x-3)(1-x^2)-(x^2-3x+2)(-2x)}{(1-x^2)^2}=\frac{-3(x-1)^2}{(1-x^2)^2}<0$$

f est donc décroissante sur $\mathbb{R}\setminus\{-1;1\}$.

6.

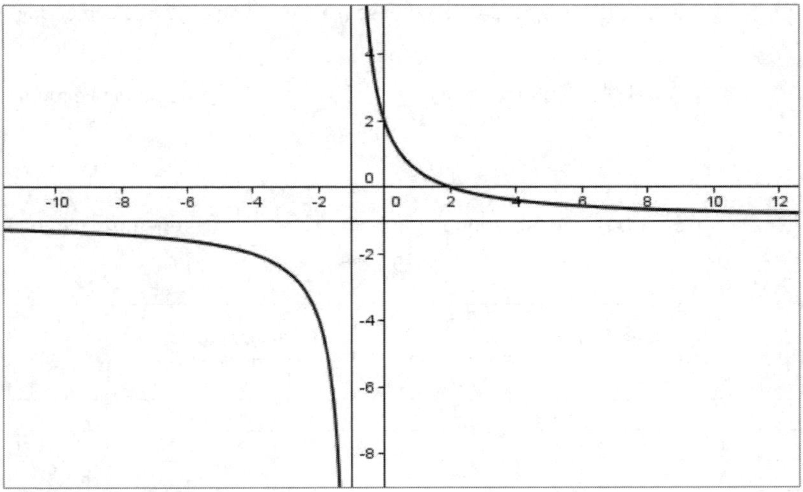

Exercice 21.3

1. **a.** Limite à droite de -1 : $\left.\begin{array}{l}\lim\limits_{x\to-1} 3x^2+2x+2=3\\ \lim\limits_{\substack{x\to-1\\x>-1}} 1+x=0^+\end{array}\right\}$ Par quotient, $\lim\limits_{\substack{x\to-1\\x>-1}} f(x)=+\infty$

Limite à gauche de -1 : $\left.\begin{array}{l}\lim\limits_{x\to-1} 3x^2+2x+2=3\\ \lim\limits_{\substack{x\to-1\\x<-1}} 1+x=0^-\end{array}\right\}$ Par quotient, $\lim\limits_{\substack{x\to-1\\x<-1}} f(x)=-\infty$

b. Ainsi la droite d'équation x = –1 est asymptote verticale à la courbe.

2. **a.** $$f(x)=\frac{x^2\left(3+\frac{2}{x}+\frac{2}{x^2}\right)}{x\left(1+\frac{1}{x}\right)}=x\frac{3+\frac{2}{x}+\frac{2}{x^2}}{1+\frac{1}{x}}$$

$\left.\begin{array}{l}\lim\limits_{x\to+\infty} 3+\frac{2}{x}+\frac{2}{x^2}=3\\ \lim\limits_{x\to+\infty} x=+\infty\\ \lim\limits_{x\to+\infty} 1+\frac{1}{x}=1\end{array}\right\}$ Par produit et quotient, $\lim\limits_{x\to+\infty} f(x)=+\infty$

$$\left.\begin{array}{l}\lim_{x\to-\infty} 3+\frac{2}{x}+\frac{2}{x^2}=3\\ \lim_{x\to-\infty} x=-\infty\\ \lim_{x\to-\infty} 1+\frac{1}{x}=1\end{array}\right\}\text{Par produit et quotient, } \lim_{x\to-\infty} f(x)=-\infty$$

b. $\frac{f(x)}{x}=\frac{3+\frac{2}{x}+\frac{2}{x^2}}{1+\frac{1}{x}}$, on a donc $\lim_{x\to+\infty}\frac{f(x)}{x}=3$ et $\lim_{x\to-\infty}\frac{f(x)}{x}=3$.

c. $f(x)-3x=\frac{3x^2+2x+2}{1+x}-3x=\frac{-x+2}{1+x}=\frac{-1+\frac{2}{x}}{1+\frac{1}{x}}$

$$\left.\begin{array}{l}\lim_{x\to+\infty} -1+\frac{2}{x}=-1\\ \lim_{x\to+\infty} 1+\frac{1}{x}=1\end{array}\right\}\text{Par quotient, } \lim_{x\to+\infty} f(x)-3x=-1$$

$$\left.\begin{array}{l}\lim_{x\to-\infty} -1+\frac{2}{x}=-1\\ \lim_{x\to-\infty} 1+\frac{1}{x}=1\end{array}\right\}\text{Par quotient, } \lim_{x\to-\infty} f(x)-3x=-1$$

d. Étude du signe de $f(x)-(3x-1)=\frac{3x^2+2x+2}{1+x}-(3x-1)=\frac{3}{1+x}$

donc du signe de 1 + x.

x	$+\infty$	-1	$-\infty$
f(x) – (3x – 1)	– C est en-dessous de la droite y = 3x – 1	||	+ C est au-dessus de la droite y = 3x – 1

Remarque : la droite d'équation $y = 3x - 1$ est dite asymptote oblique à la courbe en $+\infty$ et en $-\infty$ car $\lim_{x\to+\infty} f(x)-(3x-1)=0$ et $\lim_{x\to-\infty} f(x)-(3x-1)=0$.

22 COMMENT ÉTUDIER LA CONTINUITÉ EN UN POINT ?

Exercice 22.1

1. f est continue sur $[0;+\infty[$ et sur $]-\infty;0[$.

$\lim_{\substack{x\to0\\x>0}} f(x)=\lim_{\substack{x\to0\\x>0}} 3x+1=1$ et $\lim_{\substack{x\to0\\x<0}} f(x)=\lim_{\substack{x\to0\\x<0}} 1-x=1$. Or f(1) = 1 donc f est continue en 0.

2. f est continue sur $[1;+\infty[$ et sur $]-\infty;1[$.

$\lim_{\substack{x\to1\\x>1}} f(x)=\lim_{\substack{x\to1\\x>1}} 1-2x=-1$ et $\lim_{\substack{x\to1\\x<1}} f(x)=\lim_{\substack{x\to1\\x<1}} 3x=3$. Donc f n'est pas continue en 1.

3. f est continue sur $[0;+\infty[$ et sur $]-\infty;0[$.

$\dfrac{\sin(x)}{x}$ est le taux de variation de la fonction sinus en 0.

Or la fonction sinus est dérivable sur $\mathbb{R}$ de dérivée cos(x).

Donc $\lim\limits_{x\to 0} f(x) = 1 = f(0)$. Donc f est continue en 0.

Exercice 22.2

1. f est continue sur $\mathbb{R}\setminus\{2\}$. 2 annule $-3x^2 + 5x + 2$.

Factorisons le polynôme $-3x^2 + 5x + 2$.

$\Delta = 5^2 + 24 = 49, x_1 = 2$ et $x_2 = -\dfrac{1}{3}$ ainsi $-3x^2 + 5x + 2 = -3(x-2)\left(x+\dfrac{1}{3}\right)$.

D'où $f(x) = \dfrac{(x-2)(-3x-1)}{2-x} = 3x+1$ et $\lim\limits_{x\to 2} f(x) = 7$.

Ainsi en posant $m = 7$ on a $\lim\limits_{x\to 2} f(x) = f(2)$ et f continue sur $\mathbb{R}$.

2. f est continue sur $\mathbb{R}\setminus\{3\}$. 3 annule $-x^2 + 2x + 3$.

Factorisons le polynôme $-x^2 + 2x + 3$.

$\Delta = 16, x_1 = 3$ et $x_2 = -1$ ainsi $-x^2 + 2x + 3 = -(x-3)(x+1)$.

D'où $f(x) = \dfrac{-(x-3)x+1)}{(x^2+1)(3-x)} = \dfrac{x+1}{x^2+1}$ et $\lim\limits_{x\to 3} f(x) = \dfrac{2}{5}$.

Ainsi en posant $m = \dfrac{2}{5}$ a $\lim\limits_{x\to 3} f(x) = f(3)$ et f continue sur $\mathbb{R}$.

Exercice 22.3

1. f est définie sur $\mathbb{R}\setminus\{1\}$

$$\left.\begin{array}{l}\lim\limits_{x\to 1} 3x^2+2 = 5 \\ \lim\limits_{\substack{x\to 1\\ x>1}} 1-x = 0^+\end{array}\right\}\text{Par quotient, } \lim\limits_{\substack{x\to 1\\ x>1}} f(x) = +\infty$$

donc on ne peut pas prolonger f par continuité en 1.

2. g est définie sur $\mathbb{R}\setminus\{0\}$ et $g(x) = -\dfrac{\sin(x)}{x}$ donc $\lim\limits_{x\to 0} g(x) = -1$.

On peut donc prolonger g par continuité sur $\mathbb{R}$ en posant $g(0) = -1$.

3. h est définie sur $\mathbb{R}\setminus\{0\}$

$$\left.\begin{array}{l}\lim\limits_{x\to 0} \cos^2(x)-\sin^2(x) = 1 \\ \lim\limits_{\substack{x\to 0\\ x>0}} x = 0^+\end{array}\right\}\text{Par quotient, } \lim\limits_{\substack{x\to 0\\ x>0}} h(x) = +\infty$$

donc on ne peut pas prolonger h par continuité en 0.

23 QUELLES APPLICATIONS DU TVI ?

EXERCICE 23.1

Sur $]-\infty;3]$, f est continue et strictement croissante à valeurs dans $]-\infty;2]$.

$0 \in]-\infty;2]$. Par le TVI, l'équation f(x) = 0 admet une unique solution dans $]-\infty;3]$.

Sur $[3;1[$, f est continue et strictement décroissante à valeurs dans $]-\infty;2]$.

$0 \in]-\infty;2]$. Par le TVI, l'équation f(x) = 0 admet une unique solution dans $[3;1[$.

Sur $]1;4]$, f admet 2 pour minimum donc l'équation f(x) = 0 ne peut pas admettre de solution sur $]1;4]$.

Sur $[4;+\infty[$, f est continue et strictement décroissante à valeurs dans $]-\infty;1]$.

$0 \in]-\infty;1]$. Par le TVI, l'équation f(x) = 0 admet une unique solution dans $[4;+\infty[$.

Au vu de notre étude, l'équation f(x) = 0 admet exactement trois solutions sur $\mathbb{R}\setminus\{1\}$.

EXERCICE 23.2

1. Pour x < 0, f(x) > 0 donc l'équation f(x) = 0 n'admet pas de solutions sur $]-\infty;0[$

   f est continue et strictement décroissante sur]0;2] à valeurs dans $[-1;+\infty[$

   $0 \in [-1;+\infty[$ par le TVI, l'équation f(x) = 0 admet une unique solution sur]0;2].

   f est continue et croissante sur $[2;+\infty[$ à valeurs dans $[-1;+\infty[$.

   $0 \in [-1;+\infty[$ par le TVI, l'équation f(x) = 0 admet une unique solution sur $[2;+\infty[$.

   Ainsi l'équation f(x) = 0 admet exactement deux solutions sur $\mathbb{R}\setminus\{0\}$. La proposition est fausse.

2. *f* est continue et strictement croissante sur $]-\infty;0[$ valeurs dans $]0;+\infty[$.

   $k \in]0;+\infty[$ par le TVI, l'équation f(x) = k admet une unique solution sur $]-\infty;0[$.

   f est continue et strictement décroissante sur]0;2] à valeurs dans $[-1;+\infty[$

   $k \in [-1;+\infty[$ par le TVI, l'équation f(x) = k admet une unique solution sur]0;2].

   f est continue et croissante sur $[2;+\infty[$ à valeurs dans $[-1;+\infty[$.

   $k \in [-1;+\infty[$ par le TVI, l'équation f(x) = *k* admet une unique solution sur $[2;+\infty[$.

   Ainsi l'équation f(x) = *k* admet exactement trois solutions sur $\mathbb{R}\setminus\{0\}$. La proposition est vraie.

3. *f* admet –1 pour minimum sur $\mathbb{R}\setminus\{0\}$ donc l'équation f(x) = –2 par exemple n'admet pas de solution sur $\mathbb{R}\setminus\{0\}$. La proposition est fausse.

EXERCICE 23.3

1. $\lim\limits_{x\to-\infty} x^4 = \lim\limits_{x\to\pm\infty} -4x^3 = \lim\limits_{x\to\pm\infty} 4x^2 = +\infty$ donc $\lim\limits_{x\to-\infty} f(x) = +\infty$

   $f(x) = x^4\left(1-\frac{4}{x}+\frac{4}{x^2}-\frac{1}{x^4}\right)$, $\lim\limits_{x\to+\infty} x^4 = +\infty$ et $\lim\limits_{x\to+\infty} 1-\frac{4}{x}+\frac{4}{x^2}-\frac{1}{x^4} = 1$.

   Par produit, $\lim\limits_{x\to+\infty} f(x) = +\infty$.

2. f est dérivable sur $\mathbb{R}$ et $f'(x) = 4x^3 - 12x^2 + 8x = 4x(x^2 - 3x + 2)$

$\Delta = 1, x_1 = 1$ et $x_2 = 2$

x	$-\infty$		0		1		2		$+\infty$
4x		–	0	+		+		+	
x^2-3x+2		+		+	0	–	0	+	
f'(x)		–	0	+	0	–	0	+	
f(x)	$+\infty$	↘	–1	↗	0	↘	–1	↗	$+\infty$

3. Sur $]-\infty;0]$ f est continue et strictement décroissante à valeurs dans $[-1;+\infty[$.

$0 \in [-1;+\infty[$ Par le TVI, l'équation f(x) = 0 admet une unique solution sur $]-\infty;0]$.

Sur $[0;2]\setminus\{1\}$ f est strictement négative donc f ne s'annule pas.

f(1) = 0 donc 1 est solution entière de f(x) = 0.

Sur $[2;+\infty[$ f est continue et strictement croissante à valeurs dans $[-1;+\infty[$.

$0 \in [-1;+\infty[$ Par le TVI, l'équation f(x) = 0 admet une unique solution sur $[2;+\infty[$.

24 QU'EST-CE QUE LA MÉTHODE DE DICHOTOMIE ?

EXERCICE 24.1

1. V est dérivable sur [0;4] et $V'(x) = -3x^2 + 8x = x(-3x + 8)$

x	0		$\frac{8}{3}$		4
x	0	+		+	
–3x + 8		+	0	–	
V'(x)		+	0	–	
V(x)	0	↗	$\frac{256}{27}$	↘	0

2. V est continue et strictement croissante sur $\left[0;\frac{8}{3}\right]$ à valeurs dans $\left[0;\frac{256}{27}\right]$

$2 \in \left[0;\frac{256}{27}\right]$.

Par le TVI, l'équation f(x) = 0 admet une unique solution sur $\left[0;\frac{8}{3}\right]$ notée α.

V est continue et strictement décroissante sur $\left[\frac{8}{3};4\right]$ à valeurs dans $\left[0;\frac{256}{27}\right]$

$2 \in \left[0;\frac{256}{27}\right]$.

Par le TVI, l'équation f(x) = 0 admet une unique solution sur $\left[\frac{8}{3};4\right]$ notée β.

3. A l'aide du menu Table de la calculatrice, V(0,78) = 1,959 et V(0,79) = 2,0033 d'où $0{,}78 < \alpha < 0{,}79$.

4. L'algorithme suivant effectue une recherche par dichotomie de la solution à f(x) = 0 sur $\left[\frac{8}{3};4\right]$ qui correspond au nombre β.

Exercice 24.2

1. **a.** $h=\frac{4\pi-0}{n}=\frac{4\pi}{n}$ **b.** $x_{i+1}=x_i+h=x_i+\frac{4\pi}{n}$

2. Variables :
n un entier
x, *y* deux réels

Traitement :
y prend la valeur 0
x prend la valeur 0
    pour *k* allant de 1 à *n* faire
        si *f*(*x*) = 0 alors
            y prend la valeur *y* + 1
        sinon
        si *f*(*x*) × *f*(*x* + 4π/n) < 0 alors
            y prend l valeur *y* + 1
            x prend la valeur *x* + 4π/*n*
        si *f*(*x*) = 0 alors
            y prend la valeur *y* + 1
Afficher *y*

3. On utilise le logiciel de son choix ou la calculatrice et on trouve 20 zéros pour *n* = 40 ou 60.

4. f(*x*) = 0 revient à cos(2*x*)sin(3*x*) = 0 ce qui est réalisé si cos(2*x*) = 0 ou sin(3*x*) = 0.

$$\cos(2x)=0 \Leftrightarrow 2x=\frac{\pi}{2}+2k\pi, k\in\mathbb{Z} \text{ ou } 2x=-\frac{\pi}{2}+2k\pi, k\in\mathbb{Z}$$

$$\Leftrightarrow x=\frac{\pi}{4}+k\pi, k\in\mathbb{Z} \text{ ou } x=-\frac{\pi}{4}+k\pi, k\in\mathbb{Z}$$

$$\sin(3x)=0 \Leftrightarrow 3x=0+2k\pi, k\in\mathbb{Z} \text{ ou } 3x=\pi+2k\pi, k\in\mathbb{Z}$$

$$\Leftrightarrow x=\frac{2k\pi}{3}, k\in\mathbb{Z} \text{ ou } x=\frac{\pi}{3}+\frac{2k\pi}{3}, k\in\mathbb{Z}$$

D'où les solutions dans [0;4π] :

$$S=\left\{\frac{\pi}{4};\frac{5\pi}{4};\frac{9\pi}{4};\frac{11\pi}{4};\frac{3\pi}{4};\frac{7\pi}{4};\frac{9\pi}{4};\frac{13\pi}{4};0;\frac{2\pi}{3};\frac{4\pi}{3};2\pi;\frac{8\pi}{3};\frac{10\pi}{3};\frac{\pi}{3};\pi;\frac{5\pi}{3};\frac{7\pi}{3}; 3\pi;\frac{11\pi}{3}\right\}$$

25 QUELLES RÈGLES DE CALCULS AVEC L'EXPONENTIELLE ?

Exercice 25.1

1. $e^5 \times e^{-3} = e^{5-3} = e^2$
2. $\frac{e^3}{e^2} = e^{3-2} = e$
3. $(e^x)^4 \times e^{-2x} = e^{4x-2x} = e^{2x}$
4. $\frac{3}{4} \times e^{5-2+1} = \frac{3}{4} e^4$
5. $\frac{e^x(e^x+1)}{e^x} = e^x + 1$
6. $\frac{e^{1-x}}{e^{2x}} = e^{1-x-2x} = e^{1-3x}$
7. $\frac{(e^{x+2})^3}{e^{2x}} = \frac{e^{3x+6}}{e^{2x}} = e^{x+6}$
8. $\frac{3}{4} \times \frac{(e^{x-1})^2}{2e^{-x}} = \frac{3}{8}\frac{e^{2x-2}}{e^{-x}} = \frac{3}{8} e^{3x-2}$

Exercice 25.2

1. a. $(e^{2x}-1)^2 + e^x(1-3e^{-x})^2 = e^{4x} - 2e^{2x} + 1 + e^x(1-6e^{-x}+9e^{-2x})$
   $= e^{4x} - 2e^{2x} + 1 + e^x - 6 + 9e^{-x} = e^{4x} - 2e^{2x} + e^x + 9e^{-x} - 5$
   b. $(e^x - e^{-x})^2 - e^{-x}(1+e^{3x}) = e^{2x} - 2e^x e^{-x} + e^{-2x} - e^{-x} - e^{-x+3x}$
   $= e^{2x} - 2 + e^{-2x} - e^{-x} - e^{2x} = -2 + e^{-2x} - e^{-x}$
2. a. $e^{4x} - 4e^{2x} + 4 = (e^x - 2)^2$
   b. $9e^{2x} - 6 + e^{-2x} = (3e^x - e^{-x})^2$
   c. $4e^{6x} - 1 = (2e^{3x} - 1)(2e^{3x} + 1)$

26 COMMENT RÉSOUDRE DES ÉQUATIONS ET DES INÉQUATIONS AVEC L'EXPONENTIELLE ?

Exercice 26.1

1. $e^{1-x} = e^{1-x^2} \Leftrightarrow 1-x = 1-x^2 \Leftrightarrow 1-x = (1-x)(1+x)$
   $\Leftrightarrow x(1-x) = 0 \Leftrightarrow x = 0$ ou $x = 1$
2. $e^{3x} = 0$ impossible car une exponentielle est toujours strictement positive.
3. $(e^{x-1})^2 = e \Leftrightarrow e^{2x-2} = e^1 \Leftrightarrow 2x-2 = 1 \Leftrightarrow x = \frac{3}{2}$
4. $e^{(x-1)^2} = e \Leftrightarrow (x-1)^2 = 1 \Leftrightarrow x^2 - 2x + 1 - 1 = 0 \Leftrightarrow x(x-2) = 0 \Leftrightarrow x = 0$ ou $x = 2$
5. $e^{2x} - 2e^x + 1 = 0 \Leftrightarrow (e^x - 1)^2 = 0 \Leftrightarrow e^x - 1 = 0 \Leftrightarrow e^x = 1 = e^0 \Leftrightarrow x = 0$
6. $e^{2x} + 2e^x - 3 = 0$. Soit $X = e^x$ alors X vérifie $X^2 + 2X - 3 = 0, \Delta = 16, X_1 = -3$ et $X_2 = 1$
   D'où $e^x = -3$ ce qui est impossible ou $e^x = 1 = e^0 \Leftrightarrow x = 0$.
   Il y a donc une unique solution 0.

EXERCICE 26.2

1. $e^{2x+1} < e \Leftrightarrow 2x+1<1 \Leftrightarrow x<0, S=]-\infty;0[$

2. $2e^{4x-2}-2<0 \Leftrightarrow e^{4x-2}<1 \Leftrightarrow e^{4x-2}<e^0 \Leftrightarrow 4x-2<0 \Leftrightarrow x<\frac{1}{2}, S=\left]-\infty;\frac{1}{2}\right[$

3. $e^{(x-1)^2}>e^2 \Leftrightarrow (x-1)^2>2 \Leftrightarrow x^2-2x+1>2 \Leftrightarrow x^2-2x-1>0$

   $\Delta=8, x_1=1-\sqrt{2}$ ou $x_2=1+\sqrt{2}$

x	$-\infty$		$1-\sqrt{2}$		$1+\sqrt{2}$		$+\infty$
x^2-2x-1		+	0	−	0	+	

   D'où $S=]-\infty;1-\sqrt{2}[\cup]1+\sqrt{2};+\infty[$

4. $e^{2x}-2e^x+1\geq 0 \Leftrightarrow (e^x-1)^2\geq 0$ ce qui est toujours vrai d'où $S=\mathbb{R}$.

5. $e^{2x}+e^x-2<0$. Soit $X=e^x$ alors X vérifie $X^2+X-2<0, \Delta=9$

   $X_1=-2$ et $X_2=1$

X	$-\infty$		-2		1		$+\infty$
X^2+X-2		+	0	−	0	+	

   D'où $X^2+X-2<0$ si $X\in[-2;1]$ c'est-à-dire $-2<e^x<1$.

   Or $e^x>0$ donc la condition s'écrit $e^x<1$ c'est-à-dire $x<0$: $S=]-\infty;0[$.

EXERCICE 26.3

1. $\dfrac{e^x-1}{e^x+2}=0$. Comme $e^x>0$, il n'y a pas de valeurs interdites et l'équation est donc équivalente à $e^x-1=0$ c'est-à-dire $e^x=1=e^0, x=0, S=\{0\}$.

2. $\dfrac{e^{2x}+2e^x}{e^x}=-1$. Comme $e^x>0$, il n'y a pas de valeurs interdites et l'équation est donc équivalente à $e^{2x}+2e^x=-e^x \Leftrightarrow e^{2x}+3e^x=0 \Leftrightarrow e^x(e^x+3)=0 \Leftrightarrow e^x=0$ ou $e^x=-3$

   Les deux sont impossibles donc $S=\varnothing$

3. $\dfrac{e^{2x}-e^x}{e^x}\leq 0 \Leftrightarrow \dfrac{e^x(e^x-1)}{e^x}\leq 0 \Leftrightarrow e^x-1\leq 0$ car il n'y a pas de valeurs interdites.

   $e^x\leq e^0 \Leftrightarrow x\leq 0 : S=]-\infty;0]$

4. Soit $X=e^x$, alors X vérifie $\dfrac{X^2+X-2}{X-1}\geq 0$

   $X^2+X-2 : \Delta=9, X_1=2$ et $X_2=1$

X	$-\infty$		-2		1		$+\infty$
X^2+X-2		+	0	−	0	+	
$X-1$		−		−	0	+	
$\frac{X^2+X-2}{X-1}$		−	0	+	||	+	

   D'où $X\in[-2;1[\cup]1;+\infty[$ ainsi $e^x\in[-2;1[\cup]1;+\infty[$.

   Comme $e^x>0$ on a donc $e^x\neq 1, x\neq 0$. D'où $S=\mathbb{R}^*$.

27 COMMENT DÉTERMINER DES LIMITES UTILISANT LA FONCTION EXPONENTIELLE ?

Exercice 27.1

1. $\lim\limits_{x\to+\infty} 3x=+\infty$ et $\lim\limits_{x\to+\infty} e^x=+\infty$. Par composée, $\lim\limits_{x\to+\infty} e^{3x}=+\infty$.

   $2x^2-x+1=x^2\left(2-\dfrac{1}{x}+\dfrac{1}{x^2}\right)$. $\lim\limits_{x\to+\infty} x^2=+\infty$ et $\lim\limits_{x\to+\infty} 2-\dfrac{1}{x}+\dfrac{1}{x^2}=2$.

   Par produit, $\lim\limits_{x\to+\infty} 2x^2-x+1=+\infty$. Par somme, $\lim\limits_{x\to+\infty} e^{3x}+2x^2-x+1=+\infty$.

2. $x^2-x+1=x^2\left(1-\dfrac{1}{x}+\dfrac{1}{x^2}\right)$. $\lim\limits_{x\to+\infty} x^2=+\infty$ et $\lim\limits_{x\to+\infty} 1-\dfrac{1}{x}+\dfrac{1}{x^2}=1$.

   Par produit, $\lim\limits_{x\to+\infty} x^2-x+1=+\infty$.

   Comme $\lim\limits_{x\to+\infty} e^x=+\infty$, par composée $\lim\limits_{x\to+\infty} e^{x^2-x+1}=+\infty$.

3. $\lim\limits_{x\to-\infty} -x=+\infty$ et $\lim\limits_{x\to+\infty} e^x=+\infty$ d'où $\lim\limits_{x\to-\infty} e^{-x}=+\infty$

   $\lim\limits_{x\to-\infty} -x=+\infty$, par somme $\lim\limits_{x\to-\infty} e^{-x}-x=+\infty$.

4. $\lim\limits_{x\to0} 3-x=3$ et $\lim\limits_{x\to3} e^x=e^3$. Par composée, $\lim\limits_{x\to3} e^{3-x}=e^3$.

   $\lim\limits_{x\to0} x=0$. Par produit, $\lim\limits_{x\to0} xe^{3-x}=0$.

5. Limite à droite de 1 : $\lim\limits_{x\to1} e^x=e$ et $\lim\limits_{\substack{x\to1\\x>1}} 1-x=0^-$. Par quotient, $\lim\limits_{\substack{x\to1\\x>1}} \dfrac{e^x}{1-x}=-\infty$

   Limite à gauche de 1 : $\lim\limits_{x\to1} e^x=e$ et $\lim\limits_{\substack{x\to1\\x<1}} 1-x=0^+$. Par quotient, $\lim\limits_{\substack{x\to1\\x<1}} \dfrac{e^x}{1-x}=+\infty$

6. Limite à droite de 0 : $\lim\limits_{\substack{x\to0\\x>0}} \dfrac{1}{x}=+\infty$ et $\lim\limits_{x\to+\infty} e^x=+\infty$. Par composée, $\lim\limits_{\substack{x\to0\\x>0}} e^{\frac{1}{x}}=+\infty$

   Limite à gauche de 0 : $\lim\limits_{\substack{x\to0\\x<0}} \dfrac{1}{x}=-\infty$ et $\lim\limits_{x\to-\infty} e^x=0$. Par composée, $\lim\limits_{\substack{x\to0\\x<0}} e^{\frac{1}{x}}=0$.

Exercice 27.2

1. $e^x-x+3=e^x\left(1-\dfrac{x}{e^x}+\dfrac{3}{e^x}\right)$

   $\lim\limits_{x\to+\infty} e^x=+\infty$ donc $\lim\limits_{x\to+\infty} \dfrac{3}{e^x}=0$, $\lim\limits_{x\to+\infty} \dfrac{e^x}{x}=+\infty$ d'où $\lim\limits_{x\to+\infty} \dfrac{x}{e^x}=0$.

   Par somme, $\lim\limits_{x\to+\infty} 1-\dfrac{x}{e^x}+\dfrac{3}{e^x}=1$.Par produit, $\lim\limits_{x\to+\infty} e^x-x+3=+\infty$

2. $\dfrac{e^{2x}}{x}=\dfrac{(e^x)^2}{x}=x\times\left(\dfrac{e^x}{x}\right)^2$: $\lim\limits_{x\to+\infty} \dfrac{e^x}{x}=+\infty$ et $\lim\limits_{x\to+\infty} x^2=+\infty$.

   Par composée, $\lim\limits_{x\to+\infty} \left(\dfrac{e^x}{x}\right)^2=+\infty$. $\lim\limits_{x\to+\infty} x=+\infty$, par produit $\lim\limits_{x\to+\infty} \dfrac{e^{2x}}{x}=+\infty$

3. $xe^{3x}=\frac{x^3(e^x)^3}{x^2}=\frac{1}{x^2}\times\left(xe^x\right)^3$, $\lim\limits_{x\to-\infty} xe^x=0$ et $\lim\limits_{x\to 0} x^3=0$;

Par composée, $\lim\limits_{x\to-\infty}(xe^x)^3=0$. De plus, $\lim\limits_{x\to-\infty}\frac{1}{x^2}=0$. Par produit, $\lim\limits_{x\to-\infty} xe^{3x}=0$.

4. $\frac{e^{2x}-e^x}{x}=\frac{e^x(e^x-1)}{x}=e^x\frac{e^x-1}{x}$, $\lim\limits_{x\to 0} e^x=1$ et $\lim\limits_{x\to 0}\frac{e^x-1}{x}=1$.

Par produit, $\lim\limits_{x\to 0}\frac{e^{2x}-e^x}{x}=1$.

5. $e^{4x}-2x=e^{4x}\left(1-\frac{2x}{e^{4x}}\right)=e^{4x}\left(1-\frac{2}{x^3}\times\frac{x^4}{e^{4x}}\right)=e^{4x}\left(1-\frac{2}{x^3}\times\left(\frac{x}{e^x}\right)^4\right)$

$\lim\limits_{x\to+\infty}\frac{x}{e^x}=0$ et $\lim\limits_{x\to 0} x^4=0$. Par composée, $\lim\limits_{x\to+\infty}\left(\frac{x}{e^x}\right)^4=0$.

$\lim\limits_{x\to+\infty}\frac{2}{x^3}=0$. Par produit, $\lim\limits_{x\to+\infty} 1-\frac{2}{x^3}\times\left(\frac{x}{e^x}\right)^4=1$

$\lim\limits_{x\to+\infty} 4x=+\infty$ et $\lim\limits_{x\to+\infty} e^x=+\infty$. Par composée, $\lim\limits_{x\to+\infty} e^{4x}=+\infty$.

Par produit, $\lim\limits_{x\to+\infty} e^{4x}-2x=+\infty$.

6. $\frac{e^x+3x}{1-x}=\frac{e^x\left(1+\frac{3x}{e^x}\right)}{x\left(\frac{1}{x}-1\right)}=\frac{e^x}{x}\frac{1+3\frac{x}{e^x}}{\frac{1}{x}-1}$,

$\lim\limits_{x\to+\infty}\frac{e^x}{x}=+\infty$, $\lim\limits_{x\to+\infty} 1+3\frac{x}{e^x}=1$ et $\lim\limits_{x\to+\infty}\frac{1}{x}-1=-1$.

Par produit et par quotient, $\lim\limits_{x\to+\infty}\frac{e^x+3x}{1-x}=-\infty$.

28 COMMENT ÉTUDIER UNE FONCTION UTILISANT LA FONCTION EXPONENTIELLE ?

EXERCICE 28.1

1. *f* est dérivable sur $\mathbb{R}^*$ et $f'(x)=-\frac{1}{x^2}e^{\frac{1}{x}}<0$ donc *f* est décroissante sur $\mathbb{R}^*$.

2. *f* est dérivable sur $\mathbb{R}$ et $f'(x)=2e^{2x}+3e^x>0$ donc *f* est croissante sur $\mathbb{R}$.

3. *f* est dérivable sur $\mathbb{R}$ et $f'(x)=2e^{2x}-2e^x=2e^x(e^x-1)$

$2e^x>0$, résolvons $e^x-1>0\Leftrightarrow e^x>1\Leftrightarrow x>0$, d'où :

x	$-\infty$	0	$+\infty$
f'(x)	–	0	+
f(x)	↘	–1	↗

3. *f* est dérivable sur $\mathbb{R}$ et $f'(x)=-e^{1-x}<0$ donc *f* est décroissante sur $\mathbb{R}$.

Corrigés

Exercice 28.2

Partie A

1. g est dérivable sur $\mathbb{R}$ et $g'(x) = e^x - 1$ donc $g'(x) > 0 \Leftrightarrow e^x > 1 \Leftrightarrow x > 0$

x	$-\infty$		0		$+\infty$
g'(x)		−	0	+	
g(x)		↘	1	↗	

2. On en déduit que g(x) > 0 pour tout réel x donc $e^x - x > 0$.

Partie B

1. a. Limite en $-\infty$: $\lim\limits_{x\to-\infty} e^x = 0$ et $\lim\limits_{x\to-\infty} e^x - x = +\infty$ d'où $\lim\limits_{x\to-\infty} f(x) = 0$

Limite en $+\infty$: $f(x) = \dfrac{1}{1 - \dfrac{x}{e^x}}$, $\lim\limits_{x\to+\infty} \dfrac{e^x}{x} = +\infty$.

Par quotient et somme, $\lim\limits_{x\to+\infty} 1 - \dfrac{x}{e^x} = 1$. D'où $\lim\limits_{x\to+\infty} f(x) = 1$

b. Ainsi la droite d'équation y = 1 est asymptote horizontale à la courbe en $+\infty$.
L'axe des abscisses est asymptote horizontale à la courbe en $-\infty$.

2. f est dérivable sur $\mathbb{R}$ et $f'(x) = \dfrac{e^x(e^x - x) - e^x(e^x - 1)}{(e^x - x)^2} = \dfrac{e^x(1 - x)}{(e^x - x)^2}$.

Comme $e^x > 0$, $f'(x)$ est du signe de $1 - x$ d'où :

x	$-\infty$		1		$+\infty$
$f'(x)$		+	0	−	
$f(x)$	0	↗	$\dfrac{e}{e-1}$	↘	1

$\dfrac{e}{e-1} \approx 1{,}58$

3. f est continue et strictement croissante sur $]-\infty;1]$ à valeurs dans $\left[0;\dfrac{e}{e-1}\right]$.

$1{,}5 \in \left[0;\dfrac{e}{e-1}\right]$ par le TVI, l'équation f(x) = 1,5 admet une unique solution sur $]-\infty;1]$ notée α.

f est continue et strictement décroissante sur $[1;+\infty[$ à valeurs dans $\left[1;\dfrac{e}{e-1}\right]$.

$1{,}5 \in \left[1;\dfrac{e}{e-1}\right]$ par le TVI, l'équation f(x) = 1,5 admet une unique solution sur $[1;+\infty[$ notée β.

À l'aide de la calculatrice, $f(0{,}61) \approx 1{,}4957$ et $f(0{,}62) \approx 1{,}5005$

d'où $0{,}61 \le \alpha \le 0{,}62$.

$f(1{,}51) \approx 1{,}5004$ et $f(1{,}52) \approx 1{,}4975$ d'où $1{,}51 \le \alpha \le 1{,}52$.

4. a. $y = f'(1)(x-1) + f(1) = \dfrac{e}{e-1}$

b. $y = f'(0)(x-0) + f(0) = x + 1$

5.

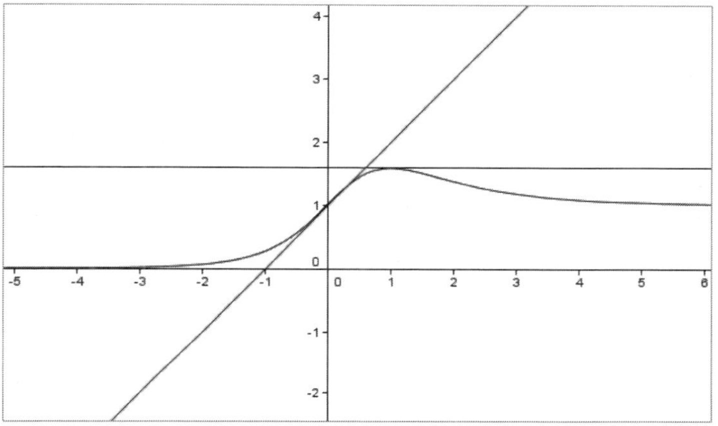

29 COMMENT ABORDER UN EXERCICE DE BACCALAURÉAT ?

EXERCICE 29.1

1. On peut conjecturer que *f* est strictement croissante sur [–3 ; 2].
2. On peut conjecturer que si $x \in [-3;0]$ alors C est en-dessous de l'axe des abscisses et que si $x \in [0;2]$ alors C est au-dessus de l'axe des abscisses.

Partie A

1. *f* est dérivable sur $\mathbb{R}$ et $f'(x) = 2xe^{x-1} + x^2e^{x-1} - x = x[(x+2)e^{x-1} - 1] = xg(x)$
2. **a.** Limite en $+\infty$: $\lim\limits_{x \to +\infty} x - 1 = +\infty$ et $\lim\limits_{x \to +\infty} e^x = +\infty$. Par composée, $\lim\limits_{x \to +\infty} e^{x-1} = +\infty$.

   $\lim\limits_{x \to +\infty} x + 2 = +\infty$. Par produit, $\lim\limits_{x \to +\infty} (x+2)e^{x-1} = +\infty$. Ainsi $\lim\limits_{x \to +\infty} g(x) = +\infty$.

   Limite en $-\infty$: $g(x) = \dfrac{xe^x}{e} + \dfrac{2}{e}e^x - 1$. $\lim\limits_{x \to -\infty} xe^x = \lim\limits_{x \to -\infty} e^x = 0$.

   Par produit et somme, $\lim\limits_{x \to -\infty} g(x) = -1$.

   b. et c. *g* est dérivable sur $\mathbb{R}$ et $g'(x) = e^{x-1} + (x+2) \times 1 \times e^{x-1} = e^{x-1}(3 + x)$.

   Comme $e^{x-1} > 0$, *g'*(*x*) est du signe de 3 + *x* d'où :

x	$-\infty$		-3		$+\infty$
$g'(x)$		$-$	0	$+$	
$g(x)$	-1	↘	$-e^{-4} - 1$	↗	$+\infty$

   d. Sur $]-\infty;-3]$, g(x) < –1 donc l'équation g(x) = 0 ne peut pas avoir de solutions.

   g est continue et strictement croissante sur $[-3;+\infty[$ à valeurs dans $[-e^{-4} - 1;+\infty[$.

   $0 \in [-e^{-4} - 1;+\infty[$. Par le TVI, l'équation g(x) = 0 admet une unique solution.

   g(0,20) = –0,011 et g(0,21) = 0,003 d'où $0{,}20 \leq \alpha \leq 0{,}21$.

   e.

Corrigés

x	$-\infty$		α		$+\infty$
$g(x)$		$-$	0	$+$	

x	$-\infty$		0		α		$+\infty$
$g(x)$		$-$		$-$	0	$+$	
x		$-$	0	$+$		$+$	
$f'(x)$		$+$	0	$-$	0	$+$	
$f(x)$		↗		↘		↗	

Comme $\alpha \in [-3;2]$, la première conjecture est fausse.

Partie B

1. $g(\alpha)=0 \Leftrightarrow (\alpha+2)e^{\alpha-1}-1=0 \Leftrightarrow e^{\alpha-1}=\dfrac{1}{\alpha+2}$ car $\alpha \neq -2$.

D'où $f(\alpha)=\alpha^2 e^{\alpha-1}-\dfrac{\alpha^2}{2}=\alpha^2\times\dfrac{1}{\alpha+2}-\dfrac{\alpha^2}{2}=\dfrac{2\alpha^2-\alpha^2(\alpha+2)}{2(\alpha+2)}=\dfrac{-\alpha^3}{2(\alpha+2)}$

2. **a.** h est dérivable sur [0 ; 1]

et $h'(x)=\dfrac{-3x^2(2(x+2))+x^3\times 2}{4(x+2)^2}=\dfrac{-6x^3-12x^2+2x^3}{4(x+2)^2}=-\dfrac{x^2(x+3)}{(x+2)^2}$

qui est donc du signe contraire de x + 3.

x	$-\infty$		-3		$+\infty$
$h'(x)$		$+$	0	$-$	
$h(x)$		↗		↘	

b. Donc sur [0 ; 1], $-\dfrac{1}{6}\leq h(x)\leq 0$ ainsi $-\dfrac{1}{6}\leq f(\alpha)\leq 0$.

3. **a.** On résoud f(x) = 0, $x^2e^{x-1}-\dfrac{x^2}{2}=0 \Leftrightarrow x^2\left(e^{x-1}-\dfrac{1}{2}\right)=0 \Leftrightarrow x^2=0$ ou $e^{x-1}=\dfrac{1}{2}$.
$x=0$ ou $x=1-\ln(2)$.

b. $x^2e^{x-1}-\dfrac{x^2}{2}\geq 0 \Leftrightarrow x^2e^{x-1}\geq\dfrac{x^2}{2}$

Comme $x^2\geq 0$, $e^{x-1}\geq\dfrac{1}{2}\Leftrightarrow x-1\geq -\ln(2)\Leftrightarrow x\geq 1-\ln(2)$.

x	$-\infty$		$1-\ln(2)$		$+\infty$
$f(x)$		$-$ C est au-dessus de l'axe des abscisses	0	$+$ C est au-dessus de l'axe des abscisses	

c. La deuxième conjecture est fausse.

Partie C

1.

x	−0,2	−0,15	−0,1	−0,05	0,1	0,15	0,2	0,3	0,35	0,4
$f(x)$	-70.10^{-4}	-40.10^{-4}	-10.10^{-4}	-3.10^{-4}	-9.10^{-4}	-10.10^{-4}	-20.10^{-4}	-31.10^{-4}	27.10^{-4}	78.10^{-4}

2.

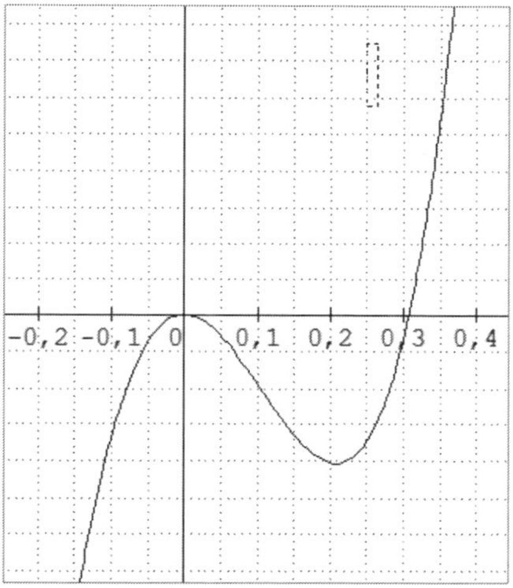

30 COMMENT CALCULER LES PROBABILITÉS ET L'ÉQUIPROBABILITÉ ?

Exercice 30.1

1. A est réalisé lorsque 2, 4 ou 6 sortent d'où $p(A) = \frac{3}{6} = \frac{1}{2}$.

2. B est réalisé lorsque 5 ou 6 sortent d'où $p(B) = \frac{2}{6} = \frac{1}{3}$.

3. C est réalisé lorsque 3, 4, 5 ou 6 sortent d'où $p(C) = \frac{4}{6} = \frac{2}{3}$.

4. **a.** $A \cap B$: « le résultat est un chiffre pair supérieur ou égal à 5 » donc seul 6 réalise cet événement : $p(A \cap B) = \frac{1}{6}$.

b. $A \cup B$: « le résultat est un chiffre pair ou supérieur ou égal à 5 » donc 2, 4, 5 et 6 réalise cet événement : $p(A \cup B) = \frac{4}{6} = \frac{2}{3}$.

On a aussi $p(A \cup B) = p(A) + p(B) - p(A \cap B) = \frac{1}{2} + \frac{1}{3} - \frac{1}{6} = \frac{4}{6} = \frac{2}{3}$.

Exercice 30.2

1. Les résultats sont tous les entiers de 2 à 10.

2.

+	1	2	3	4	5	6
1	2	3	4	5	6	7
2	3	4	5	6	7	8
3	4	5	6	7	8	9
4	5	6	7	8	9	10

3. $p(A)=\frac{12}{24}=\frac{1}{2}$

4. $p(B)=\frac{10}{24}=\frac{5}{12}$

Exercice 30.3

1. Soit p_i la probabilité d'apparition de i. Alors $p_1 + p_2 + p_3 + p_4 + p_5 + p_6 + p_7 + p_8 = 1$.

   Or $p_2 = p_4 = p_6 = p_8 = 2p_1$ et $p_1 = p_3 = p_5 = p_7$

   donc $p_1 + 2p_1 + p_1 + 2p_1 + p_1 + 2p_1 + p_1 + 2p_1 = 1$, $12p_1 = 1$, $p_1=\frac{1}{12}$.

   Ainsi $p_i=\begin{cases}\frac{1}{12} \text{ si } i \text{ impair}\\ \frac{1}{6} \text{ si } i \text{ pair}\end{cases}$

2. Soit p_i la probabilité d'apparition de i. Alors $p_i = ki$ et $p_1 + p_2 + p_3 + p_4 = 1$.

   D'où $k + 2k + 3k + 4k = 1$, $10k = 1$, $k=\frac{1}{10}$.

   D'où $p_1=\frac{1}{10}$, $p_2=\frac{1}{5}$, $p_3=\frac{3}{10}$ et $p_4=\frac{2}{5}$.

31 QU'EST-CE QU'UNE PROBABILITÉ CONDITIONNELLE ?

Exercice 31.1

Soit F : « avoir pris un menu avec frites », A : « avoir pris moins de 10 repas dans un fast-food », B : « avoir pris plus de 10 repas dans un fast-food ».

Alors p(A) = 0,10 et $p_A(\overline{F})=0,6$, p(B) = 0,75 et $p_B(\overline{F})=0,1$.

Alors $p(\overline{F})=p(\overline{F}\cap A)+p(\overline{F}\cap B)=0,6\times 0,1+0,1\times 0,75=0,135$.

13,5 % des personnes de cette région ont mangé un menu sans frites dans un fast-food cette année.

Exercice 31.2

1. On a $p_{S_1}(J)=\frac{4}{7}$. **2.** On a $p_{S_2}(J)=\frac{2}{9}$.

3. On a $p(J)=p(J\cap S_1)+p(J\cap S_2)=p_{S_1}(J)p(S_1)+p_{S_2}(J)p(S_2)=\frac{4}{7}\times\frac{1}{2}+\frac{2}{9}\times\frac{1}{2}=\frac{25}{63}$.

Exercice 31.3

1. **a.** $p(M) = 0{,}5$ **b.** $p_M(T) = 0{,}99$ **c.** $p_{\overline{M}}(T) = 0{,}001$

2. $p(T) = p(T \cap M) + p(T \cap \overline{M}) = p_M(T)p(M) + p_{\overline{M}}(T)p(\overline{M})$

$= 0{,}99 \times 0{,}5 + 0{,}001 \times 0{,}5 = 0{,}4955$

3. $p_T(M) = \dfrac{p(T \cap M)}{p(T)} = \dfrac{p_M(T)p(M)}{p(T)} = \dfrac{0{,}99 \times 0{,}5}{0{,}4955} = 0{,}998991 > 0{,}99$.

Ce test est fiable.

32 COMMENT UTILISER UN ARBRE PONDÉRÉ ?

Exercice 32.1

Partie A

1.

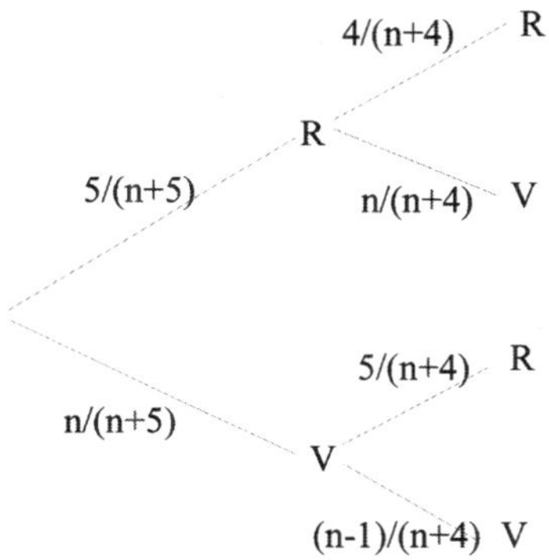

2. **a.** Les valeurs possibles pour G sont 4 €, 1 € ou –2 €.

b. $p(G = -2) = \dfrac{n(n-1)}{(n+5)(n+4)}$

car cet événement correspond au tirage de deux boules vertes.

c. $p(G = 4) = \dfrac{4 \times 5}{(n+5)(n+4)} = \dfrac{20}{(n+5)(n+4)}$

$p(G = 1) = p(VR) + p(RV) = \dfrac{5n}{(n+5)(n+4)} + \dfrac{5n}{(n+5)(n+4)} = \dfrac{10n}{(n+5)(n+4)}$

D'où :

gi	–2	1	4
p(G=gi)	$\dfrac{n(n-1)}{(n+5)(n+4)}$	$\dfrac{10n}{(n+5)(n+4)}$	$\dfrac{20}{(n+5)(n+4)}$

3. **a.** $E(G) = -2p(G=-2) + 1p(G=1) + 4p(G=4)$

$$= \frac{-2n(n-1)}{(n+5)(n+4)} + \frac{10n}{(n+5)(n+4)} + \frac{80}{(n+5)(n+4)} = \frac{-2n^2+12n+80}{(n+5)(n+4)}$$

b. Le jeu est défavorable au joueur si E(G) < 0 car E(G) représente le gain moyen du joueur.

Comme $n > 0$, $(n+4)(n+5) > 0$ donc $E(G) < 0$ si et seulement si $-2n^2 + 12n + 80 < 0$ c'est-à-dire $-n^2 + 6n + 40 < 0$.

$\Delta = 36 + 4 \times 40 = 196, x_1 = 10$ et $x_2 = -4$

n	$-\infty$		-4		10		$+\infty$
$-n^2+6n+40$		$-$	0	$+$	0	$-$	

c. Comme $n > 1$, le jeu est défavorable au joueur dès qu'il y a plus de 11 boules vertes dans l'urne.

Partie B

1.

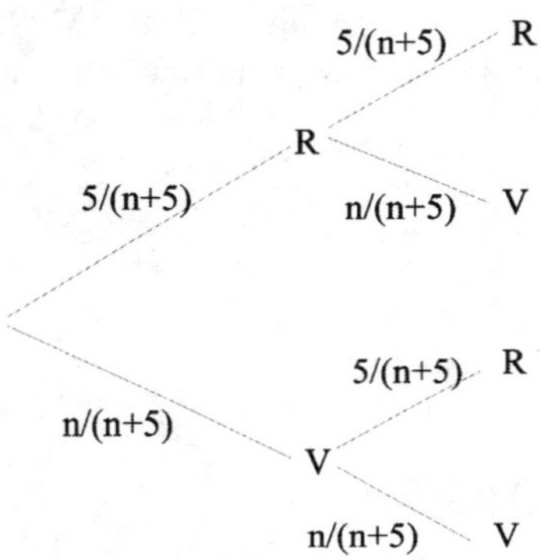

2. **a.** $p(G=-2) = \frac{n^2}{(n+5)^2}$

b. $p(G=4) = \frac{25}{(n+5)^2}$

$p(G=1) = p(VR) + p(RV) = \frac{10n}{(n+5)^2}$

D'où :

gi	-2	1	4
p(G=gi)	$\frac{n^2}{(n+5)^2}$	$\frac{10n}{(n+5)^2}$	$\frac{25}{(n+5)^2}$

3. **a.** $E(G) = -2p(G=-2) + 1p(G=1) + 4p(G=4)$

$$= \frac{-2n^2}{(n+5)^2} + \frac{10n}{(n+5)^2} + \frac{100}{(n+5)^2} = \frac{-2n^2+10n+100}{(n+5)^2}$$

b. Le jeu est défavorable au joueur si E(G) < 0 , si et seulement si :

$-2n^2 + 10n + 100 < 0$ c'est-à-dire $-n^2 + 5n + 50 < 0$.

$\Delta = 25 + 4 \times 50 = 225, x_1 = 10$ et $x_2 = -5$

n	$-\infty$		-5		10		$+\infty$
$-n^2+5n+50$		$-$	0	$+$	0	$-$	

Comme $n > 1$, le jeu est défavorable au joueur dès qu'il y a plus de 11 boules vertes dans l'urne.

c. On remarque que la stratégie avec ou sans remise est sans importance ici (mais cela est due à la règle du jeu, en général avec ou sans remise change l'équiprobabilité du jeu).

Exercice 32.2

1. **a.** Les valeurs prises par X sont 0, 1, 2 et 3.

b. $p(X=2) = p(E_1E_2\overline{E_3}) + p(E_1\overline{E_2}E_3) + p(\overline{E_1}E_2E_3)$

$= 0,2 \times 0,1 \times 0,9 + 0,2 \times 0,9 \times 0,05 + 0,8 \times 0,05 \times 0,1 = 0,031$

$p(X=3) = p(E_1E_2E_3) = 0,2 \times 0,1 \times 0,1 = 0,002$

c. $p(X=1) = p(E_1\overline{E_2E_3}) + p(\overline{E_1E_2}E_3) + p(\overline{E_1}E_2\overline{E_3})$

$= 0,2 \times 0,9 \times 0,95 + 0,8 \times 0,9 \times 0,05 + 0,8 \times 0,95 \times 0,0 = 0,245$

$p(X=0) = p(\overline{E_1E_2E_3}) = 0,8 \times 0,95 \times 0,95 = 0,722$

x_i	0	1	2	3
$p(X = x_i)$	0,722	0,245	0,031	0,002

d. $E(X) = 0p(X=0) + p(X=1) + 2p(X=2) + 3p(X=3)$

$= 0,245 + 2 \times 0,031 + 3 \times 0,002 = 0,313$

2. **a.** $p(E_n \cap E_{n+1}) = 0,1p_n$ et $p(\overline{E_n} \cap E_{n+1}) = 0,05(1-p_n)$.

b. Par les probabilités totales,

$p(E_{n+1}) = p(E_n \cap E_{n+1}) + p(\overline{E_n} \cap E_{n+1}) = 0,1p_n + 0,05(1-p_n) = 0,05p_n + 0,05$

$p_{n+1} = 0,05p_n + 0,05$

3. **a.** $u_{n+1} = p_{n+1} - \dfrac{1}{19} = 0,05p_n + 0,05 - \dfrac{1}{19} = \dfrac{5}{100}p_n - \dfrac{5}{1900} = \dfrac{5}{100}\left(p_n - \dfrac{1}{19}\right) = 0,05u_n$

Ainsi la suite u est géométrique de raison 0,05 et de premier terme :

$u_1 = p_1 - \dfrac{1}{19} = \dfrac{14}{95}$

b. On a donc $u_n = u_1q^{n-1} = \dfrac{14}{95} \times 0,05^{n-1}$ d'où $p_n - \dfrac{1}{19} = \dfrac{14}{95} \times 0,05^{n-1}$ et $p_n = \dfrac{1}{19} + \dfrac{14}{95} \times 0,05^{n-1}$

c. $p_n = \dfrac{1}{19} + \dfrac{14}{95 \times 0,05} \times 0,05^n$, $-1 < 0,05 < 1$ donc $\lim\limits_{n \to +\infty} 0,05^n = 0$.

Par produit et somme, $\lim\limits_{n \to +\infty} p_n = \dfrac{1}{19}$.

33 QU'EST-CE QUE DEUX ÉVÈNEMENTS INDÉPENDANTS ?

Exercice 33.1

1. $p(A \cap B) = p(A) \times p(B) = 0,3 \times 0,2 = 0,06$ car A et B sont indépendants.
   $p(A \cup B) = p(A) + p(B) - p(A \cap B) = 0,3 + 0,2 - 0,06 = 0,44$
2. $p(A) \times p(B) = 0,5 \times 0,15 = 0,075 \neq 0,1$ donc A et B ne sont pas indépendants.
3. $p(A) \times p(B) = 0,3 \times 0,12 = 0,036 = p(A \cap B)$ donc A et B sont indépendants.

Exercice 33.2

Partie A

1.

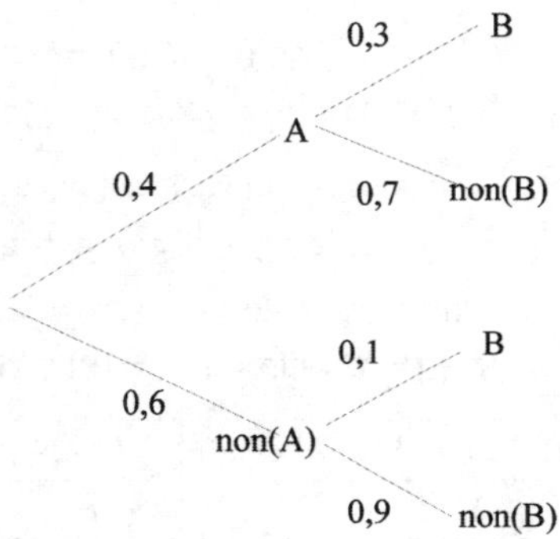

2. a. $p(A \cap B) = 0,4 \times 0,3 = 0,12$
   b. $p(B) = p(A \cap B) + p(\overline{A} \cap B) = 0,12 + 0,6 \times 0,1 = 0,12 + 0,06 = 0,18$
3. $p(A) \times p(B) = 0,4 \times 0,18 = 0,072 \neq 0,12$ donc A et B ne sont pas indépendants.

Partie B

1. $p(B) = p(A \cap B) + p(\overline{A} \cap B) = 0,12 + 0,6 \times \alpha = 0,12 + 0,6\alpha$
2. On veut que $p(A \cap B) = p(A)p(B)$, $0,12 = (0,12 + 0,6\alpha) \times 0,4$.
   $0,12 - 0,048 = 0,24\alpha$, $\alpha = 0,3$.

Exercice 33.3

1.

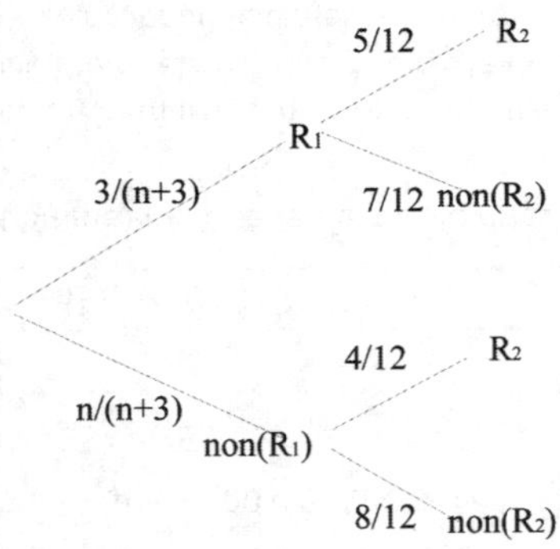

2. **a.** $p(R_2)=p(R_1\cap R_2)+p(\overline{R_1}\cap R_2)=\dfrac{3\times 5}{12(n+3)}+\dfrac{4\times n}{12(n+3)}=\dfrac{15+4n}{12(n+3)}$

b. On veut que $p(R_1\cap R_2)=p(R_1)p(R_2)$

c'est-à-dire $\dfrac{15}{12(n+3)}=\dfrac{3}{n+3}\times\dfrac{15+4n}{12(n+3)}\Leftrightarrow 5(n+3)=15+4n\Leftrightarrow n=0$

R1 et R2 sont indépendants que si il n'y a pas de boules vertes dans l'urne 1 c'est-à-dire qu'on est obligé de tirer une boule rouge dans l'urne 1.

34 COMMENT RECONNAÎTRE UNE LOI BINOMIALE ?

Exercice 34.1

Soit X le nombre de flèches qui atteignent le centre de la cible. Alors X suit une loi binomiale de paramètres n et 0,05. On veut que $p(X\geq 1)>0,5$.

Or $p(X\geq 1)=1-p(X=0)=1-0,95^n$.

$1-0,95^n>0,5\Leftrightarrow 0,5>0,95^n$. Or $0,95^{13}\approx 0,51$ et $0,95^{14}\approx 0,49$.

Donc il faut au moins 14 flèches pour avoir une probabilité supérieure à 0,5 d'en mettre une au centre.

Exercice 34.2

1. **a.** Soit C l'évènement « la flèche arrive au centre » alors le joueur gagne si l'évènement C est réalisé trois fois de suite. $p(CCC)=0,1\times 0,6\times 0,6=0,036$.

b. Le joueur repart bredouille si une seule ou aucune flèche n'atteint le centre de la cible.

$p(C\overline{CC})+p(\overline{C}C\overline{C})+p(\overline{CC}C)+p(\overline{CCC})$

$=0,1\times 0,4\times 0,95+0,9\times 0,05\times 0,4+0,9\times 0,95\times 0,05+0,9\times 0,95\times 0,55=0,911$

2. **a.** Soit X le nombre de parties gagnées. Alors X suit une loi binomiale de paramètres 6 et p = 0,036. Ainsi $p(X=2)=\binom{6}{2}0,036^2(1-0,036)^{6-2}=0,017$.

b. Soit X le nombre de parties gagnées parmi les n. Alors X suit une loi binomiale de paramètres n et 0,036. On veut que $p(X\geq 1)\geq 0,99$.

$1-p(X=0)\geq 0,99\Leftrightarrow p(X=0)\leq 0,01\Leftrightarrow (1-0,036)^n\leq 0,01$

c'est-à-dire $0,964^n\leq 0,01$.

A l'aide de la calculatrice, $0,964^{125}\approx 0,0102$ et $0,964^{126}\approx 0,0098$.

Il faut donc que le joueur joue 126 parties pour être sûr à 99 % de gagner au moins une partie.

Exercice 34.3

Partie A

1. Soit p_S la probabilité de passer par S à une étape, p_X celle de passer par X et p_I celle de passer par I. Alors $p_S = p_X = 2pI$.

De plus, $p_S + p_X + p_I = 1$ d'où $p_S+p_S+\dfrac{p_S}{2}=1\Leftrightarrow p_S=\dfrac{2}{5}$. Ainsi, $p_I=\dfrac{p_S}{2}=\dfrac{1}{5}$.

2. $p(E)=p_S\times p_I\times p_X=\frac{2}{5}\times\frac{2}{5}\times\frac{1}{5}=\frac{4}{125}$

3. $p(F)=p(SIX)+p(IXS)+p(XSI)+p(SXI)+p(ISX)+p(XIS)=6\times\frac{4}{125}=\frac{24}{125}$

Partie B

Soit X le nombre de robots qui passent successivement par les sommets S, I, X dans cet ordre. Alors X suit une loi binomiale de paramètres *n* et $\frac{4}{125}$.

On veut que $p(X\geq 1)\geq 0{,}99$, $1-p(X=0)\geq 0{,}99 \Leftrightarrow p(X=0)\leq 0{,}01 \Leftrightarrow \left(\frac{121}{125}\right)^n \leq 0{,}01$

On a $\left(\frac{121}{125}\right)^{141}\approx 0{,}0101$ et $\left(\frac{121}{125}\right)^{142}\approx 0{,}0058$. Il faut au moins 142 robots.

35 QUELLE UTILISATION DU MODULE D'UN NOMBRE COMPLEXE ?

Exercice 35.1

1. $AB=|z_A-z_B|=|2i+2+i|=|3i+2|=\sqrt{4+9}=\sqrt{13}$

   $AC=|z_C-z_A|=|2-i-2i|=|2-3i|=\sqrt{4+9}=\sqrt{13}$

   $BC=|z_C-z_B|=|2-i+2+i|=|4|=\sqrt{16}=4$

   Ainsi ABC est un triangle isocèle en A.

   Comme $AB^2+AC^2=26\neq BC^2$, ABC n'est pas rectangle.

2. $AB=|-1+2i+2-4i|=|1-2i|=\sqrt{1+4}=\sqrt{5}$

   $AC=|-1+2i-4i-2|=|-3-2i|=\sqrt{9+4}=\sqrt{13}$

   $BC=|2+4i+2-4i|=|4|=\sqrt{16}=4$

   Comme $AB^2+AC^2=18\neq BC^2$, ABC n'est pas rectangle.

3. $AB=|2-3i+2|=|4-3i|=\sqrt{16+9}=5$

   $AC=|2-3i-i|=|2-4i|=\sqrt{4+16}=2\sqrt{5}$

   $BC=|-2-i|=\sqrt{4+1}=\sqrt{5}$

   Comme $AC^2+BC^2=25=AB^2$, ABC est rectangle en C.

4. $AB=|-2-2i+3i|=|-2+i|=\sqrt{1+4}=\sqrt{5}$

   $AC=|2i+2+2i|=|2+4i|=\sqrt{4+16}=\sqrt{20}$

   $BC=|-3i-2i|=|-5i|=5$

   Comme $AB^2+AC^2=BC^2$, ABC est rectangle en A.

Exercice 35.2

1. Soit A le point d'affixe 1 – 2i. Alors $|z-1+2i|=3 \Leftrightarrow AM=3$, donc M est sur le cercle de centre A et de rayon 3.

2. $|z| = |z-1|$. Soit B le point d'affixe 1. Alors l'équation est équivalente à OM = BM c'est-à-dire M est sur la médiatrice du segment [OB].

3. $\left|\dfrac{2z-i}{z+1}\right|=2 \Leftrightarrow \dfrac{|2z-i|}{|z+1|}=2 \Leftrightarrow |2z-i|=2|z+1| \Leftrightarrow 2\left|z-\dfrac{i}{2}\right|=2|z+1|$

$\left|z-\dfrac{i}{2}\right|=|z+1|$

Soit C le point d'affixe $\dfrac{i}{2}$ et D celui d'affixe –1, alors l'équation s'écrit MC = MD : M est sur la médiatrice de [CD].

4. Soit E le point d'affixe 2i alors $|z-2i|\leq 1 \Leftrightarrow EM \leq 1$: M est sur le disque de centre E et de rayon 1.

5. $|z - 1 - 3i| = -1$ est impossible car un module est un réel positif.

Exercice 35.3

$|3+iz|=|3-iz| \Leftrightarrow \left|i\left(\dfrac{3}{i}+z\right)\right|=\left|i\left(\dfrac{3}{i}-z\right)\right| \Leftrightarrow |-3i+z|=|-3i-z|$

Soit A le point d'affixe 3i et B celui d'affixe –3i. Alors AM = BM c'est-à-dire M est sur la médiatrice de [AB]. Or A et B sont sur l'axe des ordonnées et le milieu I de [AB] a pour affixe $|z-1+2i|=3 \Leftrightarrow AM=3$. Donc la médiatrice de [AB] est la droite passant par O perpendiculaire à l'axe des ordonnées. C'est donc l'axe des abscisses : z est un réel.

36 COMMENT MANIPULER LA FORME TRIGONOMÉTRIQUE D'UN NOMBRE COMPLEXE ?

Exercice 36.1

1. $z_1=\dfrac{1}{1+i}=\dfrac{1-i}{(1+i)(1-i)}=\dfrac{1-i}{1+1}=\dfrac{1}{2}-\dfrac{i}{2}$

$|z_1|=\sqrt{\dfrac{1}{4}+\dfrac{1}{4}}=\dfrac{1}{\sqrt{2}}$

$z_1=\dfrac{1}{\sqrt{2}}\left(\dfrac{1}{\sqrt{2}}-\dfrac{i}{\sqrt{2}}\right)=\dfrac{1}{\sqrt{2}}\left(\dfrac{\sqrt{2}}{2}-\dfrac{i\sqrt{2}}{2}\right)=\dfrac{1}{\sqrt{2}}\left(\cos\left(-\dfrac{\pi}{4}\right)+i\sin\left(-\dfrac{\pi}{4}\right)\right)$

D'où $\arg(z_1)=-\dfrac{\pi}{4}$

2. $|z_2| = 3$ et $\arg(z_2) = 0$.

3. $z_3 = (1 - i)^2 = 1 - 2i - 1 = -2i$ d'où $|z_3| = 2$ et $\arg(z_3)=-\dfrac{\pi}{2}$

4. $|z_4|=\sqrt{2}$ et $\arg(z_4)=\dfrac{\pi}{2}$

5. $z_5=\dfrac{1+i}{1-i}=\dfrac{(1+i)(1+i)}{(1-i)(1+i)}=\dfrac{1+2i-1}{1+1}=i$

$|z_5|=1, \arg(z_5)=\dfrac{\pi}{2}$

6. $|z_6| = |1+i\sqrt{3}|\,|1-i|$ or $|1+i\sqrt{3}| = \sqrt{1+3} = 2$ et $|1-i| = \sqrt{1+1} = \sqrt{2}$
ainsi $|z_6| = 2\sqrt{2}$

$\arg(z_6) = \arg(1+i\sqrt{3}) + \arg(1-i)$: $1+i\sqrt{3} = 2\left(\frac{1}{2}+i\frac{\sqrt{3}}{2}\right), \arg(1+i\sqrt{3}) = \frac{\pi}{3}$

et $1-i = \sqrt{2}\left(\frac{\sqrt{2}}{2}-i\frac{\sqrt{2}}{2}\right), \arg(1-i) = -\frac{\pi}{4}$ ainsi $\arg(z_6) = \frac{\pi}{3} - \frac{\pi}{4} = \frac{\pi}{12}$

7. $|z_7| = |-2i|\,|2+2i| = 2\sqrt{4+4} = 4\sqrt{2}$ et $\arg(z_7) = \arg(-2i) + \arg(2+2i)$

$2+2i = 2\sqrt{2}\left(\frac{\sqrt{2}}{2}+i\frac{\sqrt{2}}{2}\right), \arg(2+2i) = \frac{\pi}{4}$ d'où $\arg(z_7) = -\frac{\pi}{2} + \frac{\pi}{4} = -\frac{\pi}{4}$.

8. $|z_8| = \frac{|1-i\sqrt{3}|}{|3+\sqrt{3}i|} = \frac{\sqrt{1+3}}{\sqrt{9+3}} = \frac{2}{2\sqrt{3}} = \frac{1}{\sqrt{3}}$ et $\arg(z_8) = \arg(1-i\sqrt{3}) - \arg(3+\sqrt{3}i)$

$1-i\sqrt{3} = 2\left(\frac{1}{2}-i\frac{\sqrt{3}}{2}\right), \arg(1-i\sqrt{3}) = -\frac{\pi}{3}$

et $3+i\sqrt{3} = 2\sqrt{3}\left(\frac{\sqrt{3}}{2}+i\frac{1}{2}\right), \arg(3+i\sqrt{3}) = \frac{\pi}{6}$ d'où $\arg(z_8) = -\frac{\pi}{3} - \frac{\pi}{6} = -\frac{\pi}{2}$.

Exercice 36.2

1. a. $|z| = \frac{|\sqrt{2}+i\sqrt{2}|}{|1+\sqrt{3}i|} = \frac{\sqrt{2+2}}{\sqrt{1+3}} = \frac{2}{2} = 1$

b. $\arg(z) = \arg(\sqrt{2}+i\sqrt{2}) - \arg(1+\sqrt{3}i)$

$\sqrt{2}+i\sqrt{2} = 2\left(\frac{\sqrt{2}}{2}+i\frac{\sqrt{2}}{2}\right), \arg(\sqrt{2}+i\sqrt{2}) = \frac{\pi}{4}$

$1+i\sqrt{3} = 2\left(\frac{1}{2}+i\frac{\sqrt{3}}{2}\right), \arg(1+i\sqrt{3}) = \frac{\pi}{3}$ ainsi $\arg(z) = \frac{\pi}{4} - \frac{\pi}{3} = -\frac{\pi}{12}$.

2. a. $z = \frac{(\sqrt{2}+i\sqrt{2})(1-i\sqrt{3})}{1+3} = \frac{\sqrt{2}+\sqrt{6}}{4} + i\frac{\sqrt{2}-\sqrt{6}}{4}$

b. Or $z = \cos\left(-\frac{\pi}{12}\right) + i\sin\left(-\frac{\pi}{12}\right)$ d'où $\cos\left(-\frac{\pi}{12}\right) = \frac{\sqrt{2}+\sqrt{6}}{4}$

et $\sin\left(-\frac{\pi}{12}\right) = \frac{\sqrt{2}-\sqrt{6}}{4}$.

Comme $\cos\left(-\frac{\pi}{12}\right) = \cos\left(\frac{\pi}{12}\right)$ et $\sin\left(-\frac{\pi}{12}\right) = -\sin\left(\frac{\pi}{12}\right)$

on a $\cos\left(\frac{\pi}{12}\right) = \frac{\sqrt{2}+\sqrt{6}}{4}$ et $\sin\left(\frac{\pi}{12}\right) = \frac{\sqrt{6}-\sqrt{2}}{4}$.

Exercice 36.3

1. $\arg(z)=\pi$ est la demi–droite des réels négatifs privée de l'origine.
2. $\arg\left(\dfrac{z}{1+i}\right)=0 \Leftrightarrow \arg(z)-\arg(1+i)=0 \Leftrightarrow \arg(z)=\arg(1+i)=\dfrac{\pi}{4}$:

   M est sur la demi-droite d'équation $y = x$ avec $x > 0$.

37 COMMENT MANIPULER LA FORME EXPONENTIELLE D'UN NOMBRE COMPLEXE ?

Exercice 37.1

$$z_1=2\left(\cos\left(\frac{2\pi}{3}\right)+i\sin\left(\frac{2\pi}{3}\right)\right)=2\left(-\frac{1}{2}+i\frac{\sqrt{3}}{2}\right)=-1+i\sqrt{3}$$

$$z_2=5\left(\cos\left(\frac{5\pi}{4}\right)+i\sin\left(\frac{5\pi}{4}\right)\right)=5\left(-\frac{\sqrt{2}}{2}-i\frac{\sqrt{2}}{2}\right)=-\frac{5\sqrt{2}}{2}-i\frac{5\sqrt{2}}{2}$$

$$z_3=\frac{1}{2}\left(\cos\left(-\frac{\pi}{2}\right)+i\sin\left(-\frac{\pi}{2}\right)\right)=-\frac{i}{2}$$

$$z_4=\frac{3}{2}e^{i\left(\frac{\pi}{4}-\pi\right)}=\frac{3}{2}e^{-\frac{3i\pi}{4}}=\frac{3}{2}\left(\cos\left(-\frac{3\pi}{4}\right)+i\sin\left(-\frac{3\pi}{4}\right)\right)=\frac{3}{2}\left(-\frac{\sqrt{2}}{2}-i\frac{\sqrt{2}}{2}\right)$$

$$=-\frac{3\sqrt{2}}{4}-i\frac{3\sqrt{2}}{4}$$

$$z_5=\sqrt{3}e^{i\frac{2\pi-\pi}{8}}=\sqrt{3}e^{i\frac{\pi}{8}}=\sqrt{3}\left(\cos\left(\frac{\pi}{8}\right)+i\sin\left(\frac{\pi}{8}\right)\right)$$

$$\cos^2\left(\frac{\pi}{8}\right)=\frac{1+\cos\left(2\times\frac{\pi}{8}\right)}{2}=\frac{1+\cos\left(\frac{\pi}{4}\right)}{2}=\frac{2+\sqrt{2}}{4}$$

et $\sin^2\left(\dfrac{\pi}{8}\right)=\dfrac{1-\cos\left(2\times\frac{\pi}{8}\right)}{2}=\dfrac{2-\sqrt{2}}{4}$. Comme $\cos\left(\dfrac{\pi}{8}\right)>0$ et $\sin\left(\dfrac{\pi}{8}\right)>0$ on a :

$\cos\left(\dfrac{\pi}{8}\right)=\dfrac{\sqrt{2+\sqrt{2}}}{2}$ et $\sin\left(\dfrac{\pi}{8}\right)=\dfrac{\sqrt{2-\sqrt{2}}}{2}$. Ainsi $z_5=\dfrac{\sqrt{6+3\sqrt{2}}}{2}+i\dfrac{\sqrt{6-3\sqrt{2}}}{2}$.

Exercice 37.2

$$z_1=(-1-i)\left(\frac{1}{2}+i\frac{\sqrt{3}}{2}\right)=\sqrt{2}\left(-\frac{\sqrt{2}}{2}-i\frac{\sqrt{2}}{2}\right)e^{i\frac{\pi}{3}}=\sqrt{2}e^{i\frac{5\pi}{4}}e^{i\frac{\pi}{3}}=\sqrt{2}e^{i\frac{19\pi}{12}}$$

$$z_2=\frac{i}{1-i\sqrt{3}}=\frac{e^{i\frac{\pi}{2}}}{2e^{-i\frac{\pi}{3}}}=\frac{1}{2}e^{i\left(\frac{\pi}{2}+\frac{\pi}{3}\right)}=\frac{1}{2}e^{i\frac{5\pi}{6}}$$

$$z_3 = -2\left(\frac{\sqrt{2}}{2} - i\frac{\sqrt{2}}{2}\right) = -2e^{-i\frac{\pi}{4}} = 2e^{i\pi}e^{-i\frac{\pi}{4}} = 2e^{i\frac{3\pi}{4}}$$

$$z_4 = (\sqrt{3}-i)^5 = \left(2\left(\frac{\sqrt{3}}{2} - i\frac{1}{2}\right)\right)^5 = 2^5\left(e^{-i\frac{\pi}{6}}\right)^5 = 2^5 e^{-i\frac{5\pi}{6}}$$

Exercice 37.3

1. $Z = \dfrac{1+i\sqrt{3}}{1+i} = \dfrac{(1+i\sqrt{3})(1-i)}{1+1} = \dfrac{1+\sqrt{3}}{2} + i\dfrac{\sqrt{3}-1}{2}$

2. **a.** $z_1 = 1+i\sqrt{3} = 2\left(\dfrac{1}{2} + i\dfrac{\sqrt{3}}{2}\right) = 2e^{i\frac{\pi}{3}}$

b. $z_2 = 1+i = \sqrt{2}\left(\dfrac{\sqrt{2}}{2} + i\dfrac{\sqrt{2}}{2}\right) = \sqrt{2}e^{i\frac{\pi}{4}}$

3. **a.** $Z = \dfrac{2e^{i\frac{\pi}{3}}}{\sqrt{2}e^{i\frac{\pi}{4}}} = \sqrt{2}e^{i\frac{\pi}{12}}$

b. Ainsi, $Z = \sqrt{2}\left(\cos\dfrac{\pi}{12} + i\sin\dfrac{\pi}{12}\right) = \dfrac{1+\sqrt{3}}{2} + i\dfrac{\sqrt{3}-1}{2}$.

D'où $\sqrt{2}\cos\dfrac{\pi}{12} = \dfrac{1+\sqrt{3}}{2}$ et $\sqrt{2}\sin\dfrac{\pi}{12} = \dfrac{\sqrt{3}-1}{2}$

d'où $\cos\dfrac{\pi}{12} = \dfrac{\sqrt{2}+\sqrt{6}}{4}$ et $\sin\dfrac{\pi}{12} = \dfrac{\sqrt{6}-\sqrt{2}}{4}$.

38 QUEL LIEN ENTRE LES NOMBRES COMPLEXES ET LES ANGLES ?

Exercice 38.1

1. $\dfrac{z_A}{z_B} = \dfrac{2+i}{-3-\dfrac{3}{2}i} = \dfrac{(2+i)\left(-3+\dfrac{3}{2}i\right)}{9+\dfrac{9}{4}} = \dfrac{-6+3i-3i-\dfrac{3}{2}}{\dfrac{5\times 9}{4}} = -\dfrac{2}{3} \in \mathbb{R}$

D'où $\arg\dfrac{z_A}{z_B} = \pi$ ainsi $(\overrightarrow{OB};\overrightarrow{OA}) = \pi$.

Par conséquent les points B, O et A sont alignés dans cet ordre.

2. $|z_A| = \sqrt{1+3} = 2$ et $|z_B| = 2$. A et B sont sur le cercle de centre O et de rayon 2.

$\dfrac{z_A}{z_B} = \dfrac{1+i\sqrt{3}}{-2} = -\dfrac{1}{2} - i\dfrac{\sqrt{3}}{2}$, $\arg\dfrac{z_A}{z_B} = -\dfrac{2\pi}{3}$ c'est-à-dire $(\overrightarrow{OA};\overrightarrow{OB}) = -\dfrac{2\pi}{3}$.

Le triangle OAB est isocèle en O.

3. $|z_A| = 3$ et $|z_B| = 2$. $\dfrac{z_A}{z_B} = \dfrac{3e^{i\frac{\pi}{5}}}{2e^{i\frac{7\pi}{10}}} = \dfrac{3}{2}e^{-i\frac{5\pi}{10}} = \dfrac{3}{2}e^{-i\frac{\pi}{2}}$.

Ainsi $\arg\left(\frac{z_A}{z_B}\right) = -\frac{\pi}{2}$ c'est-à-dire $(\overrightarrow{OB};\overrightarrow{OA}) = -\frac{\pi}{2}$.

Le triangle OBA est rectangle en O.

4. $\frac{z_A}{z_B} = \frac{\sqrt{2}e^{-i\frac{\pi}{7}}}{2e^{i\frac{6\pi}{7}}} = \frac{1}{\sqrt{2}}e^{-i\pi} = \frac{1}{\sqrt{2}}e^{i\pi}$ d'où $\arg\left(\frac{z_A}{z_B}\right) = \pi$ c'est-à-dire $(\overrightarrow{OB};\overrightarrow{OA}) = \pi$

ainsi B, O et A sont alignés dans cet ordre.

Exercice 38.2

1. a. $a = 2 = 2e^{i\times 0}$, $b = 3 + i\sqrt{3}, |b| = \sqrt{9+3} = 2\sqrt{3}, b = 2\sqrt{3}\left(\frac{\sqrt{3}}{2} + \frac{1}{2}i\right) = 2\sqrt{3}e^{i\frac{\pi}{6}}$,

$c = 2i\sqrt{3} = 2\sqrt{3}e^{i\frac{\pi}{2}}$.

b.

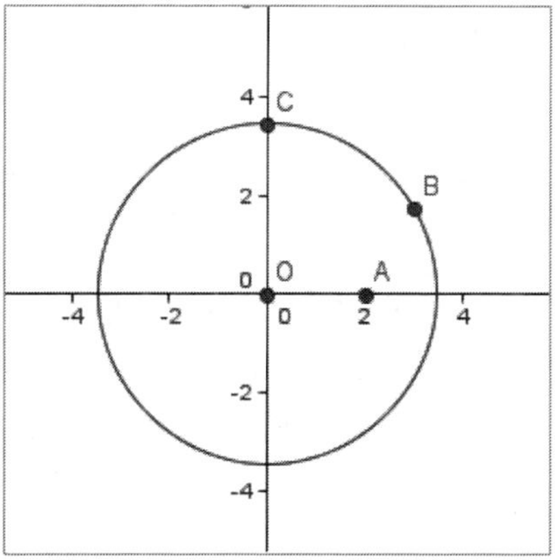

c. $(\overrightarrow{BA};\overrightarrow{BC}) = \arg\left(\frac{c-b}{a-b}\right) = \arg\left(\frac{-3+i\sqrt{3}}{-1-i\sqrt{3}}\right) = \arg\left(\frac{(-3+i\sqrt{3})(-1+i\sqrt{3})}{1+3}\right) = \arg(-i\sqrt{3}) = -\frac{\pi}{2}$

donc ABC est rectangle en B.

d. Ainsi le centre Ω du cercle circonscrit à ABC est le milieu de [AC]. $\omega = \frac{a+c}{2} = 1 + i\sqrt{3}$

2. a. $z_0 = 0$

$z_1 = \frac{1+i\sqrt{3}}{2}z_0 + 2 = 2$

$z_2 = \frac{1+i\sqrt{3}}{2}z_1 + 2 = 3 + i\sqrt{3}$

$z_3 = \frac{1+i\sqrt{3}}{2}z_2 + 2 = 2 + 2i\sqrt{3}$

$z_4 = \frac{1+i\sqrt{3}}{2}z_3 + 2 = \left(1+i\sqrt{3}\right)^2 + 2 = 2i\sqrt{3}$

b. $A_1A_2 = |z_2 - z_1| = |1 + i\sqrt{3}| = 2$

$A_2A_3 = |z_3 - z_2| = |-1 + i\sqrt{3}| = 2$

$A_3A_4 = |z_4 - z_3| = |-2| = 2$

Ainsi $A_1A_2 = A_2A_3 = A_3A_4$.

c. $z_{n+1} - \omega = \dfrac{1+i\sqrt{3}}{2} z_n + 2 - 1 - i\sqrt{3} = \dfrac{1+i\sqrt{3}}{2} z_n + 1 - i\sqrt{3}$

Or $\dfrac{1+i\sqrt{3}}{2}(z_n - \omega) = \dfrac{1+i\sqrt{3}}{2}(z_n - 1 - i\sqrt{3}) = \dfrac{1+i\sqrt{3}}{2} z_n + 1 - i\sqrt{3}$

d'où $z_{n+1} - \omega = \dfrac{1+i\sqrt{3}}{2}(z_n - \omega)$.

d. $\dfrac{1+i\sqrt{3}}{2} = \dfrac{1}{2} + i\dfrac{\sqrt{3}}{2} = e^{i\frac{\pi}{3}}$ ainsi $z_{n+1} - \omega = e^{i\frac{\pi}{3}}(z_n - \omega)$.

e. $\dfrac{z_{n+1} - \omega}{z_n - \omega} = \dfrac{1+i\sqrt{3}}{2} = e^{i\frac{\pi}{3}}$ donc $\arg\left(\dfrac{z_{n+1} - \omega}{z_n - \omega}\right) = \dfrac{\pi}{3}$ c'est-à-dire $(\overrightarrow{\Omega A_n}; \overrightarrow{\Omega A_{n+1}}) = \dfrac{\pi}{3}$.

f. $|z_{n+1} - \omega| = |e^{i\frac{\pi}{3}}||z_n - \omega| = |z_n - \omega|$ ainsi $\Omega A_{n+1} = \Omega A_n$. Les points A_n sont sur le cercle de centre Ω et de rayon $\Omega A_0 = |z_0 - \omega| = 2$.

g. $(\overrightarrow{\Omega A_{n+6}}; \overrightarrow{\Omega A_n}) = (\overrightarrow{\Omega A_{n+6}}; \overrightarrow{\Omega A_{n+5}}) + (\overrightarrow{\Omega A_{n+5}}; \overrightarrow{\Omega A_{n+4}}) + (\overrightarrow{\Omega A_{n+4}}; \overrightarrow{\Omega A_{n+3}})$

$+ (\overrightarrow{\Omega A_{n+3}}; \overrightarrow{\Omega A_{n+2}}) + (\overrightarrow{\Omega A_{n+2}}; \overrightarrow{\Omega A_{n+1}}) + (\overrightarrow{\Omega A_{n+1}}; \overrightarrow{\Omega A_n}) = 6 \times \dfrac{\pi}{3} = 2\pi$

Ainsi $A_n = A_{n+6}$. $A_{2012} = A_0$ car 2012 est un multiple de 6 donc A_{2012} est le point O.

3. On a $\Omega A_{n+1} = \Omega A_n$ et $(\overrightarrow{\Omega A_n}; \overrightarrow{\Omega A_{n+1}}) = \dfrac{\pi}{3}$ donc $\Omega A_n A_{n+1}$ est équilatéral ainsi $A_nA_{n+1} = \Omega A_n = 2$.

39 QUELLES SONT LES PROPRIÉTÉS DU LOGARITHME NÉPÉRIEN ?

EXERCICE 39.1

1. **a.** $A = \ln(25) - \ln(3 \times 16) = 2\ln(5) - \ln(3) - \ln(16) = 2\ln(5) - \ln(3) - 4\ln(2)$

b. $B = \ln(2\sqrt{3}) - \ln(15) = \ln(2) + 0{,}5\ln(3) - \ln(3) - \ln(5) = \ln(2) - 0{,}5\ln(3) - \ln(5)$

c. $C = \ln(21) + \ln(\sqrt{5}) - \ln(14) - \ln(\sqrt{2})$

$= \ln(3) + \ln(7) + \dfrac{1}{2}\ln(5) - \ln(2) - \ln(7) - \dfrac{1}{2}\ln(2) = -\dfrac{3}{2}\ln(2) + \ln(3) + \dfrac{1}{2}\ln(5)$

2. **a.** $D = \ln(2) - \ln(27) + \ln(7) = \ln\left(\dfrac{2 \times 7}{27}\right) = \ln\left(\dfrac{14}{27}\right)$

b. $E = \ln(3^5) + \ln(\sqrt{2}) = \ln(3^5 \times \sqrt{2}) = \ln(243\sqrt{2})$

c. $F = \ln((\sqrt{7} + 1)\sqrt{5}) = \ln(\sqrt{35} + \sqrt{5})$

EXERCICE 39.2

1. $f(x)=\ln\left(\dfrac{x+2}{x}\right)$

2. $g(x)=\ln((x-3)(x+3))-\ln(e)=\ln\left(\dfrac{x^2-9}{e}\right)$

3. $h(x)=\ln(\sqrt{1+2x})-\ln(3)+\ln((x-1)^2)=\ln\left(\dfrac{(x-1)^2\sqrt{1+2x}}{3}\right)$

EXERCICE 39.3

1. $\ln\left(x+\sqrt{x^2+1}\right)=\ln\left(\dfrac{(x+\sqrt{x^2+1})(\sqrt{x^2+1}-x)}{\sqrt{x^2+1}-x}\right)=\ln\left(\dfrac{1}{\sqrt{x^2+1}-x}\right)=-\ln(\sqrt{x^2+1}-x)$

2. $(x-2)(x^2+2x+4)=x^3+2x^2+4x-2x^2-4x-8=x^3-8$

   Ainsi, ŽŽŽŽŽŽŽŽŽŽŽŽŽŽ($)=\quad x^3-\quad x-\quad +\quad x^2+\ x+\quad =\quad x^3-\quad .$

   $\ln(x^2+2x+4)=\ln(x^3-8)-\ln(x-2)$

3. $(x+1)(x^2-x+1)=x^3-x^2+x+x^2-x+1=x^3+1$

   D'où $\ln(x+1)+\ln(x^2-x+1)=\ln(x^3+1), \ln(x^2-x+1)=\ln(x^3+1)-\ln(x+1)$.

4. $\ln(x-\sqrt{2})+\ln(x+\sqrt{2})+\ln(x^2+2)=\ln((x-\sqrt{2})(x+\sqrt{2})(x^2+2))=\ln((x^2-2)(x^2+2))=\ln(x^4-4)$

40 QUELLE UTILISATION DE LA FONCTION LOGARITHME NÉPÉRIEN (NIVEAU 1) ?

EXERCICE 40.1

1. $f(x)$ existe si $x>0$ donc $D_f=\left]0;+\infty\right[$.
2. $g(x)$ existe si $1-x>0$ et $x>0$. Ainsi $D_f=\left]0;1\right[$.
3. $h(x)$ existe si $1-\dfrac{1}{x}>0 \Leftrightarrow \dfrac{x-1}{x}>0$ et $x\neq 0$.

x	$-\infty$		0		1		$+\infty$
$x-1$		$-$		$-$	0	$+$	
x		$-$	0	$+$		$+$	
$\dfrac{x-1}{x}$		$+$	0	$-$	0	$+$	

Ainsi $D_h=\left]-\infty;0\right[\cup\left]1;+\infty\right[$.

4. a(x) existe si $x-3>0$ et $x+2\neq 0$ ainsi $D_a=\left]3;+\infty\right[$.
5. b(x) existe si $x^2+1>0$ (ce qui est toujours vrai) et $x\neq 0$. Ainsi $D_b=\mathbb{R}^*$.
6. c(x) existe si $\sqrt{1-x^2}>0$ et $1-x^2\geq 0$. Or une racine est toujours positive.

   Il faut donc $\sqrt{1-x^2}\neq 0$ c'est-à-dire $1-x^2\neq 0$. On résoud donc $1-x^2>0$.

   $1-x^2=(1-x)(1+x)$

x	$-\infty$		-1		1		$+\infty$
$1-x^2$		$-$	0	$+$	0	$-$	

Ainsi $D_c =]-1;1[$.

EXERCICE 40.2

1. $f(x)$ existe si $x > 0$: $D_f =]0;+\infty[$
f est dérivable sur $]0;+\infty[$ et $f'(x) = 2x - 3 - \frac{1}{x} = \frac{2x^2 - 3x - 1}{x}$.

2. $f(x)$ existe si $1 - x > 0$ c'est-à-dire $1 > x$: $D_f =]-\infty;1[$.
f est dérivable sur $]-\infty;1[$ et $f'(x) = \frac{-1}{1-x} + 6x = \frac{-1+6x-6x^2}{1-x}$.

3. $f(x)$ existe si $x^2 + 1 > 0$ ce qui est toujours vrai donc $D_f = \mathbb{R}$.
f est dérivable sur $\mathbb{R}$ et $f'(x) = 2x\ln(x^2+1) + x^2 \times \frac{2x}{x^2+1} = 2x\ln(x^2+1) + \frac{2x^3}{x^2+1}$.

4. $f(x)$ existe si $1 - 3x > 0$ et $x + 1 \neq 0$ c'est-à-dire $\frac{1}{3} > x$ et $x \neq -1$.
$D_f = \left]-\infty;-1\right[\cup \left]-1;\frac{1}{3}\right[$. f est dérivable sur $\left]-\infty;-1\right[\cup \left]-1;\frac{1}{3}\right[$
et $f'(x) = \dfrac{\frac{-3}{1-3x} \times (x+1) - \ln(1-3x) \times 1}{(x+1)^2} = \dfrac{3x+3+\ln(1-3x)(1-3x)}{(3x-1)(x+1)^2}$.

5. $f(x)$ existe si $x^2 + x + 1 > 0$: $\Delta = 1 - 4 = -3 < 0$ donc $x^2 + x + 1$ est toujours strictement positif. $D_f = \mathbb{R}$, f est dérivable sur $\mathbb{R}$ et $f'(x) = \frac{2x+1}{x^2+x+1}$.

EXERCICE 40.3

1. $f(x)$ existe si $x^2 - x + 1 > 0$. $\Delta = 1 - 4 = -3 < 0$ donc $x^2 - x + 1$ est toujours strictement positif. $D_f = \mathbb{R}$, f est dérivable sur $\mathbb{R}$ et $f'(x) = \frac{2x-1}{x^2-x+1}$.

x	$-\infty$		$\frac{1}{2}$		$+\infty$
2x–1		$-$	0	$+$	
$x^2 - x + 1$		$+$		$+$	
f'(x)		$-$	0	$+$	
f(x)		↘	$\ln\left(\frac{3}{4}\right)$	↗	

2. $g(x)$ existe si $\sqrt{x^2-1} > 0$ et $x^2 - 1 \geq 0$. Or une racine est toujours positive donc il faut $\sqrt{x^2-1} \neq 0$ c'est-à-dire $x^2 - 1 > 0$.

x	$-\infty$		-1		1		$+\infty$
x^2-1		$+$	0	$-$	0	$+$	

Ainsi $D_g =]-\infty;-1[\cup]1;+\infty[$, g est dérivable sur son ensemble de définition et

$g'(x) = \dfrac{\dfrac{2x}{2\sqrt{x^2-1}}}{\sqrt{x^2-1}} = \dfrac{x}{x^2-1}$. On a alors le tableau :

x	$-\infty$		-1		1		$+\infty$
x		$-$	||	non définie	||	$+$	
x^2-1		$+$	||	non définie	||	$+$	
$g'(x)$		$-$	||	non définie	||	$+$	
$g(x)$		↘	||	non définie	||	↗	

3. $h(x)$ existe si $x > 0$ donc $D_h =]0;+\infty[$.

h est dérivable sur $]0;+\infty[$ et $h'(x) = 4x - 4 - \dfrac{1}{x} = \dfrac{4x^2-4x-1}{x}$,

$\Delta = 16+16 = 32$ donc $x_1 = \dfrac{1-\sqrt{2}}{2} < 0$ et $x_2 = \dfrac{1+\sqrt{2}}{2} > 0$.

x	0		$\frac{1+\sqrt{2}}{2}$		$+\infty$
$h'(x)$	||	$-$	0	$+$	
$h(x)$	||	↘		↗	

41 COMMENT RÉSOUDRE UNE ÉQUATION OU UNE INÉQUATION EN UTILISANT UN LOGARITHME NÉPÉRIEN ?

EXERCICE 41.1

1. a. $\ln(3x-1)$ existe si $3x-1>0$, $x > \dfrac{1}{3}$,

$\ln(3x-1) = 3 \Leftrightarrow 3x-1 = e^3 \Leftrightarrow x = \dfrac{1+e^3}{3}$, $S = \left\{\dfrac{1+e^3}{3}\right\}$.

b. $\ln(x-1)$ existe si $x > 1$, $\ln(x-1) = -2 \Leftrightarrow x-1 = e^{-2} \Leftrightarrow x = 1+e^{-2}$, $S = \{1+e^{-2}\}$.

c. $\ln(x^2+x-1)$ existe si $x^2+x-1>0$, $\Delta = 5$, $x_1 = \dfrac{-1-\sqrt{5}}{2}$ et $x_2 = \dfrac{-1+\sqrt{5}}{2}$.

x	$-\infty$		$\frac{-1-\sqrt{5}}{2}$		$\frac{-1+\sqrt{5}}{2}$		$+\infty$
x^2+x-1		$+$	0	$-$	0	$+$	

Ainsi l'ensemble de définition de l'équation est $\left]-\infty;\dfrac{-1-\sqrt{5}}{2}\right[\cup \left]\dfrac{-1+\sqrt{5}}{2};+\infty\right[$.

$\ln(x^2+x-1) = 0 \Leftrightarrow x^2+x-1 = 1 \Leftrightarrow x^2+x-2 = 0$, $\Delta = 9$, $x_1 = -2$ et $x_2 = 1$.
Comme -2 et 1 sont dans l'ensemble de définition, $S = \{-2;1\}$.

d. $\ln(\sqrt{x-2})$ est définie si $\sqrt{x-2}>0$ et $x-2\geq 0$ c'est-à-dire $x-2>0, x>2$.

$\ln(\sqrt{x-2})=1 \Leftrightarrow \sqrt{x-2}=e \Leftrightarrow x-2=e^2 \Leftrightarrow x=2+e^2$, $S=\{2+e^2\}$.

2. **a.** $\ln(1-x)$ existe si $1-x>0, 1>x$. Ainsi $S=]-\infty;-1[$ donc l'équation est définie sur $]-\infty;1[$ $\ln(1-x)>\ln(2) \Leftrightarrow 1-x>2, -1>x$.

b. $\ln(3-x)$ existe si $3-x>0, 3>x$, $\ln(3-x)<1 \Leftrightarrow 3-x<e \Leftrightarrow 3-e<x$

Ainsi $S=]3-e;3[$.

Exercice 41.2

1. Ensemble de définition de l'équation : il faut $x-1>0$, $x>0$ et $3x>0$, soit $x>1$.

$\ln(x-1)-\ln(x)=\ln(3x) \Leftrightarrow \ln\left(\frac{x-1}{x}\right)=\ln(3x) \Leftrightarrow \frac{x-1}{x}=3x \Leftrightarrow x-1=3x^2$

$\Leftrightarrow 3x^2-x+1=0, \Delta=-11, S=\varnothing$

2. Il faut que $x>0$, $1-x>0$ c'est-à-dire $0<x<1$

$2\ln(\sqrt{x})+\ln(1-x)=2\ln(x) \Leftrightarrow \ln(\sqrt{x}^2)+\ln(1-x)=\ln(x^2) \Leftrightarrow \ln(x(1-x))=\ln(x^2)$

$\Leftrightarrow 2x^2-x=0 \Leftrightarrow x=0$ ou $x=\frac{1}{2}$

Or $x\in]0;1[$ donc $S=\left\{\frac{1}{2}\right\}$.

3. Il faut que $1-x>0$, $1+x>0$, $x>0$ et $2+x>0$ c'est-à-dire $0<x<1$.

$\ln(1-x)-\ln(1+x)<\ln(x)-\ln(2+x) \Leftrightarrow \ln\left(\frac{1-x}{1+x}\right)<\ln\left(\frac{x}{2+x}\right) \Leftrightarrow \frac{1-x}{1+x}<\frac{x}{2+x}$

$\Leftrightarrow 0<\frac{x}{2+x}-\frac{1-x}{1+x} \Leftrightarrow 0<\frac{2(x^2+x-1)}{(2+x)(1+x)}$

sur]0:1[, $(2+x)(1+x)>0$ il suffit d'étudier le signe de x^2+x-1, $\Delta=5$.

$x_1=\frac{-1-\sqrt{5}}{2}<0$ et $x_2=\frac{-1+\sqrt{5}}{2}\in]0;1[$.

x	0		$\frac{-1+\sqrt{5}}{2}$		1
x^2+x-1		$-$	0	$+$	

$S=\left]\frac{-1+\sqrt{5}}{2};1\right[$

Exercice 41.3

1. f est définie si $\ln x\geq 0$ et $x>0$, d'où $x\geq 1$. $D_f=[1;+\infty[$.

f est dérivable si $\ln x>0$ c'est-à-dire sur $]1;+\infty[$. $f'(x)=\frac{\frac{1}{x}}{2\sqrt{\ln x}}=\frac{1}{2x\sqrt{\ln x}}$.

2. g est définie si $\ln(x) \neq 0$ c'est-à-dire $x \neq 1$ et $x > 0$ ainsi $D_g =]0;1[\cup]1;+\infty[$.

g est dérivable sur son ensemble de définition $g'(x) = \dfrac{-2\ln(x)-(1-x)\times\dfrac{2}{x}}{4\ln^2(x)}$.

3. $h(x)$ existe si $x > 0$ et $1-\ln x \neq 0$, c'est-à-dire $x \neq e$ ainsi $D_h =]0;e[\cup]e;+\infty[$.

h est dérivable sur son ensemble de définition et :

$$h'(x) = \frac{2x(1-\ln x)-x^2\times\left(-\dfrac{1}{x}\right)}{(1-\ln x)^2} = \frac{x(3-2\ln x)}{(1-\ln x)^2}$$

4. $k(x)$ existe si $x > 0$ et $\ln x \neq 0, x \neq 1$ ainsi $D_k =]0;1[\cup]1;+\infty[$.

k est dérivable sur son ensemble de définition et $k'(x) = 2 - e\times\dfrac{\dfrac{1}{x}}{(\ln x)^2} = 2 - \dfrac{e}{x(\ln x)^2}$.

5. $i(x)$ existe si $x > 0$ et $2-\ln(x) \geq 0 \Leftrightarrow e^2 \geq x$ ainsi $D_i =]0;e^2]$,

i est dérivable si $2-\ln x \neq 0$ donc sur $]0;e^2[$ et $i'(x) = \dfrac{-\dfrac{1}{x}}{2\sqrt{2-\ln x}} = -\dfrac{1}{2x\sqrt{2-\ln x}}$.

42 QUELLE UTILISATION DE LA FONCTION LOGARITHME NÉPÉRIEN (NIVEAU 2) ?

EXERCICE 42.1

1. f est définie sur $]0;+\infty[$.

$\lim\limits_{x\to+\infty} \ln x = +\infty$ et $\lim\limits_{x\to+\infty} x^2 = +\infty$. Par composée, $\lim\limits_{x\to+\infty} (\ln x)^2 = +\infty$.

$\lim\limits_{x\to+\infty} 2x+1 = +\infty$. Par somme, $\lim\limits_{x\to+\infty} f(x) = +\infty$.

$\lim\limits_{x\to0} \ln x = -\infty$ et $\lim\limits_{x\to-\infty} x^2 = +\infty$. Par composée, $\lim\limits_{x\to0} (\ln x)^2 = +\infty$.

$\lim\limits_{x\to0} 2x+1 = 1$. Par somme, $\lim\limits_{x\to0} f(x) = +\infty$.

2. g est définie si $x > 0$ et $1-\ln x \neq 0$ c'est-à-dire $x \neq e$ donc $D_g =]0;e[\cup]e;+\infty[$.

$\lim\limits_{x\to+\infty} 1-\ln x = -\infty$. Par quotient, $\lim\limits_{x\to+\infty} g(x) = 0$.

$\lim\limits_{x\to0} 1-\ln x = +\infty$. Par quotient, $\lim\limits_{x\to0} g(x) = 0$.

x	0		e		$+\infty$
1-ln(x)	||	+	0	–	

Limite à droite de e : $\lim\limits_{\substack{x\to e\\x>e}} 1-\ln(x) = 0^-$. Par quotient, $\lim\limits_{\substack{x\to e\\x>e}} g(x) = -\infty$.

Limite à gauche de e : $\lim\limits_{\substack{x\to e\\x<e}} 1-\ln(x) = 0^+$. Par quotient, $\lim\limits_{\substack{x\to e\\x<e}} g(x) = +\infty$.

3. $h(x)$ est définie sur $]0;+\infty[$.

$\lim\limits_{x\to+\infty} \ln(x)=+\infty$ et $\lim\limits_{x\to+\infty} \dfrac{1}{x}=0$. Par somme, $\lim\limits_{x\to+\infty} h(x)=+\infty$.

$\lim\limits_{x\to0} \ln(x)=-\infty$ et $\lim\limits_{x\to0} -\dfrac{1}{x}=-\infty$ (car $x > 0$). D'où, $\lim\limits_{x\to0} h(x)=-\infty$.

4. $k(x)$ existe si $x^2 \neq 0$ et $x > 0$ donc définie sur $]0;+\infty[$.

$k(x)=\dfrac{3x-1-x^2\ln(x)}{x^2}=\dfrac{3x-1-x\times x\ln(x)}{x^2}$, $\lim\limits_{x\to0} 3x-1=-1$, $\lim\limits_{x\to0} x=0$

et $\lim\limits_{x\to0} x\ln(x)=0$. Par produit et somme, $\lim\limits_{x\to0} 3x-1-x^2\ln(x)=-1$.

$\lim\limits_{x\to0} x^2=0^+$. Par quotient, $\lim\limits_{x\to0} k(x)=-\infty$.

$\dfrac{3x-1}{x^2}=\dfrac{3-\dfrac{1}{x}}{x}$, $\lim\limits_{\substack{x\to e\\x<e}} 3-\dfrac{1}{x}=3$ et $\lim\limits_{x\to+\infty} x=+\infty$ Par somme, $\lim\limits_{x\to+\infty} \dfrac{3-\dfrac{1}{x}}{x}=0$.

$\lim\limits_{x\to+\infty} \ln(x)=+\infty$. Par différence, $\lim\limits_{x\to+\infty} k(x)=-\infty$.

5. $i(x)$ existe si $x > 0$ et $2+\ln(x)\neq0$ c'est-à-dire $x\neq e^{-2}$.

$D_i=]0;e^{-2}[\cup]e^{-2};+\infty[$, $i(x)=\dfrac{\ln(x)\left(\dfrac{1}{\ln x}-1\right)}{\ln(x)\left(\dfrac{2}{\ln x}+1\right)}=\dfrac{\dfrac{1}{\ln x}-1}{\dfrac{2}{\ln x}+1}$.

$\lim\limits_{x\to+\infty} \ln(x)=+\infty$, par quotient $\lim\limits_{x\to+\infty} \dfrac{1}{\ln x}-1=-1$ et $\lim\limits_{x\to+\infty} \dfrac{2}{\ln x}+1=1$.

Par quotient, $\lim\limits_{x\to+\infty} i(x)=-1$.

$\lim\limits_{x\to0} \ln x=-\infty$. Par quotient, $\lim\limits_{x\to0} \dfrac{1}{\ln x}-1=-1$ et $\lim\limits_{x\to0} \dfrac{2}{\ln x}+1=1$.

Par quotient, $\lim\limits_{x\to0} i(x)=-1$.

x	0		e^{-2}		$+\infty$
2 + ln(x)	||	–	0	+	

Limite à droite de e^{-2} : $\lim\limits_{\substack{x\to e^{-2}\\x>e^{-2}}} 1-\ln x=3$ et $\lim\limits_{\substack{x\to e^{-2}\\x>e^{-2}}} e+\ln x=0^+$.

Par quotient, $\lim\limits_{\substack{x\to e^{-2}\\x>e^{-2}}} i(x)=+\infty$.

Limite à gauche de e^{-2} : $\lim\limits_{\substack{x\to e^{-2}\\x<e^{-2}}} 1-\ln x=3$ et $\lim\limits_{\substack{x\to e^{-2}\\x<e^{-2}}} e+\ln x=0^-$.

Par quotient, $\lim\limits_{\substack{x\to e^{-2}\\x<e^{-2}}} i(x)=-\infty$.

6. $j(x)$ existe si $x > 0$ et et $x \neq 1$ donc $D_f =]0;1[\cup]1;+\infty[$.

$$j(x)=\frac{\ln(x)}{x\left(1-\frac{1}{x}\right)}=\frac{\ln(x)}{x}\times\frac{1}{1-\frac{1}{x}}\text{ , }\lim_{x\to+\infty}\frac{\ln(x)}{x}=0\text{ et }\lim_{x\to+\infty}1-\frac{1}{x}=1\text{ .}$$

Par quotient et produit, $\lim\limits_{x\to+\infty} j(x)=0$.

$\lim\limits_{x\to0}\ln x=-\infty$ et $\lim\limits_{x\to0}x-1=-1$. Par quotient, $\lim\limits_{x\to0} j(x)=+\infty$.

$\frac{\ln(x)}{x-1}=\frac{\ln x-\ln 1}{x-1}$, c'est le taux de variation de la fonction logarithme népérien en 1.

Comme la fonction ln est dérivable sur $]0;+\infty[$, $\lim\limits_{x\to1} j(x)$ est égale au nombre dérivé de la fonction logarithme népérien en 1 c'est-à-dire $\lim\limits_{x\to1} j(x)=\frac{1}{1}=1$.

Exercice 42.2

1. $\lim\limits_{x\to+\infty} x+1=+\infty$. Par quotient, $\lim\limits_{x\to+\infty}\frac{1}{x+1}=0$.

$\frac{x}{x+1}=\frac{1}{1+\frac{1}{x}}$, $\lim\limits_{x\to+\infty}1+\frac{1}{x}=1$. Par quotient, $\lim\limits_{x\to+\infty}\frac{x}{x+1}=1$ et $\lim\limits_{x\to1}\ln(x)=0$.

Par composée, $\lim\limits_{x\to+\infty}\ln\left(\frac{x}{x+1}\right)=0$. Par somme, $\lim\limits_{x\to+\infty} f(x)=0$.

2. f est dérivable sur $[1;+\infty[$

$$\text{et } f'(x)=-\frac{1}{(x+1)^2}+\frac{\frac{x+1-x}{(x+1)^2}}{\frac{x}{x+1}}=-\frac{1}{(x+1)^2}+\frac{1}{x(x+1)}=\frac{1}{x(x+1)^2}$$

Comme $x\geq1$, $f'(x)>0$.

x	1		$+\infty$
$f(x)$	$\frac{1}{2}+\ln\left(\frac{1}{2}\right)$	↗	0

3. On a donc f(x) < 0 sur $[1;+\infty[$.

Exercice 42.3

1. g est dérivable sur $[1;+\infty[$ comme somme de fonctions dérivables.

Pour tout $x\in[1;+\infty[$, $g'(x)=2x+\frac{1}{x}>0$ (somme de nombres positifs).

g est donc croissante sur $[1;+\infty[$. $g(1) = 0$.

Le tableau de variation de g est donc :

x	1		$+\infty$
$g'(x)$		+	
$g(x)$	0	↗	

Le minimum de g est 0, donc $g(x)$ est positif pour tout $x\in[1;+\infty[$.

2. **a.** f est dérivable sur $[1;+\infty[$ comme somme et quotient de fonctions dérivables sur $[1;+\infty[$.

Pour tout $x \in [1;+\infty[$, $f'(x) = 1 - \dfrac{\frac{1}{x}x - \ln x}{x^2} = 1 - \dfrac{1-\ln x}{x^2} = \dfrac{x^2 - 1 + \ln x}{x^2} = \dfrac{g(x)}{x^2}$.

b. Comme $x^2 > 0$ sur $[1;+\infty[$, $f'(x)$ est du signe de $g(x)$, donc positif sur $[1;+\infty[$ avec $f'(1) = 0$.

3. **a.** On a donc $M_kN_k = y_{N_k} - y_{M_k} = \dfrac{\ln k}{k}$

b. L'algorithme est :

Variables
k un nombre
Traitement
k prend la valeur 2
Tant que (ln(*k*)/*k*) > 0,01 faire
    k prend la valeur *k* + 1
Fin tant que
Afficher *k*

43 COMMENT DÉTERMINER LA POSITION RELATIVE DE DEUX DROITES ?

Exercice 43.1

1. $I \in (AD)$ donc (IC) est contenue dans (ADC).
   $J \in (DC)$ donc (AJ) est contenue dans (ADC).
   (IC) et (AJ) sont coplanaires non confondues et non parallèles donc sécantes.
2. $I \in (AD)$ donc (AI) = (AD). Ainsi (AI) et (DJ) sont sécantes en D.
3. (IJ) et (BD) ne sont pas coplanaires.
4. $J \in (DC)$ donc (DJ) = (DC). Ainsi (IC) et (DJ) sont sécantes en C.
   Par le théorème des milieux, (IJ)//(AC).
6. (AJ) et (BI) ne sont pas coplanaires.
7. (DA) et (BC) ne sont pas coplanaires.

Exercice 43.2

1. $I \in (FB)$ donc (GI) est contenue dans la face (BCGF). Or (GI) et (BC) ne sont pas parallèles donc sécantes.
2. (AD)//(EH) et (EH)//(FG) donc (AD)//(FG).
3. (AD) et (IG) ne sont pas coplanaires.
4. (HD)//(BF) et $I \in (FB)$ donc (DI) et (FH) sont coplanaires, non parallèles donc sécantes.
5. (FE) et (GI) ne sont pas coplanaires.
6. (AB) et (GI) ne sont pas coplanaires.

EXERCICE 43.3

1. (AI) et (DB) ne sont pas coplanaires.
2. DBFH est un rectangle, J est le milieu de [DH] et I celui de [FB] donc (JI)//(HF).
3. Comme vu précédemment, (HF) et (DI) son coplanaires mais non parallèles donc sécantes.
4. De même, (JB) et (HF) sont coplanaires et non parallèles donc sécantes.

44 COMMENT PROUVER LE PARALLÉLISME DE DEUX PLANS ?

EXERCICE 44.1

1. (AEF) et (EFG) sont sécants selon la droite (EF).
2. $(AD) \subset (BDC)$ et $(AD) \subset (AEH)$ donc (BDC) et (EAH) sont sécants selon (AD).
3. $(DF) \subset (DIF)$ et $(DF) \subset (DBH)$ donc (DIF) et (DBH) sont sécants selon (DF).
4. (DKH) = (ADEH) et (FBJ) = (BCGF) donc (DKH)//(FBJ).
5. (EBC) = (EBCH) et (ADG) = (ADGB) sont deux plans diagonaux du cube donc sécants.
6. (EG) // (AC) et (EB)//(HC) donc (EGB)//(AHC).
7. (IKF) = (ABFE) et (DHC) = (DCGH) donc (IKF)//(DHC).

EXERCICE 44.2

1. FAUX : il suffit de prendre P_1 et P_3 deux plans parallèles coupés par un même troisème P_2.
2. VRAI : $P_1 \cap P_2 = \varnothing$ signifie que P_1 et P_2 sont strictement parallèles. De même, P_1 et P_3 sont strictement parallèles donc P_2 et P_3 sont parallèles (stricts ou confondus).
3. FAUX : $P_1 \cap P_2 = \varnothing$ donc P_1 et P_2 sont strictement parallèles. $P_1 \cap P_3 \neq \varnothing$ donc P_1 et P_3 sont égaux ou sécants. Dans le cas où ils sont confondus alors $P_1 \cap P_2 = \varnothing$.
4. FAUX : P_2 est sécant à P_1 et P_3 mais P_1 et P_3 peuvent être parallèles stricts.

45 COMMENT DÉTERMINER UNE SECTION ?

EXERCICE 45.1

1. M et N sont sur la face (ABFE) il suffit donc de tracer [MN]. M et P sont sur la face (ADHE) il suffit donc de tracer [PN]. M et P sont sur la face (GHFE) il suffit donc de tracer [MP]. La section est donc le triangle (MNP).
2. M et N sont sur la face (ABFE) la section est [MN]. Comme N et P sont sur la face (ABFE) la section est [MN]. Comme N et P sont sur la face (ADHE), la section est [NP]. Le point M est sur la face (BCGF) et cette face est parallèle à (ADME). Il suffit donc de tracer la parallèle à (NP) passant par M. Elle coupe (FG) en Q. P et Q sont dans la face (EFGH), il suffit donc de les relier. Le polygone est refermé : la section est le quadrilatère NMQP.
3. M et N sont sur la face (ABFE) il suffit donc de tracer [MN]. Les plans (ABFE) et (DCGH) sont parallèles, il faut donc tracer la parallèle à (MN) passant par P qui coupe [DH] en Q. N et Q sont sur la face (ADHE) il suffit de tracer [NQ]. Les plans

(ADHE) et (BCF) sont parallèles, on trace la parallèle à (NQ) passant pas M. Elle coupe [GF] en R. R et P sont sur la face (EFGH) il suffit de tracer [PR]. La section est le pentagone MNQPR.

4. M et N sont sur la face (ABFE) il suffit donc de tracer [MN]. Les plans (ABFE) et (DCGH) sont parallèles, il faut donc tracer la parallèle à (MN) passant par P qui coupe [GC] en Q.

On prolonge (NM) qui coupe (EF) en X car ces deux droites sont coplanaires et non parallèles. P et X sont deux points du plan (EFGH) : on la trace, elle coupe [EH] en R. N et R sont deux points de (ADHE) il suffit de tracer [NR].

Les faces (ABCD) et (EFGH) sont parallèles, il suffit de tracer la parallèle à (PR) passant pas M, elle coupe [BC] en S. S et Q sont deux points de (BCGF) il suffit de tracer [SQ]. La section est l'hexagone NMSQPR.

46 COMMENT MONTRER QU'UNE DROITE EST ORTHOGONALE À UN PLAN ?

Exercice 46.1

1. **a.** (AF), (FC), (HF), (HA), (HC) et (AC) sont des diagonales des faces du cube donc ont toutes la même longueur.

b. Dans le triangle ABF rectangle en B, $AF^2 = AB^2 + BF^2 = 2a^2$, $AF = a\sqrt{2}$.

2. O est le centre de la face (EFGH) donc le milieu de [HF] et [EG]. Or (EG)//(AC) donc le plan (OAC) est aussi le plan (CGE) donc (EG) et (HF) sont orthogonales. (EA) est orthogonale au plan (EFGH) donc orthogonale à (HF).

Ainsi (HF) est orthogonale à deux droites sécantes (EG) et (EA) du plan (OAC) donc (HF) est orthogonale à (OAC).

Exercice 46.2

1.

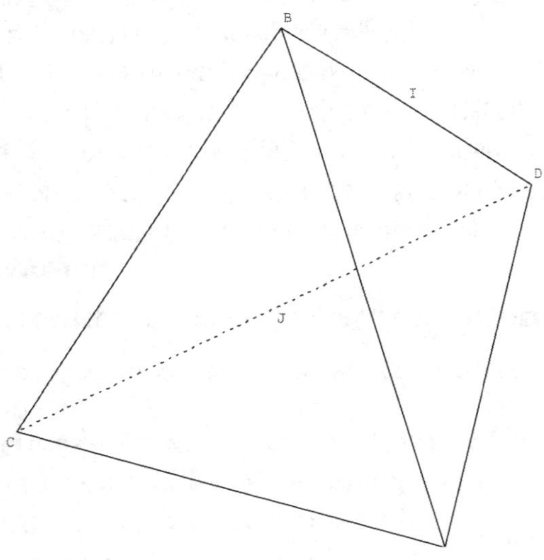

2. (CI) et (BJ) sont deux médianes du triangle BCD donc sécantes en G.

3. **a.** J est le milieu de [CD] donc(BJ) est la hauteur du triangle équilatéral BCD et la hauteur du triangle équilatéral ACD. Ainsi (BJ) et (CD) sont orthogonales et (AJ) et (CD) aussi. Comme (BJ) et (AJ) sont deux droites sécantes de (ANJ), (CD) est orthogonale au plan (ABJ).

   b. I est le milieu de [BD] donc (AI) est une hauteur du triangle équilatéral ABD et (CI) est une hauteur du triangle équilatéral BCD. Ainsi (BD) et (AI) sont orthogonales ainsi que (BD) et (CI). Comme (AI) et (CI) sont deux droites sécantes de (ACI) donc (BD) est orthogonale au plan (ACI).

4. **a.** (AG) est une droite de (ACI) et de (ABJ). Or (BD) est orthogonale à (ACJ) donc à toute droite du plan (ACI) ainsi (BD) et (AG) sont orthogonales.

   De même, (CD) est orthogonale au plan (ABJ) donc (CD) et (AG) sont orthogonales. Ainsi (AG) est orthogonale aux deux droites sécantes (BD) et (CD) donc (AG) est orthogonale au plan (BCD).

   b. Dans le triangle AGB rectangle en G, le théorème de Pythagore affirme $AB^2 = AG^2 + GB^2$, $AG^2 = a^2 - GB^2$. Or G est le point d'intersection des médianes du triangle équilatéral BCD, donc $BG = \frac{2}{3}BJ$ d'où $BG^2 = \frac{4}{9}BJ^2$. Or BJC est rectangle en J donc $BC^2 = BJ^2 + JC^2$, $a^2 = BJ^2 + \frac{a^2}{4}$ ainsi $BJ^2 = \frac{3a^2}{4}$.

   Ainsi $AG^2 = a^2 - \frac{4}{9} \times \frac{3}{4}a^2 = \frac{2}{3}a^2$. D'où $AG = \sqrt{\frac{2}{3}}a$.

47 COMMENT UTILISER LES AIRES POUR CALCULER UNE INTÉGRALE ?

Exercice 47.1

1. Sur [0;2], $x \mapsto x$ est une fonction continue et positive et sa courbe délimite un triangle rectangle de côté 2 et 2 d'où $\int_0^2 x dx = \frac{2 \times 2}{2} = 2$.
2. Sur [−1;3], $x \mapsto 1$ est une fonction continue et positive et sa courbe délimite un rectangle de grand côté 4 et de petit côté 1 d'où $\int_{-1}^{3} 1 dx = 4 \times 1 = 4$.
3. Sur [1;3], $x \mapsto x+2$ est une fonction continue et positive et sa courbe délimite un trapèze de petite base 3, de grande base 5 et de hauteur 2 d'où $\int_1^3 (x+2)dx = \frac{(3+5)\times 2}{2} = 8$.
4. Sur [−2;−1], $x \mapsto 3-x$ est une fonction continue et positive et sa courbe délimite un trapèze de petite base 4, de grande base 5 et de hauteur 1 d'où $\int_{-2}^{-1} (3-x)dx = \frac{(4+5)\times 1}{2} = 4{,}5$.

Exercice 47.2

1. $\int_{-2}^{2} f(x)dx = \int_{-2}^{0} -xdx + \int_{0}^{2} xdx = \frac{2\times 2}{2} + \frac{2\times 2}{2} = 4$.

2. $\int_{0}^{2} f(x)dx = \int_{0}^{1} xdx + \int_{1}^{2} (2-x)dx = \frac{1\times 1}{2} + \frac{1\times 1}{2} = 1$

3. $1-4x \geq 0 \Leftrightarrow x \leq \frac{1}{4}$, ainsi $\int_{0}^{1} f(x)dx = \int_{0}^{\frac{1}{4}} (1-4x)dx + \int_{\frac{1}{4}}^{1} (4x-1)dx = \frac{\frac{1}{4}\times 1}{2} + \frac{3\times\left(1-\frac{1}{4}\right)}{2} = \frac{10}{8} = \frac{5}{4}$

4. $\int_{0}^{2} f(x)dx = \int_{0}^{1} (1+2x)dx + \int_{1}^{2} (4-x)dx = \frac{(1+3)\times 1}{2} + \frac{(3+2)\times 1}{2} = \frac{9}{2}$

Exercice 47.3

1. **a.** f est croissante sur $[x_i ; x_{i+1}]$ donc $f(x_i) \leq f(x) \leq f(x_{i+1})$,
   c'est-à-dire $\sqrt{x_i} \leq f(x) \leq \sqrt{x_{i+1}}$.
   b. Ainsi l'aire du rectangle de côté $[x_i ; x_{i+1}]$ et de hauteur $\sqrt{x_i}$ est inférieure à celle sous la courbe de f sur $[x_i ; x_{i+1}]$ et vaut $\sqrt{x_i} \times 1 = \sqrt{x_i}$.
   c. Autrement dit $\sqrt{x_i} \leq \int_{x_i}^{x_{i+1}} f(x)dx$.
   D'où $\sqrt{x_0} + \sqrt{x_1} + \ldots + \sqrt{x_9} \leq \int_{0}^{10} f(x)dx$,
   $\sqrt{0} + \sqrt{1} + \ldots + \sqrt{9} \leq \int_{0}^{10} f(x)dx$,
   $6 + 3\sqrt{2} + 2\sqrt{3} + \sqrt{7} \leq \int_{0}^{10} f(x)dx$.

2. **a.** $f(x) \leq \sqrt{x_{i+1}}$ sur $[x_i ; x_{i+1}]$ donc l'aire du rectangle de côté $[x_i ; x_{i+1}]$ et de hauteur $\sqrt{x_{i+1}}$ est supérieure à celle sous la courbe de f sur $[x_i ; x_{i+1}]$ et vaut $\sqrt{x_{i+1}} \times 1 = \sqrt{x_{i+1}}$.
   Autrement dit $\int_{x_i}^{x_{i+1}} f(x)dx \leq \sqrt{x_{i+1}}$.
   b. En additionnant, on a donc $\int_{0}^{10} f(x)dx \leq \sqrt{x_1} + \ldots + \sqrt{x_{10}}$,
   $\int_{0}^{10} f(x)dx \leq 6 + 3\sqrt{2} + 2\sqrt{3} + \sqrt{7} + \sqrt{10}$.

3. On a donc $6 + 3\sqrt{2} + 2\sqrt{3} + \sqrt{7} \leq \int_{0}^{10} f(x)dx \leq 6 + 3\sqrt{2} + 2\sqrt{3} + \sqrt{7} + \sqrt{10}$.

48 COMMENT ÉTUDIER UNE FONCTION DÉFINIE PAR UNE INTÉGRALE ?

Exercice 48.1

1. $t \mapsto \dfrac{t+2}{3}$ est positive et continue sur [–2;2].

Donc φ est dérivable sur [–2;2] et $\varphi'(x) = \dfrac{x+2}{3} \geq 0$.

Donc φ est croissante sur [–2;2]. De plus, $\varphi(-2) = 0$.

2. **a.** $\varphi(-1) = \dfrac{1}{2}\times 1 \times \dfrac{1}{3} = \dfrac{1}{6}$, $\varphi(0) = \dfrac{1}{2}\times 2\times\dfrac{2}{3} = \dfrac{2}{3}$, $\varphi(1) = \dfrac{1}{2}\times 3\times 1 = \dfrac{3}{2}$, $\varphi(2) = \dfrac{1}{2}\times 4\times \dfrac{4}{3} = \dfrac{8}{3}$

b. On place ces points et on trace.

3. **a.** Graphiquement $\varphi(x) = 1$ est environ atteint pour $x \approx 0,5$.

b. $\varphi(x) = \dfrac{1}{2}\times(x+2)\times\dfrac{x+2}{3} = \dfrac{(x+2)^2}{6}$.

c. $\varphi(x) = 1 \Leftrightarrow (x+2)^2 = 6 \Leftrightarrow x^2 + 4x - 2 = 0$, $\Delta = 24$, $x_1 = \dfrac{-4-2\sqrt{6}}{2} = -2-\sqrt{6} < -2$ ou $x_2 = \dfrac{-4+2\sqrt{6}}{2} = -2+\sqrt{6} > -2$.

Ainsi dans [–2;2], il y a unique solution $-2+\sqrt{6}$.

Exercice 48.2

1. φ est dérivable sur $\mathbb{R}$ et $\varphi'(x) = |x-2| > 0$ donc φ est strictement croissante sur [0;4].

2. Soit $x \in [0;2]$. Alors pour tout $t \in [0;x] \subset [0;2]$, $t-2 \leq 0$. Donc $|t-2| = 2-t$.

D'où $\varphi(x) = \displaystyle\int_0^x (2-t)dt = \dfrac{1}{2}x\times(2+2-x) = \dfrac{1}{2}x(4-x)$ car la courbe de $t \mapsto 2-t$ délimite alors un trapèze de hauteur *x*, de petite base 2 – *x* et de grande base 2.

3. Si $x \in [2;4]$ alors pour tout $t \in [2;x]$, $t-2 \geq 0$.

Ainsi $\varphi(x) = \displaystyle\int_0^2 (2-t)dt + \int_2^x (t-2)dt = \dfrac{1}{2}\times 2\times 2 + \dfrac{1}{2}(x-2)(x-2) = \dfrac{x^2-4x+16}{4}$.

4. La courbe est formée de deux portions de parabole qui se rejoignent en *x* = 2.

49 COMMENT DÉTERMINER UNE PRIMITIVE ?

Exercice 49.1

1. $f(x) = 3x-4$ alors $F(x) = \dfrac{3}{2}x^2 - 4x$.

2. $f(x) = \dfrac{1}{\sqrt{x}} = 2\times\dfrac{1}{2\sqrt{x}}$ alors $F(x) = 2\sqrt{x}$.

3. $f(x) = \dfrac{x^2-2}{x^2} = 1 - \dfrac{2}{x^2}$ alors $F(x) = x + \dfrac{2}{x}$.

4. $f(x) = x+3-\dfrac{3}{x-1}$ alors $F(x) = \dfrac{1}{2}x^2 + 3x - 3\ln(x-1)$ car $x - 1 > 0$ sur $]1;+\infty[$.

5. $f(x) = 3e^x$ alors $F(x) = 3e^x$.

Exercice 49.2

1. $f(x)=\dfrac{x}{\sqrt{x^2+1}}$ une primitive est $F(x)=\sqrt{x^2+1}$. Donc l'ensemble des primitives sont les fonctions de la forme $x\mapsto\sqrt{x^2+1}+k, k\in\mathbb{R}$.
2. $f(x)=\dfrac{\sin(x)}{\cos(x)}$ une primitive est $F(x)=-\ln(\cos(x))$ car si $x\in\left]-\dfrac{\pi}{2};\dfrac{\pi}{2}\right[$ $\cos(x)>0$.
   Donc l'ensemble des primitives sont les fonctions de la forme :
   $x\mapsto-\ln(\cos(x))+k,\ k\in\mathbb{R}$.
3. $f(x)=\dfrac{3x^2}{1-x^3}=-\dfrac{3x^2}{x^3-1}$ une primitive est $F(x)=-\ln(x^3-1)$ car si $x\in]1;+\infty[$ on a $x^3-1>0$. Donc l'ensemble des primitives sont les fonctions de la forme $x\mapsto-\ln(x^3-1)+k, k\in\mathbb{R}$.
4. $f(x)=(1-2x)^3$ une primitive est $F(x)=-\dfrac{1}{2}\times\dfrac{(1-2x)^4}{4}=-\dfrac{(1-2x)^4}{8}$.
   Donc l'ensemble des primitives sont les fonctions de la forme :
   $x\mapsto-\dfrac{(1-2x)^4}{8}+k,\ k\in\mathbb{R}$.
5. $f(x)=\dfrac{1}{x\ln(x)}=\dfrac{\frac{1}{x}}{\ln(x)}$ une primitive est $F(x)=\ln(\ln(x))$ car si $x>1$ on a $\ln(x)>0$. Donc l'ensemble des primitives sont les fonctions de la forme $x\mapsto\ln(\ln(x))+k,\ k\in\mathbb{R}$.
6. $f(x)=e^{3x}$ une primitive est $F(x)=\dfrac{1}{3}e^{3x}$. Donc l'ensemble des primitives sont les fonctions de la forme $x\mapsto\dfrac{1}{3}e^{3x}+k,\ k\in\mathbb{R}$.

Exercice 49.3

1. $F(x)=\dfrac{-\cos^2(x)}{2}+k$. Or on veut $F\left(\dfrac{\pi}{3}\right)=0$; $-\dfrac{1}{2}\cos^2\left(\dfrac{\pi}{3}\right)+k=0\Leftrightarrow k=\dfrac{1}{8}$.
   $F(x)=-\dfrac{1}{2}\cos^2(x)+\dfrac{1}{8}$
2. $F(x)=\dfrac{1}{2}\ln(x^2+1)+k$. On veut $\dfrac{1}{2}\ln(5)+k=0\Leftrightarrow k=-\dfrac{1}{2}\ln(5)$. $F(x)=\dfrac{1}{2}\ln\left(\dfrac{x^2+1}{5}\right)$
3. $F(x)=\sqrt{2x+x^2}+k$. On veut $F(1)=0\Leftrightarrow\sqrt{2+1^2}+k=0\Leftrightarrow k=-\sqrt{3}$.
4. $F(x)=\dfrac{1}{(1-x)^2}+k$. On veut $F(2)=0\Leftrightarrow k=-1$ donc $F(x)=\dfrac{1}{(1-x)^2}-1$.
5. $F(x)=-\ln(x-1)+k$. On veut $F(2)=0\Leftrightarrow k=0$ donc $F(x)=\ln\left(\dfrac{1}{x-1}\right)$.

50 COMMENT CALCULER UNE INTÉGRALE ?

Exercice 50.1

1. $\int_{-2}^{2}(4x+3)dx=\left[2x^2+3x\right]_{-2}^{2}=12$

2. $\int_0^4 x^2dx=\left[\frac{x^3}{3}\right]_0^4=\frac{64}{3}$

3. $\int_1^5\frac{x-1}{x^2}dx=\int_1^5\frac{1}{x}dx-\int_1^5\frac{1}{x^2}dx=\left[\ln(x)\right]_1^5+\left[\frac{1}{x}\right]_1^5=\ln 5-\frac{4}{5}$

4. $\int_{-\frac{\pi}{2}}^{\frac{\pi}{2}}\cos x dx=\left[\sin(x)\right]_{-\frac{\pi}{2}}^{\frac{\pi}{2}}=\sin\left(\frac{\pi}{2}\right)-\sin\left(-\frac{\pi}{2}\right)=2$

5. $\int_{-\frac{\pi}{4}}^{\frac{\pi}{4}}\frac{\sin x}{\cos x}dx=\left[-\ln(\cos x)\right]_{-\frac{\pi}{4}}^{\frac{\pi}{4}}=-\ln\left(\frac{\sqrt{2}}{2}\right)+\ln\left(\frac{\sqrt{2}}{2}\right)=0$

6. $\int_2^3\frac{x}{(1-x^2)^3}dx=\left[\frac{1}{4}\times\frac{1}{(1-x^2)^2}\right]_2^3=\left[\frac{1}{4}\times\frac{1}{(1-9)^2}\right]-\left[\frac{1}{4}\times\frac{1}{(1-4)^2}\right]=-\frac{55}{2304}$

7. $\int_2^0\frac{1}{1+x}dx=\left[\ln(x+1)\right]_2^0=-\ln(3)$

8. $\int_{-\pi}^{\pi}2\cos(3x)dx=\left[\frac{2}{3}\times\sin(3x)\right]_{-\pi}^{\pi}=\frac{2}{3}\sin(3\pi)-\frac{2}{3}\sin(-3\pi)=0$

Exercice 50.2

1. a. $\sin^3(x)=\sin(x)\times\sin^2(x)=\sin(x)(1-\cos^2(x))=\sin(x)-\sin(x)\cos^2(x)$

   b. $\int_0^{\pi}\sin^3(x)dx=\int_0^{\pi}\sin(x)dx-\int_0^{\pi}\sin(x)\cos^2(x)dx=\left[-\cos(x)\right]_0^{\pi}-\left[-\frac{1}{3}\cos^3(x)\right]_0^{\pi}$

   $=-\cos\pi+\cos 0+\frac{1}{3}\cos^3\pi-\frac{1}{3}\cos^3 0=\frac{4}{3}$

2. $\cos^3(x)=\cos x\times\cos^2(x)=\cos x-\cos x\sin^2 x$

   $\int_0^{\pi}\cos^3(x)dx=\int_0^{\pi}\cos(x)dx-\int_0^{\pi}\cos(x)\sin^2(x)dx=\left[\sin(x)\right]_0^{\pi}-\left[\frac{1}{3}\sin^3(x)\right]_0^{\pi}$

   $=\sin\pi-\sin 0-\frac{1}{3}\sin^3\pi+\frac{1}{3}\sin^3 0=0$

Exercice 50.3

1. **a.** g est dérivable sur $\mathbb{R}$ et $g'(x)=e^x+xe^x=e^x+g(x)$.

   b. On a donc $\int_0^1 g'(x)dx=\int_0^1 e^x dx+\int_0^1 g(x)dx$, $\left[g(x)\right]_0^1=\left[e^x\right]_0^1+\int_0^1 g(x)dx$.

   Ainsi $\int_0^1 g(x)dx=g(1)-g(0)-e+1=1$.

2. **a.** f est dérivable sur $\mathbb{R}$

   et $f'(x)=g(x)+xg'(x)=g(x)+x(e^x+g(x))=g(x)+xe^x+xg(x)=2g(x)+f(x)$

   b. Ainsi $\int_0^1 f'(x)dx=2\int_0^1 g(x)dx+\int_0^1 f(x)dx$.

   $\left[f(x)\right]_0^1=2\times1+\int_0^1 f(x)dx$ d'où $\int_0^1 f(x)dx=f(1)-0-2=e-2$.

51 QUEL LIEN ENTRE L'AIRE ET L'INTÉGRALE ?

Exercice 51.1

1. Soit $f(x)=\sin^5(x)$ définie sur $[-\pi;\pi]$.

   Alors si $x\in[-\pi;\pi]$, $-x\in[-\pi;\pi]$ et $f(-x)=\sin^5(-x)=-\sin^5(x)=-f(x)$.

   Ainsi la courbe de f est symétrique par rapport à l'origine. Ainsi l'aire de la surface entre la courbe et l'axe des abscisses qui se situe au-dessus est égale à celle où la courbe se situe en-dessous.

   Par conséquent, $\int_{-\pi}^{\pi}\sin^5(x)dx=0$.

2. Soit $g(x)=\dfrac{e^x}{1+e^{2x}}$ définie sur [–3;3]. Si $x\in[-3;3]$ alors $-x\in[-3;3]$.

   De plus, $g(-x)=\dfrac{e^{-x}}{1-e^{-2x}}=\dfrac{e^{-x}\times1}{e^{-2x}(e^{2x}-1)}=\dfrac{1}{e^{-x}(e^{2x}-1)}=\dfrac{e^x}{e^{2x}-1}=-\dfrac{e^x}{1-e^{2x}}=-g(x)$

   Ainsi g est impaire donc sa courbe est symétrique par rapport à l'origine.

   Par conséquent, $\int_{-3}^{3}\dfrac{e^x}{1-e^{2x}}dx=0.$

Exercice 51.2

1. **a.** Si $x\in\left[0;\dfrac{\pi}{2}\right]$, alors $\sin x\geq0$ donc l'aire recherchée correspond à

   $\int_0^{\pi/2}\sin(x)dx=\left[-\cos x\right]_0^{\pi/2}=-\cos\dfrac{\pi}{2}+\cos0=1$.

   b. Comme sin(x) > 0 sur $\left[0;\dfrac{\pi}{2}\right]$ on recherche a tel que $\int_0^a\sin(x)dx=\dfrac{1}{2}$.

   $\left[-\cos x\right]_0^a=\dfrac{1}{2}\Leftrightarrow-\cos(a)+1=\dfrac{1}{2}\Leftrightarrow\cos(a)=\dfrac{1}{2}$ soit $a=\dfrac{\pi}{3}$ car $a\in\left[0;\dfrac{\pi}{2}\right]$.

2. $g(x)=(f(x))^2 \geq 0$

donc $V_g = \dfrac{1}{\frac{\pi}{2}-0}\int_0^{\pi/2} \sin^2 x dx = \dfrac{2}{\pi}\int_0^{\pi/2} \dfrac{1-\cos(2x)}{2} dx = \dfrac{2}{\pi}\left[\dfrac{1}{2}x - \dfrac{1}{4}\sin(2x)\right]_0^{\pi/2} = \dfrac{1}{2}$

Exercice 51.3

1.

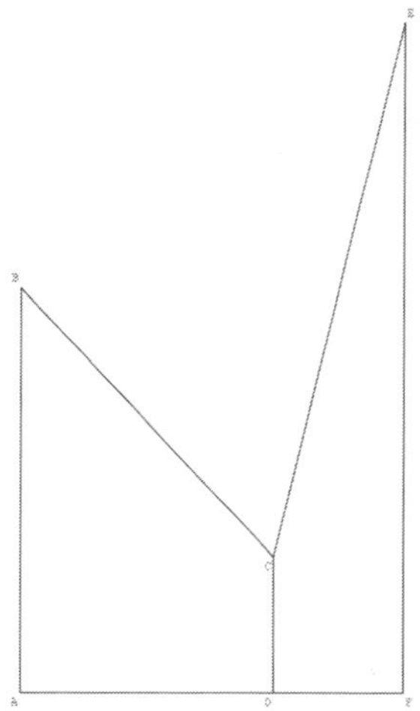

2. **a.** A(x) correspond à l'aire d'un trapèze de hauteur x et de grande base 3, petite base HK.

Or dans un repère $(A,\vec{i},\vec{j})$ de sorte que $\vec{i}=\dfrac{\overrightarrow{AD}}{AD}$ et $\vec{j}=\dfrac{\overrightarrow{AB}}{AB}$.

La droite (BC) a pur coefficient directeur $a=\dfrac{1-3}{2-0}=-1$ donc d'équation y = – x + 3.

Ainsi K a pour ordonnées y = – x + 3.

D'où $A(x)=\dfrac{(3+(-x+3))\times x}{2}=-\dfrac{x^2}{2}+3x$.

b. La droite (CF) a pour coefficient directeur $a=\dfrac{5-1}{3-2}=4$ donc d'équation y = 4x – 7.

Ainsi :

$A(x)=\dfrac{(3+1)\times 2}{2}+\dfrac{(1+4x-7)(x-2)}{2}=2x^2-7x+10$

3. Si $x\in[0;2]$, A(x) correspond à l'aire entre la courbe d'équation = 3 – x et l'axe des abscisses sur [0;x] donc $A(x)=\int_0^x (3-t)dt$. Si x > 2 alors A(x) est l'aire de ABCD plus l'aire entre la courbe de y = 4x – 7 sur [2;x] donc $A(x)=4+\int_2^x (4t-7)dt$.

4. **a.**

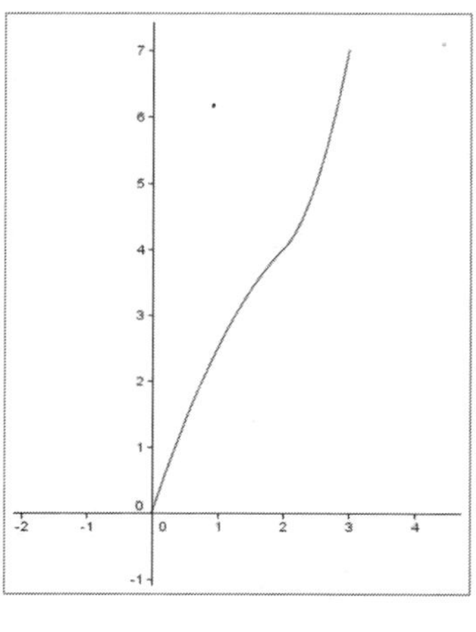

b. A droite de 2, A est dérivable de dérivée $A'(x)=3-x$ donc $\lim_{\substack{x\to 2\\ x<2}} A'(x)=1$.

A gauche de 2, A est dérivable de dérivée $A'(x)=4x-7$ donc $\lim_{\substack{x\to 2\\ x>2}} A'(x)=1$.

Ainsi A est dérivable en 1 donc admet une tangente de coefficient directeur 1. $y=1(x-2)+A(2)=x+2$.

Corrigés

52 ET SI ON ÉTUDIAIT UNE SUITE D'INTÉGRALES ?

EXERCICE 52.1

1. **a.** G est dérivable sur $\mathbb{R}$ car c'est la composée de la fonction carrée suivie de la fonction exponentielle toutes deux dérivables sur $\mathbb{R}$.
Pour tout réel x, on pose $u(x)=x^2$ alors $u'(x)=2x$ et donc $G'(x)=\frac{1}{2}\times 2xe^{x^2}=g(x)$
b. $I_1=\int_0^1 g(x)dx=\left[G(x)\right]_0^1=G(1)-G(0)=\frac{1}{2}e-\frac{1}{2}$
c. H_n est dérivable sur $\mathbb{R}$ par produit de fonctions dérivables sur $\mathbb{R}$
et $H'_n(x)=(n+1)x^nG(x)+x^{n+1}G'(x)=\frac{n+1}{2}x^ne^{x^2}+x^{n+2}e^{x^2}$.
En intégrant entre 0 et 1, $\int_0^1 H'_n(x)dx=\frac{n+1}{2}\int_0^1 x^ne^{x^2}dx+\int_0^1 x^{n+2}e^{x^2}dx$
ainsi $\left[H_n(x)\right]_0^1=\frac{n+1}{2}I_n+I_{n+2}\Leftrightarrow I_{n+2}=\frac{1}{2}e-\frac{n+1}{2}I_n$
d. On fait n = 1 dans l'égalité précédente : $I_3=\frac{1}{2}e-I_1=\frac{1}{2}$
On recommence avec n = 3 : $I_5=\frac{1}{2}e-I_3=\frac{1}{2}(e-1)$
2. On obtient I_{21}.
3. **a.** Pour tout $x\in[0;1], x^ne^{x^2}\geq 0$ car « une fonction exponentielle » est positive. Comme I_n est donc l'intégrale d'une fonction positive, les bornes étant dans l'ordre croissant, finalement $I_n\geq 0$.
b. $I_{n+1}-I_n=\int_0^1 (x^{n+1}-x^n)e^{x^2}dx=\int_0^1 x^n(x-1)e^{x^2}dx$.
Or sur [0;1] on a $x^n(x-1)e^{x^2}\leq 0$ donc $I_{n+1}-I_n\leq 0$: la suite (I_n) est décroissante.
c. La suite (I_n) est décroissante et minorée par 0 donc convergente vers un réel l.
4. Comme sur [0;1], $0\leq e^{x^2}\leq e$ d'où $0\leq x^ne^{x^2}\leq ex^n$.
En intégrant, $0\leq I_n\leq e\int_0^1 x^ndx\Leftrightarrow 0\leq I_n\leq e\left[\frac{x^{n+1}}{n+1}\right]_0^1\Leftrightarrow 0\leq I_n\leq e\frac{1}{n+1}$.
$\lim_{n\to+\infty}\frac{e}{n+1}=0$. Par le théorème des gendarmes, $\lim_{n\to+\infty}I_n=0$.

53 COMMENT UTILISER DES DÉCOMPOSITIONS DE VECTEURS ?

EXERCICE 53.1

1. **a.** B, I et E alignés et B, J, G aussi donc B, I, J, E et G sont coplanaires.
b. I milieu de [BE] et J celui de [BG]. Par le théorème des milieux (IJ) et (EG) sont parallèles et $IJ=\frac{1}{2}BG=\frac{a\sqrt{2}}{2}$.

2. **a.** K est le centre de gravité du triangle BEG et I le milieu de [EB].

Donc $\overrightarrow{IK}=\frac{1}{3}\times\overrightarrow{IG}=\frac{1}{3}\overrightarrow{IF}+\frac{1}{3}\overrightarrow{FG}$.

b. $\overrightarrow{IK}=\frac{1}{3}\times\frac{1}{2}\overrightarrow{AF}+\frac{1}{3}\overrightarrow{AD}=\frac{1}{6}\overrightarrow{AD}+\frac{1}{6}\overrightarrow{AE}+\frac{1}{3}\overrightarrow{AD}$.

c. $\overrightarrow{FK}=\overrightarrow{FI}+\overrightarrow{IK}=\frac{1}{2}\overrightarrow{FA}+\frac{1}{6}\overrightarrow{AB}+\frac{1}{6}\overrightarrow{AE}+\frac{1}{3}\overrightarrow{AD}$

$=\frac{1}{2}(\overrightarrow{FB}+\overrightarrow{BA})+\frac{1}{6}\overrightarrow{AB}+\frac{1}{6}\overrightarrow{AE}+\frac{1}{3}\overrightarrow{AD}=-\frac{1}{3}\overrightarrow{AB}-\frac{1}{3}\overrightarrow{AE}+\frac{1}{3}\overrightarrow{AD}$

$\overrightarrow{FD}=\overrightarrow{FB}+\overrightarrow{BA}+\overrightarrow{AD}=-\overrightarrow{AB}-\overrightarrow{AE}+\overrightarrow{AD}$. D'où $\overrightarrow{FK}=\frac{1}{3}\overrightarrow{FD}$: F, D et K sont alignés.

Exercice 53.2

1. $BD=a\sqrt{2}$, $DE=a\sqrt{2}$, $BE=a\sqrt{2}$ d'où BD = DE = BE.

2. **a.** $\overrightarrow{AI}=\overrightarrow{AJ}+\overrightarrow{JI}$ où J est le milieu de [DB].

$\overrightarrow{AI}=\overrightarrow{AJ}+\frac{1}{3}\overrightarrow{JE}=\overrightarrow{AJ}+\frac{1}{3}(\overrightarrow{JA}+\overrightarrow{AE})=\frac{2}{3}\overrightarrow{AJ}+\frac{1}{3}\overrightarrow{CG}=\frac{2}{3}\times\frac{1}{2}\overrightarrow{AC}+\frac{1}{3}\overrightarrow{CG}=\frac{1}{3}\overrightarrow{AG}$

b. Ainsi A, I et G sont alignés.

Exercice 53.3

1. $\overrightarrow{DG}=\overrightarrow{DC}+\overrightarrow{CG}=\overrightarrow{AB}+\overrightarrow{AE}$ donc $\overrightarrow{AB}$, $\overrightarrow{AE}$ et $\overrightarrow{DG}$ sont coplanaires.

2. $\overrightarrow{EI}=\frac{1}{2}\overrightarrow{EF}$. Or $\overrightarrow{EF}$, $\overrightarrow{DH}$ et $\overrightarrow{BC}$ sont trois arêtes non coplanaires du cube.

3. $\overrightarrow{IA}=\overrightarrow{IE}+\overrightarrow{EA}=\frac{1}{2}\overrightarrow{FE}+\overrightarrow{GC}=-\frac{1}{2}\overrightarrow{EF}+\overrightarrow{GC}$ ainsi $\overrightarrow{IA}$, $\overrightarrow{EF}$ et $\overrightarrow{GC}$ sont coplanaires.

4. $\overrightarrow{CI}=\overrightarrow{CB}+\overrightarrow{BF}+\overrightarrow{FI}=-\overrightarrow{BC}+\overrightarrow{DH}+\frac{1}{2}\overrightarrow{FE}$.

Comme on ne peut pas aller plus loin, $\overrightarrow{CI}$, $\overrightarrow{BC}$ et $\overrightarrow{DH}$ ne sont pas coplanaires.

5. $\overrightarrow{AF}=\overrightarrow{AB}+\overrightarrow{BF}=\overrightarrow{EF}+\overrightarrow{BE}+\overrightarrow{EF}=\overrightarrow{BE}+4\overrightarrow{EI}$ ainsi $\overrightarrow{AF}$, $\overrightarrow{BE}$ et $\overrightarrow{EI}$ sont coplanaires.

54 QUELS CALCULS DANS UN REPÈRE DE L'ESPACE ?

Exercice 54.1

1. $\overrightarrow{AB}\begin{pmatrix}1-3\\2-2\\4-6\end{pmatrix}\Leftrightarrow\overrightarrow{AB}\begin{pmatrix}-2\\0\\-2\end{pmatrix}$ et $\overrightarrow{AC}\begin{pmatrix}4-3\\-2-2\\5-6\end{pmatrix}\Leftrightarrow\overrightarrow{AC}\begin{pmatrix}1\\-4\\-1\end{pmatrix}$.

Ainsi $\overrightarrow{AB}$ et $\overrightarrow{AC}$ ne sont pas colinéaires donc A, B et C ne sont pas alignés.

2. $AB^2=(1-3)^2+(2-2)^2+(4-6)^2=8$

$AC^2=(4-3)^2+(-2-2)^2+(5-6)^2=18$

$BC^2=(4-1)^2+(-2-2)^2+(5-4)^2=26$

$AB^2+AC^2=8+18=26=BC^2$ ainsi ABC est rectangle en A.

EXERCICE 54.2

1. **a.** A,B, D et E ne sont pas coplanaires donc $(A;\overrightarrow{AB},\overrightarrow{AD},\overrightarrow{AE})$ forme un repère de l'espace.

   b. $\overrightarrow{EM}=k\overrightarrow{EH} \Leftrightarrow \overrightarrow{EA}+\overrightarrow{AM}=k\overrightarrow{AD} \Leftrightarrow \overrightarrow{AM}=\overrightarrow{AE}+k\overrightarrow{AD}$ d'où M(0;k;1).

   $\overrightarrow{FN}=k\overrightarrow{FB} \Leftrightarrow \overrightarrow{FA}+\overrightarrow{AN}=-k\overrightarrow{AE} \Leftrightarrow \overrightarrow{AN}=\overrightarrow{AB}+(1-k)\overrightarrow{AE}$ d'où N(1;0;1-k).

2. **a.** H(0;1;1) donc $\begin{cases} x-1=0 \\ y-0=1-k \\ z-(1-k)=1-1 \end{cases} \Leftrightarrow \begin{cases} x=1 \\ y=1-k \\ z=1-k \end{cases}$ ainsi N'(1;1-k;1-k).

   b. B(1;0;0) et G(1;1;1) donc $\overrightarrow{BN'}\begin{pmatrix} 1-1 \\ 1-k-0 \\ 1-k-0 \end{pmatrix} \Leftrightarrow \overrightarrow{BN'}\begin{pmatrix} 0 \\ 1-k \\ 1-k \end{pmatrix}$.

   Comme $\overrightarrow{BG}\begin{pmatrix} 0 \\ 1 \\ 1 \end{pmatrix}$ on a $\overrightarrow{BN'}=(1-k)\overrightarrow{BG}$ ainsi $\overrightarrow{BN'}$ et $\overrightarrow{BG}$ sont colinéaires : les points B, N' et G sont alignés.

3. $\overrightarrow{MN}\begin{pmatrix} 1 \\ -k \\ -k \end{pmatrix}$ donc $\overrightarrow{MN}=-k\overrightarrow{BG}+\overrightarrow{AB}=-k\overrightarrow{BG}-\overrightarrow{HG}$ ainsi (MN) est parallèle au plan (BGH).

EXERCICE 54.3

1. A(0;0;0), B(1;0;0), C(1;1;0), D(0;1;0), E(0;0;1), F(1;0;1), G(1;1;1), H(0;1;1),
   $I\left(0;\frac{1}{2};\frac{1}{2}\right)$, $J\left(\frac{1}{2};\frac{1}{2};0\right)$ et $K\left(\frac{1}{4};\frac{1}{2};\frac{1}{4}\right)$.

2. $\overrightarrow{AK}\begin{pmatrix} \frac{1}{4} \\ \frac{1}{2} \\ \frac{1}{4} \end{pmatrix}$ et $\overrightarrow{AG}\begin{pmatrix} 1 \\ 1 \\ 1 \end{pmatrix}$ donc $\overrightarrow{AG}$ et $\overrightarrow{AK}$ ne sont pas colinéaires, A, K et G ne sont pas alignés.

3. Le milieu de [AL] a pour coordonnées $\left(\frac{1}{4};\frac{1}{2};\frac{1}{4}\right)$ qui sont les coordonnées de K donc K est le milieu de [AL].

55 COMMENT DÉTERMINER UNE REPRÉSENTATION PARAMÉTRIQUE D'UNE DROITE ?

EXERCICE 55.1

1. Soit M (x;y;z) un point de d. Alors $\overrightarrow{AM}\begin{pmatrix} x+2 \\ y-1 \\ z+3 \end{pmatrix}$ et $\vec{u}$ sont colinéaires donc il existe un réel tel que $\overrightarrow{AM}=t\vec{u}$: $\begin{cases} x+2=-2t \\ y-1=t \\ z+3=t \end{cases} \Leftrightarrow \begin{cases} x=-2-2t \\ y=1+t \\ z=-3+t \end{cases}$.

2. $\overrightarrow{BC}\begin{pmatrix}1\\3\\0\end{pmatrix}$ est un vecteur directeur de la droite (BC). Soit M(x;y;z) un point de (BC)

alors $\overrightarrow{BM}$ et $\overrightarrow{BC}$ sont colinéaires : il existe un réel t tel que $\overrightarrow{BM}=t'\overrightarrow{BC}$.

Or $\overrightarrow{BM}\begin{pmatrix}x\\y+2\\z-1\end{pmatrix}$: $\begin{cases}x=t'\\y+2=3t'\\z-1=0\end{cases}\Leftrightarrow\begin{cases}x=t'\\y=3t'-2\\z=1\end{cases}$

3. $\overrightarrow{MD}\begin{pmatrix}x+1\\y-5\\z-4\end{pmatrix}$, $\overrightarrow{MD}$ et $\vec{u}$ sont colinéaires donc il existe un réel k tel que $\overrightarrow{MD}=k\vec{u}$.

$\begin{cases}x+1=-2k\\y-5=k\\z-4=k\end{cases}\Leftrightarrow\begin{cases}x=-1-2k\\y=5+k\\z=4+k\end{cases}$

Exercice 55.2

1. VRAI car pour $t = 0$, $\begin{cases}x=9\\y=0\\z=5\end{cases}$.

2. FAUX car pour $t = 2$, $\begin{cases}x=3\\y=0\\z=15\end{cases}$.

3. VRAI car le vecteur $\vec{v}\begin{pmatrix}-3\\0\\5\end{pmatrix}$ est un vecteur directeur de d.

   Comme $\vec{u}=2\vec{v}$, $\vec{u}$ est un vecteur directeur de d.

4. FAUX car $\overrightarrow{OM}\begin{pmatrix}x\\y\\z\end{pmatrix}$ et il existe un réel t' tel que $\overrightarrow{OM}=t'\vec{v}$ donc $\begin{cases}x=-3t'\\y=0\\z=5t'\end{cases}$.

5. FAUX car la droite d' a pour vecteur directeur $\vec{w}\begin{pmatrix}1\\0\\2\end{pmatrix}$ qui n'est pas colinéaire à $\vec{u}$.

56 COMMENT UTILISER LA REPRÉSENTATION PARAMÉTRIQUE D'UNE DROITE ?

EXERCICE 56.1

1. d a pour vecteur directeur $\vec{u}\begin{pmatrix}1\\-1\\2\end{pmatrix}$ et d' $\vec{v}\begin{pmatrix}-2\\2\\3\end{pmatrix}$.

$\vec{u}$ et $\vec{v}$ ne sont pas colinéaires, donc d et d' ne sont pas parallèles.

$$\begin{cases}-3+t=1-2t'\\1-t=6+2t'\\2t=-7-3t'\end{cases}\Leftrightarrow\begin{cases}t=4-2t'\\1-4+2t'=6+2t'\\8-4t'=-7-3t'\end{cases}\Leftrightarrow\begin{cases}t=4-2t'\\6=-3\\t'=15\end{cases}$$

On arrive à une contradiction, l'intersection de d et d' est vide donc d et d' ne sont pas coplanaires.

2. d a pour vecteur directeur $\vec{u}\begin{pmatrix}1\\-3\\-3\end{pmatrix}$ et d' $\vec{v}\begin{pmatrix}-1\\-3\\-1\end{pmatrix}$.

$\vec{u}$ et $\vec{v}$ ne sont pas colinéaires, donc d et d' ne sont pas parallèles.

$$\begin{cases}1+t=k\\2-3t=-3-3k\\3-3t=1-k\end{cases}\Leftrightarrow\begin{cases}k=1+t\\2-3t=-6-3t\\3-3t=-t\end{cases}\Leftrightarrow\begin{cases}k=1+t\\2=-6\\32t\end{cases}$$

On arrive à une contradiction, l'intersection de d et d' est vide donc d et d' ne sont pas coplanaires.

3. d a pour vecteur directeur $\vec{u}\begin{pmatrix}3\\1\\-4\end{pmatrix}$ et d' $\vec{v}\begin{pmatrix}2\\-2\\1\end{pmatrix}$.

$\vec{u}$ et $\vec{v}$ ne sont pas colinéaires, donc d et d' ne sont pas parallèles.

$$\begin{cases}5+3t=-11+2k\\2+t=10-2k\\1-4t=4+k\end{cases}\Leftrightarrow\begin{cases}k=8+\dfrac{3}{2}t\\2+t=-6-3t\\1-4t=12+\dfrac{3}{2}t\end{cases}\Leftrightarrow\begin{cases}k=8+\dfrac{3}{2}t\\t=-2\\t=-2\end{cases}$$

Ainsi d et d' sont sécantes et $\begin{cases}x=-1\\y=0\\z=9\end{cases}$.

Le point d'intersection de d et d' a pour coordonnées (–1;0;9).

4. d a pour vecteur directeur $\vec{u}\begin{pmatrix}2\\-3\\5\end{pmatrix}$ et d' $\vec{v}\begin{pmatrix}-4\\6\\-10\end{pmatrix}$. $\vec{v}=2\vec{u}$ donc d et d' sont parallèles.

$$\begin{cases}5+3t=-11+2k\\2+t=10-2k\\1-4t=4+k\end{cases}\Leftrightarrow\begin{cases}k=8+\dfrac{3}{2}t\\2+t=-6-3t\\1-4t=12+\dfrac{3}{2}t\end{cases}\Leftrightarrow\begin{cases}k=8+\dfrac{3}{2}t\\t=-2\\t=-2\end{cases}$$

Ainsi d et d' sont confondues.

Exercice 56.2

1. $\overrightarrow{u_1}\begin{pmatrix}1\\3\\2\end{pmatrix}$ et $\overrightarrow{u_2}\begin{pmatrix}2\\1\\-1\end{pmatrix}$.

2. $\overrightarrow{u_1}$ et $\overrightarrow{u_2}$ ne sont pas colinéaires donc d et d' ne sont pas parallèles.

$$\begin{cases}3+a=0,5+2t\\9+3a=4+t\\2=4-t\end{cases}\Leftrightarrow\begin{cases}a=1,5\\a=-1\\t=2\end{cases}$$ Contradiction donc d et d' ne sont pas coplanaires.

3. Si le point est dans le plan (Oxz) alors y =0 donc 9 + 3a = 0 d'où a = –3 ainsi x=3 – 3 = 0. Le point d'intersection de d et le plan (Oxz) a pour coordonnées (0;0;2).

4. L'axe (Oz) a pour vecteur directeur $\vec{w}\begin{pmatrix}0\\0\\1\end{pmatrix}$.

Ainsi $\begin{cases}x=0\\y=0,k\in\mathbb{R}\\z=k\end{cases}$ est un système d'équations paramétriques de (Oz).

$\overrightarrow{u_2}$ et $\vec{w}$ ne sont pas colinéaires donc d' et (Oz) ne sont pas parallèles.

$$\begin{cases}0,5+2t=0\\4+t=0\\4-t=k\end{cases}\Leftrightarrow\begin{cases}t=-0,25\\t=-4\\4-t=k\end{cases}$$ Contradiction ainsi d' et (Oz) ne sont pas coplanaires.

Exercice 56.3

$\overrightarrow{AB}\begin{pmatrix}5\\-3\\4\end{pmatrix}$ est un vecteur directeur de (AB). $M\in[AB]\Leftrightarrow\exists k\in[-1;1],\overrightarrow{AM}=k\overrightarrow{AB}$

$$\begin{cases}x+2=5k\\y-1=-3k\\z-1=4k\end{cases}\Leftrightarrow\begin{cases}x=-2+5k\\y=1-3k\\z=1+4k\end{cases},k\in[-1;1]$$

57 COMMENT DÉTERMINER UNE REPRÉSENTATION PARAMÉTRIQUE D'UN PLAN ?

Exercice 57.1

1. VRAI : $\overrightarrow{EC}\cdot\overrightarrow{BG}=(\overrightarrow{EF}+\overrightarrow{FC})\cdot\overrightarrow{BG}=\overrightarrow{EF}\cdot\overrightarrow{BG}+\overrightarrow{FC}\cdot\overrightarrow{BG}=0$ car (EF) et (BG) sont contenues dans deux faces orthogonales et (FC) et (BG) sont les diagonales d'un carré.

2. VRAI : $\vec{u}\begin{pmatrix}1\\1\\3\end{pmatrix}$ est un vecteur directeur de cette droite qui correspond à un vecteur normal de P donc cette droite est bien orthogonale à P. Résolvons :

$$\begin{cases}1=2+t\\-2=-1+t\\-2=1+3t\end{cases}\Leftrightarrow\begin{cases}t=-1\\t=-1\\t=-1\end{cases}$$

Exercice 57.2

1. $\overrightarrow{BC}\begin{pmatrix}-1\\1\\0\end{pmatrix}$, $\overrightarrow{AM}\cdot\overrightarrow{BC}=0\Leftrightarrow-(x-1)+(y-2)=0\Leftrightarrow x-y+1=0$.

2. a. $\begin{cases}x-y+1=0\\-y+z+2=0\\-x+z+1=0\end{cases}\Leftrightarrow\begin{cases}x=y-1\\y=2+z\\-y+1+z+1=0\end{cases}\Leftrightarrow\begin{cases}x=y-1\\y=2+z\end{cases}\Leftrightarrow\begin{cases}x=1+t\\y=2+t\\z=t\end{cases}$

b. Ceci est un système d'équations paramétriques d'une droite qui est l'intersection de (P), (Q) et (R). Pour t = 1, $\begin{cases}x=2\\y=3\\z=1\end{cases}$ donc elle passe par E.

c. (d) a pour vecteur directeur $\vec{u}\begin{pmatrix}1\\1\\1\end{pmatrix}$. $\vec{u}\cdot\overrightarrow{BC}=-1+1=0$. $\overrightarrow{BD}\begin{pmatrix}-1\\0\\1\end{pmatrix}$, $\vec{u}\cdot\overrightarrow{BD}=-1+1=0$

Comme $\overrightarrow{BC}$ et $\overrightarrow{BD}$ ne sont pas colinéaires (d) est orthogonale à (BD). Donc $\vec{u}$ est un vecteur normal à (BCD).

D'où $M\in(BCD)\Leftrightarrow\overrightarrow{BM}\cdot\vec{u}=0\Leftrightarrow(x-2)+(y-2)+(z-0)=0\Leftrightarrow x+y+z-4=0$

3. (ABC) : $z_A=z_B=z_C=0$ donc l'équation du plan (ABC) est z = 0.

(ABD) : $y_A=y_B=y_D=2$ donc l'équation du plan (ABD) est y = 2.

(ACD) : $x_A=x_C=x_D$ donc l'équation du plan (ACD) est x = 1.

EXERCICE 58.1

1. Sur [0;1], $x(1-x)\geq 0$. Pour que f soit une densité de probabilité il faut $a\geq 0$.

   De plus, il faut $\int_0^1 f(x)x=1 \Leftrightarrow a\int_0^1 (x-x^2)dx=1 \Leftrightarrow a\left[\frac{x^2}{2}-\frac{x^3}{3}\right]_0^1=1 \Leftrightarrow \frac{a}{6}=1 \Leftrightarrow a=6$.

2. $p(0,25\leq X\leq 0,75)=\int_{0,25}^{0,75} f(x)dx=6\left[\frac{x^2}{2}-\frac{x^3}{3}\right]_{0,25}^{0,75}=\frac{1}{2}$

3. $E(X)=\int_0^1 xf(x)dx=\int_0^1 (6x^2-6x^3)dx=6\left[\frac{x^2}{3}-\frac{x^4}{4}\right]_0^1=\frac{1}{2}$

EXERCICE 58.2

1. Sur $[0:\pi]$, $\sin(x)\geq 0$ donc il faut $m\geq 0$.

   Il faut donc $\int_0^\pi f(x)dx=1 \Leftrightarrow m[-\cos(x)]_0^\pi=1 \Leftrightarrow 2m=1 \Leftrightarrow m=\frac{1}{2}$

2. a. $F(x)=P(X\leq x)=\begin{cases}0, x\leq 0\\ \int_0^x f(t)dt, x\in[0;\pi]\\ 1, x\geq\pi\end{cases}$

   b. $F(x)=\int_0^x f(t)dt=\frac{1}{2}[-\cos t]_0^x=\frac{1}{2}(1-\cos x)$

3. a. $p(X\geq 0)=1-p(X\leq 0)=1$

   b. $p\left(\frac{\pi}{4}\leq X\leq\frac{3\pi}{4}\right)=p\left(X\leq\frac{3\pi}{4}\right)-p\left(X\leq\frac{\pi}{4}\right)=F\left(\frac{3\pi}{4}\right)-F\left(\frac{\pi}{4}\right)=\frac{1}{2}$

EXERCICE 58.3

1. $e^{-|x|}>0$ pour tout réel donc il faut $p(X\geq 0)=1-p(X\leq 0)=1$.

   On veut que $\int_{\mathbb{R}} f(x)dx=1 \Leftrightarrow \lim\limits_{t\to+\infty}\left(\int_{-t}^0 f(x)dx+\int_0^t f(x)dx\right)=1$.

   Or $\int_{-t}^0 f(x)dx=a\int_{-t}^0 e^{-|x|}dx=a\int_{-t}^0 e^x dx=a\left[e^x\right]_{-t}^0=a(1-e^{-t})=a-\frac{a}{e^t}$

   et $\int_0^t f(x)dx=a\int_0^t e^{-|x|}dx=a\int_0^t e^x dx=a\left[e^x\right]_0^t=a(1-e^{-t})=a-\frac{a}{e^t}$.

   Or $\lim\limits_{t\to+\infty} e^t=+\infty$ d'où $\lim\limits_{t\to+\infty}\left(\int_{-t}^0 f(x)dx+\int_0^t f(x)dx\right)=2a$.

   On veut donc 2a = 1 c'est-à-dire $a=\frac{1}{2}$.

2. **a.** $f(-x)=f(x)$: la densité est paire donc sa courbe est symétrique par rapport à l'axe des ordonnées. Comme $p(X\le -t)$ est l'aire entre la courbe de f et l'axe des abscisses sur $]-\infty;-t]$. Par symétrie, celle-ci est égale à l'aire entre la courbe de f et l'axe des abscisses sur $[t;+\infty[$. Ainsi $p(X\le -t)=p(X\ge t)$.

3. $p(-t\le X\le t)=1-p\left(\{X\le -t\}\cup\{X\ge t\}\right)=1-(p(X\le -t)+p(X\ge t))=1-2p(X\ge t)$

59 COMMENT UTILISER UNE LOI UNIFORME ?

Exercice 59.1

1. Si $3x^2-5x-2=0$ admet une, deux ou aucune solution la probabilité pour que X valle l'une de ces solutions est nulle.

2. $3x^2-5x-2\ge 0$, $\Delta=49$, $x_1=-\dfrac{1}{3}$ et $x_2=2$.

x	$-\infty$		$-\frac{1}{3}$		2		$+\infty$
$3x^2-5x-2$		+	0	−	0	+	

D'où sur [0;4], S = [2;4].

Ainsi la probabilité recherchée vaut $\int_2^4 f(t)dt$ où $f(t)=\dfrac{1}{4}$ car on utilise la loi uniforme sur [0;4].

$$\int_2^4 f(t)dt=\frac{1}{4}\left[t\right]_2^4=\frac{1}{2}$$

3. $3x^2-5x-2\ge 1\Leftrightarrow x^2-5x-3\ge 0$, $\Delta=61$, $x_1=\dfrac{5-\sqrt{61}}{6}<0$, $x_2=\dfrac{5+\sqrt{61}}{6}\in[0;4]$

x	$-\infty$		x_1		x_2		$+\infty$
$3x^2-5x-3$		+	0	−	0	+	

Donc la probabilité recherchée vaut :

$$\int_{x_2}^4 f(t)dt=\frac{1}{4}\left[t\right]_{x_2}^4=\frac{1}{4}\left[4-\frac{5+\sqrt{61}}{6}\right]=\frac{21-\sqrt{61}}{24}$$

Exercice 59.2

1. X suit une loi uniforme sur [0;70] car il peut arriver à l'arrêt de bus pendant un laps de temps de 70 min et on prend 6h20 comme origine du temps.

2. On veut calculer $p(5\le T\le 10)$. Or, pour qu'il attende entre 5 et 10 min, il faut que Marc arrive entre 6h20 et 6h25, ou entre 6h40 et 6h45, ou entre 7h00 et 7h05, ou entre 7h20 et 7h25. Ainsi, $p(5\le T\le 10)=\int_0^5\frac{1}{70}dt+\int_{20}^{25}\frac{1}{70}dt+\int_{40}^{45}\frac{1}{70}dt+\int_{60}^{65}\frac{1}{70}dt=\frac{2}{7}$.

3. Pour que Marc attende plus de 10 min il faut qu'il arrive entre 6h31 et 6h40, 6h51 et 7h00, 7h11 et 7h30.

   Ainsi $p(10\le T)=\int_{11}^{20}\frac{1}{70}dt+\int_{31}^{40}\frac{1}{70}dt+\int_{51}^{60}\frac{1}{70}dt=\frac{27}{70}$.

Exercice 59.3

1. Soit X la note d'un élève. Alors X suit une loi uniforme sur [5;15].

$$p(12 \leq X) = \int_{10}^{15} \frac{1}{10} dt = \frac{3}{10} = 0,3$$

2. $E(X) = \int_{5}^{15} \frac{t}{10} dt = \frac{1}{10} \left[\frac{t^2}{2} \right]_5^{15} = \frac{200}{20} = 10$.

3. On cherche $p_{\{X \geq 12\}}(14 \leq X) = \frac{p(X \geq 14)}{p(X \geq 12)} = \frac{\frac{1}{10}}{\frac{3}{10}} = \frac{1}{3}$.

60 COMMENT UTILISER UNE LOI EXPONENTIELLE ?

Exercice 60.1

1. $p(10 \leq X) = e^{-10\lambda} = 0,286 \Leftrightarrow \lambda = -\frac{\ln(0,286)}{10} \approx 0,125$

2. $p(X \leq 0,5) = \int_0^{0,5} 0,125 e^{-0,125t} dt = 1 - e^{-0,0625} \approx 0,061$

3. L'appareil ayant déjà fonctionné 8 ans, la probabilité qu'il ait une durée de vie supérieure à dix ans est égale à :

$$p_{\{X \geq 8\}}(10 \leq X) = p(2 \leq X) = 1 - p(X \leq 2) = 1 - \int_0^2 0,125 e^{-0,25t} dt = e^{-0,25} = 0,779$$

4. Le nombre Y d'oscilloscopes en état de marche au bout de 10 ans suit une loi binomiale de paramètres 15 et 0,286. Ainsi $p(Y = 0) = (1 - 0,286)^{15} = 0,74^{15}$.

   D'où $p(1 \leq Y) = 1 - 0,714^{15} \approx 0,994$.

5. Le nombre Y d'oscilloscopes en état de marche au bout de 10 ans suit une loi binomiale de paramètres n et 0,286. Ainsi $p(Y = 0) = (1 - 0,286)^n = 0,74^n$.

   D'où $p(1 \leq Y) = 1 - 0,714^n$.

   On veut que $1 - 0,714^n \geq 0,999 \Leftrightarrow 0,001 \geq 0,714^n \Leftrightarrow \ln(0,001) \geq n \ln(0,714)$.

   Or $\ln(0,714) < 0$, donc $\frac{ln(0,001)}{\ln(0,714)} \leq n$.

   Le premier entier naturel qui convient est 21.

Exercice 60.2

Partie A

1. $p(X \leq 1) = 1 - e^{-1,5} \approx 0,777$

2. $p(2 \leq X) = 1 - p(X \leq 2) = e^{-3}$

3. $p(1 \leq X \leq 2) = p(X \leq 2) - p(X \leq 1) = e^{-1,5} - e^{-3} \approx 0,173$

Partie B

1. **a.** $p=p(X\leq 1)+0{,}8p(1\leq X\leq 2)=0{,}777+0{,}8\times 0{,}173=0{,}915$

   b. Sachant que le cylindre est accepté, la probabilité qu'il ait subi une rectification est $\dfrac{0{,}8p(1\leq X\leq 2)}{0{,}915}=0{,}151$.

2. **a.** Le nombre de cylindres acceptés suit une loi binomiale de paramètres 0,915 et 10, la probabilité recherchée est donc $0{,}915^{10} = 0{,}411$.

   b. La probabilité pour qu'il y ait au moins un cylindre refusé est $1-0{,}915^{10}=0{,}589$.

61 COMMENT UTILISER UNE LOI NORMALE ?

Exercice 61.1

1. $p(90\leq X\leq 110)$ peut se calculer directement avec la calculatrice en la paramétrant avec la borne inférieure 90, la borne supérieure 110, $\mu=100$ et $\sigma=5$.

   Ainsi $p(90\leq X\leq 110)=0{,}9545$.

2. $p(X\leq 95)$ peut se calculer directement avec la calculatrice en la paramétrant avec la borne inférieure -10^4, la borne supérieure 95, $\mu=100$ et $\sigma=5$.

   Ainsi $p(X\leq 95)=0{,}1587$.

3. $p(X\geq 105)=1-p(X\leq 105)=0{,}1587$

4. $p(X\geq 100)=\dfrac{1}{2}$ car la fonction de répartition est symétrique par rapport à la droite d'équation x = 100 et que l'aire totale sous la courbe vaut 1.

Exercice 61.2

1. On recherche $p(95\leq X\leq 105)=0{,}9044$ soit 90,44 % de la production est conforme.

2. $13\times 0{,}9044+8(1-0{,}9044)=12{,}522$ et $300\times 12{,}522=3756{,}6$.

   Le chiffre d'affaire d'une journée est 3756,60 €.

3. **a.** On recherche $p_{\{95\leq X\leq 105\}}(98\leq X\leq 102)=\dfrac{p(98\leq X\leq 102)}{p(95\leq X\leq 105)}=\dfrac{0{,}4950}{0{,}9044}=0{,}5473$.

   Ainsi seul 54,73 % des planches qu'il aura achetées pouront lui servir directement.

   b. Les planches mesurant moins de 58 cm sont perdues : on cherche à déterminer

   $p_{\{95\leq X\leq 105\}}(X\leq 98)=\dfrac{p(95\leq X\leq 98)}{p(95\leq X\leq 105)}=\dfrac{0{,}2047}{0{,}9044}=0{,}2263$

   Comme il a acheté 100 planches à 18 € la perte d'argent est de :

   $100\times 0{,}2263\times 18=407{,}34$

   Le montant des planches inutilisables est de 407,34 €.

62 COMMENT UTILISER UNE LOI NORMALE CENTRÉE RÉDUITE ?

EXERCICE 62.1

1. X suit la loi normale de moyenne 0,17 et d'écart-type 0,006.

   $p(0{,}16 \leq X \leq 0{,}18) = 0{,}9044$

2. **a.** D'après le cours, comme Y suit une loi normale centrée réduite.

   b. $0{,}16 \leq Y \leq 0{,}18 \Leftrightarrow -\dfrac{0{,}01}{\sigma} \leq Z \leq \dfrac{0{,}01}{\sigma}$

   c. $p(0{,}16 \leq Y \leq 0{,}18) = p\left(-\dfrac{0{,}01}{\sigma} \leq Z \leq \dfrac{0{,}01}{\sigma}\right) = 0{,}99$

   $\Leftrightarrow \dfrac{0{,}01}{\sigma} = 2{,}5758 \Leftrightarrow \sigma = 0{,}004$

EXERCICE 62.2

1. $p(390 \leq X \leq 410) = p(X \leq 410) - p(X \leq 390) = 0{,}818 - 0{,}12 = 0{,}636$.
2. Un pain choisi au hasard dans la production est commercialisable si et seulement si « X > 385 ». On a donc p(X > 385) = 1 – p(X < 385) = 1 – 0,086 = 0,914.
3. Soit Y la variable aléatoire de paramètres μ = 400 et σ,

   on a $p(385 \leq X) = 1 - p(X < 385) = 1 - p\left(\dfrac{X-400}{\sigma} < \dfrac{385-400}{\sigma}\right) = 0{,}96$

   donc $p\left(\dfrac{X-400}{\sigma} < \dfrac{385-400}{\sigma}\right) = 0{,}04$.

   Or $\dfrac{X-400}{\sigma}$ suit une loi normale centrée réduite et $p(Z < -1{,}751) = 0{,}04$

   si Z suit un loi normale centrée réduite. D'où $\dfrac{15}{\sigma} = 1{,}751 \Leftrightarrow \sigma = 8{,}6$.

63 QUELLE UTILISATION DU PRODUIT SCALAIRE DANS L'ESPACE ?

EXERCICE 63.1

1. $\overrightarrow{AB}\begin{pmatrix}-4\\-1\\2\end{pmatrix}$ et $\overrightarrow{AC}\begin{pmatrix}-1\\-3\\-1\end{pmatrix}$ d'où $\overrightarrow{AB}\cdot\overrightarrow{AC} = (-4)\times(-1) + (-1)\times(-3) + 2\times(-1) = 5$.

   $AB = \sqrt{21}$ d'où $\sqrt{21}\times\sqrt{11}\cos(\overrightarrow{AB};\overrightarrow{AC}) = 5 \Leftrightarrow \cos(\overrightarrow{AB};\overrightarrow{AC}) = \dfrac{5}{\sqrt{21\times 11}}$,

   l'angle géométrique correspondant vaut donc environ 71°.

2. $\overrightarrow{AB}\begin{pmatrix}3\\1\\2\end{pmatrix}$ et $\overrightarrow{AC}\begin{pmatrix}-4\\1\\1\end{pmatrix}$ donc $\overrightarrow{AB}\cdot\overrightarrow{AC} = -12 + 1 + 2 = -9$. $AB = \sqrt{14}$ et $AC = 3\sqrt{2}$.

   Ainsi $\sqrt{14}\times 3\sqrt{2}\cos(\overrightarrow{AB};\overrightarrow{AC}) = -9 \Leftrightarrow \cos(\overrightarrow{AB};\overrightarrow{AC}) = -\dfrac{3}{\sqrt{28}}$

   ce qui correspond à un angle géométrique de 125°.

Exercice 63.2

1. On a alors $\overrightarrow{OH}\cdot\overrightarrow{BA}=0 \Leftrightarrow (\overrightarrow{OB}+\overrightarrow{BH})\cdot\overrightarrow{BA}=0 \Leftrightarrow \overrightarrow{OB}\cdot\overrightarrow{BA}+\overrightarrow{BH}\cdot\overrightarrow{BA}=0$

$$t\overrightarrow{BA}\cdot\overrightarrow{BA}=-\overrightarrow{OB}\cdot\overrightarrow{BA} \Leftrightarrow tBA^2=\overrightarrow{BO}\cdot\overrightarrow{BA} \Leftrightarrow t=\frac{\overrightarrow{BO}\cdot\overrightarrow{BA}}{BA^2}$$

2. Or $\overrightarrow{BO}\begin{pmatrix}-1\\1\\-2\end{pmatrix}$ et $\overrightarrow{BA}\begin{pmatrix}1\\4\\-3\end{pmatrix}$. $\overrightarrow{BO}\cdot\overrightarrow{BA}=-1+4+6=9$ et $BA^2=26$. Ainsi $t=\frac{9}{26}$.

D'où $\overrightarrow{BH}=\frac{9}{26}\overrightarrow{BA}$, $\begin{cases}x-1=-\frac{9}{26}\\ y+1=\frac{9}{26}\\ z-2=-\frac{27}{26}\end{cases} \Leftrightarrow \begin{cases}x=\frac{17}{26}\\ y=-\frac{17}{26}\\ z=\frac{25}{26}\end{cases}$. $M\left(\frac{17}{26};-\frac{17}{26};\frac{25}{26}\right)$.

Exercice 63.3

1. $\overrightarrow{AB}\cdot\overrightarrow{HJ}=AB\times HJ\times\cos(0)=\frac{1}{2}$ et $\overrightarrow{AD}\cdot\overrightarrow{IB}=AD\times IB\times\cos(\pi)=-\frac{1}{2}$

2. **a.** $\overrightarrow{AB}\cdot\overrightarrow{DH}=0$ car elles sont orthogonales.

$\overrightarrow{AB}\cdot\overrightarrow{DG}=\overrightarrow{AB}\cdot(\overrightarrow{DC}+\overrightarrow{CG})=\overrightarrow{AB}\cdot\overrightarrow{DC}+\overrightarrow{AB}\cdot\overrightarrow{CG}=AB\times DC\times\cos(0)+0=1$

$\overrightarrow{AI}\cdot\overrightarrow{HD}=(\overrightarrow{AB}+\overrightarrow{BI})\cdot\overrightarrow{HD}=\overrightarrow{AB}\cdot\overrightarrow{HD}+\overrightarrow{BI}\cdot\overrightarrow{HD}=0$

$\overrightarrow{AJ}\cdot\overrightarrow{ID}=(\overrightarrow{AE}+\overrightarrow{EH}+\overrightarrow{HJ})\cdot(\overrightarrow{IC}+\overrightarrow{CD})$

$=\overrightarrow{AE}\cdot\overrightarrow{IC}+\overrightarrow{AE}\cdot\overrightarrow{CD}+\overrightarrow{EH}\cdot\overrightarrow{CD}+\overrightarrow{HJ}\cdot\overrightarrow{IC}+\overrightarrow{HJ}\cdot\overrightarrow{CD}$

$=EH\times IC-HJ\times CD=\frac{1}{2}-\frac{1}{2}=0$

$\overrightarrow{AJ}\cdot\overrightarrow{EC}=(\overrightarrow{AE}+\overrightarrow{EH}+\overrightarrow{HJ})\cdot(\overrightarrow{EH}+\overrightarrow{HG}+\overrightarrow{GC})$

$=\overrightarrow{AE}\cdot\overrightarrow{EH}+\overrightarrow{AE}\cdot\overrightarrow{HG}+\overrightarrow{AE}\cdot\overrightarrow{GC}+EH^2+\overrightarrow{EH}\cdot\overrightarrow{HG}+\overrightarrow{EH}\cdot\overrightarrow{GC}+\overrightarrow{HJ}\cdot\overrightarrow{EH}+\overrightarrow{HJ}\cdot\overrightarrow{HG}+\overrightarrow{HJ}\cdot\overrightarrow{GC}$

$=\frac{1}{2}$

b. Ainsi les droites (AI) et (HD) sont orthogonales ainsi que les droites (AJ) et (ID).

3. $\overrightarrow{ID}\cdot\overrightarrow{EC}=(\overrightarrow{IC}+\overrightarrow{CD})\cdot(\overrightarrow{EH}+\overrightarrow{HD}+\overrightarrow{DC})$

$=\overrightarrow{IC}\cdot\overrightarrow{EH}+\overrightarrow{CD}\cdot\overrightarrow{EH}+\overrightarrow{IC}\cdot\overrightarrow{HD}+CD^2+\overrightarrow{CD}\cdot\overrightarrow{HD}+\overrightarrow{IC}\cdot\overrightarrow{DC}=-\frac{1}{2}$

Les droites (ID) et (EC) ne sont pas orthogonales.

64 COMMENT MONTRER QU'UN VECTEUR EST NORMAL À UN PLAN ?

Exercice 64.1

1. $\overrightarrow{AB}\begin{pmatrix}1\\0\\2\end{pmatrix}$ et $\overrightarrow{AC}\begin{pmatrix}-2\\0\\3\end{pmatrix}$, $\overrightarrow{AB}\cdot\vec{n}=1+0+0=1$.

Ainsi $\vec{n}$ ne peut pas être normal au plan (ABC).

2. $\overrightarrow{AB}\begin{pmatrix}5\\-4\\0\end{pmatrix}$ et $\overrightarrow{AC}\begin{pmatrix}3\\-1\\-2\end{pmatrix}$, $\overrightarrow{AB}\cdot\vec{n}=40-40=0$ et $\overrightarrow{AC}\cdot\vec{n}=24-24=0$

Ainsi $\vec{n}$ est normal au plan (ABC).

3. $\overrightarrow{AB}\begin{pmatrix}2\\-3\\1\end{pmatrix}$ et $\overrightarrow{AC}\begin{pmatrix}4\\-3\\-2\end{pmatrix}$, $\overrightarrow{AB}\cdot\vec{n}=6-6+3=3$.

Ainsi $\vec{n}$ ne peut pas être normal au plan (ABC).

Exercice 64.2

1. $\overrightarrow{AB}\begin{pmatrix}-3\\-1\\-1\end{pmatrix}$ et $\overrightarrow{AC}\begin{pmatrix}-4\\-3\\0\end{pmatrix}$, $\vec{n}\begin{pmatrix}x\\y\\z\end{pmatrix}$.

$\overrightarrow{AB}\cdot\vec{n}=0\Leftrightarrow -3x-y-z=0$ et $\overrightarrow{AC}\cdot\vec{n}=0\Leftrightarrow -4x-3y=0$.

$$\begin{cases}-3x-y-z=0\\-4x-y=0\end{cases}\Leftrightarrow\begin{cases}-3x+\dfrac{4}{3}x-z=0\\y=-\dfrac{4}{3}x\end{cases}\Leftrightarrow\begin{cases}z=-\dfrac{5}{3}x\\y=-\dfrac{4}{3}x\end{cases}$$

Si $x=3$ on a alors $y=-4$ et $z=-5$ donc $\vec{n}\begin{pmatrix}3\\-4\\-5\end{pmatrix}$ est un vecteur normal au plan (ABC).

2. $\overrightarrow{AB}\begin{pmatrix}-4\\-1\\-2\end{pmatrix}$ et $\overrightarrow{AC}\begin{pmatrix}-1\\0\\1\end{pmatrix}$, $\vec{n}\begin{pmatrix}x\\y\\z\end{pmatrix}$.

$\overrightarrow{AB}\cdot\vec{n}=0\Leftrightarrow -4x-y-2z=0$ et $\overrightarrow{AC}\cdot\vec{n}=0\Leftrightarrow -x+z=0$.

$$\begin{cases}-4x-y-2z=0\\-x+z=0\end{cases}\Leftrightarrow\begin{cases}y=-6z\\z=x\end{cases}$$

Si $x=1$ on a alors $y=-6$ et $z=1$ donc $\vec{n}\begin{pmatrix}1\\-6\\1\end{pmatrix}$ est un vecteur normal au plan (ABC).

3. $\overrightarrow{AB}\begin{pmatrix}1\\1\\1\end{pmatrix}$ et $\overrightarrow{AC}\begin{pmatrix}3\\0\\0\end{pmatrix}$, $\vec{n}\begin{pmatrix}x\\y\\z\end{pmatrix}$.

$\overrightarrow{AB}\cdot\vec{n}=0 \Leftrightarrow x+y+z=0$ et $\overrightarrow{AC}\cdot\vec{n}=0 \Leftrightarrow 3x=0$.

$\begin{cases}x=0\\y+z=0\end{cases} \Leftrightarrow \begin{cases}x=0\\y=-z\end{cases}$ Donc $\vec{n}\begin{pmatrix}0\\1\\-1\end{pmatrix}$ est un vecteur normal au plan (ABC).

Exercice 64.3

1. A(0;0;0), H(0;1;1). I est le milieu de [AH] donc $I\left(0;\frac{1}{2};\frac{1}{2}\right)$.

   De même C(1;1;0), J est milieu de [AC] donc $J\left(\frac{1}{2};\frac{1}{2};0\right)$.

   Ainsi K a pour coordonnées $\left(\frac{1}{4};\frac{1}{2};\frac{1}{4}\right)$.

2. $\overrightarrow{AK}\begin{pmatrix}\frac{1}{4}\\\frac{1}{2}\\\frac{1}{4}\end{pmatrix}$. Comme G(1;1;1) on a $\overrightarrow{AG}\begin{pmatrix}1\\1\\1\end{pmatrix}$. Aini $\overrightarrow{AK}$ et $\overrightarrow{AG}$ ne sont pas colinéaires.

3. Le milieu de [IJ] est K donc il appartient au plan (AKG). $\vec{IJ}\begin{pmatrix}\frac{1}{2}\\0\\-\frac{1}{2}\end{pmatrix}$.

   $\vec{IJ}\cdot\overrightarrow{AK}=0$ et $\vec{IJ}\cdot\overrightarrow{AG}=0$. Ainsi (IJ) est orthogonale au plan (AKG). (AKG) est donc le plan médiateur de [IJ].

65 COMMENT DÉTERMINER UNE ÉQUATION CARTÉSIENNNE D'UN PLAN ?

Exercice 65.1

1. $\vec{IJ}$ est donc un vecteur normal de (AKG). $\overrightarrow{MK}\begin{pmatrix}x-\frac{1}{4}\\y-\frac{1}{2}\\z-\frac{1}{4}\end{pmatrix}$.

   $\overrightarrow{MK}\cdot\vec{IJ}=0 \Leftrightarrow \frac{1}{2}\left(x-\frac{1}{4}\right)+0\left(y-\frac{1}{2}\right)+\left(-\frac{1}{2}\right)\left(z-\frac{1}{4}\right)=0$

   $\Leftrightarrow \frac{1}{2}x-\frac{1}{2}z=0 \Leftrightarrow x-z=0$

2. D a pour coordonnées (0;1;0) donc $x-z=0$. Ainsi D est dans le plan (AKG).

EXERCICE 65.2

1. P a pour vecteur normal $\overrightarrow{BC}\begin{pmatrix}-1\\1\\0\end{pmatrix}$.

P passe par A donc $\overrightarrow{AM}\cdot\overrightarrow{BC}=0 \Leftrightarrow -1(x-1)+(y-2)+0(z-0)=0 \Leftrightarrow x-y+1=0$

2. **a.** $\begin{cases}x-y+1=0\\-y+z+2=0\\-x+z+1=0\end{cases} \Leftrightarrow \begin{cases}x=y-1\\z=-2+y\\z=-2+y\end{cases} \Leftrightarrow \begin{cases}x=y-1\\z=-2+y\end{cases}$

On obtient l'équation cartésienne d'une droite.

b. En posant y = t on obtient, $\begin{cases}x=t-1\\y=t\\z=-2+t\end{cases}$. Pour t = 3, $\begin{cases}x=2\\y=3\\z=1\end{cases}$.

Ainsi E est sur la droite d'intersection de trois plans.

c. Un vecteur directeur de d est $\vec{u}\begin{pmatrix}1\\1\\1\end{pmatrix}$. $\vec{u}\cdot\overrightarrow{BC}=0$ et $\overrightarrow{BD}\begin{pmatrix}-1\\0\\1\end{pmatrix}$ donc $\vec{u}\cdot\overrightarrow{BD}=0$.

Ainsi $\vec{u}$ est normal au plan (BCD) donc d est orthogonale au plan (BCD).

Ainsi une équation cartésienne correspond à $\vec{u}\cdot\overrightarrow{BM}=0 \Leftrightarrow x+y+z-4=0$.

EXERCICE 65.3

1. $\vec{u}\begin{pmatrix}1\\-1\\3\end{pmatrix}$ est un vecteur directeur de la droite et $\vec{n}\begin{pmatrix}1\\2\\1\end{pmatrix}$ est un vecteur normal de P.

$\vec{u}\cdot\vec{n}=1-2+3=2\neq 0$. Donc la droite n'est pas parallèle au plan.

2. $\begin{cases}x-2y+3z=3\\2x+3y-2z=6\\4x-y+4z=12\end{cases} \Leftrightarrow \begin{cases}x=3+2y-3z\\2(3+2y-3z)+3y-2z=6\\4(3+2-3z)-y+4z=12\end{cases} \Leftrightarrow \begin{cases}x=3+2y-3z\\7y=8z\\7y=8z\end{cases}$

$\Leftrightarrow \begin{cases}x=3-\dfrac{5}{8}y\\z=\dfrac{7}{8}y\end{cases}$

L'intersection est une droite : Faux.

3. $\begin{cases}2-3t=7+2u\\1+t=2+2u\\-3+2t=-6-u\end{cases} \Leftrightarrow \begin{cases}u=-1\\t=1+2u\\u=-\dfrac{7}{5}\end{cases}$. Impossible donc FAUX.

4. $\overrightarrow{AB}\begin{pmatrix}2\\4\\-2\end{pmatrix}$ et $\overrightarrow{AC}\begin{pmatrix}4\\-4\\-4\end{pmatrix}$.

$\vec{n}\cdot\overrightarrow{AB}=0 \Leftrightarrow 2x+4y-2z=0$ et $\vec{n}\cdot\overrightarrow{AC}=0 \Leftrightarrow 4x-4y-4z=0$.

$$\begin{cases}2x+4y-2z=0\\4x-4y-4z=0\end{cases} \Leftrightarrow \begin{cases}2x+4y-2z=0\\x=z\end{cases} \Leftrightarrow \begin{cases}y=0\\x=z\end{cases}$$

Ainsi $\vec{n}\begin{pmatrix}1\\0\\1\end{pmatrix}$ est un vecteur normal à (ABC). $\vec{n}\cdot\overrightarrow{AM}=0 \Leftrightarrow x+z-1=0$ Donc vraie.

5. $\overrightarrow{AB}\begin{pmatrix}3\\0\\-3\end{pmatrix}$ et $\overrightarrow{AC}\begin{pmatrix}5\\-2\\2\end{pmatrix}$.

$\overrightarrow{AB}$ et $\overrightarrow{AC}$ ne sont pas colinéaires donc A, B et C ne sont pas alignés. Faux.

66 COMMENT ÉTUDIER L'INTERSECTION D'UN PLAN ET D'UNE DROITE ?

Exercice 66.1

1. d a pour vecteur directeur $\vec{u}\begin{pmatrix}1\\3\\0\end{pmatrix}$ et P a pour vecteur normal $\vec{n}\begin{pmatrix}4\\-1\\1\end{pmatrix}$.

$\vec{u}\cdot\vec{n}=4-3=1$ donc d et P ne sont pas parallèles. $\vec{n}$ et $\vec{u}$ ne sont pas colinéaires donc d et P sont justes sécants. $4t-(3t-1)-2=0 \Leftrightarrow t=1$. Donc $\begin{cases}x=1\\y=2\\z=-2\end{cases}$.

Le point d'intersection de d et P a pour coordonnées (1;2;–2).

2. d a pour vecteur directeur $\vec{u}\begin{pmatrix}-4\\-2\\2\end{pmatrix}$ et P a pour vecteur normal $\vec{n}\begin{pmatrix}2\\1\\-1\end{pmatrix}$. $\vec{u}$ et $\vec{n}$ sont colinéaires donc d est orthogonale à P. On recherche les coordonnées du point d'intersection. $2(-4t)+(1-2t)-(3+t)-1=0 \Leftrightarrow t=\frac{1}{4}$

D'où $x=1; y=\frac{1}{2}; z=\frac{7}{2}$.

Ainsi le point d'intersection de d et P a pour coordonnées $\left(-1;\frac{1}{2};\frac{7}{2}\right)$.

3. d a pour vecteur directeur $\vec{u}\begin{pmatrix}1\\0\\-1\end{pmatrix}$ et P a pour vecteur normal $\vec{n}\begin{pmatrix}-1\\2\\-1\end{pmatrix}$. $\vec{u}\cdot\vec{n}=-1+1=0$ donc d est parallèle à P. $-(t+2)+2-(-t+3)+3=-t-2=2+t-3+3=0$.

Donc la droite d est contenue dans le plan P.

Exercice 66.2

1. **a.** $\overrightarrow{AB}\begin{pmatrix}-3\\-4\\1\end{pmatrix}$ et $\overrightarrow{AC}\begin{pmatrix}-5\\2\\-7\end{pmatrix}$

$\overrightarrow{AB}$ et $\overrightarrow{AC}$ ne sont pas colinéaires donc A, B et C ne sont pas alignés.

b. $\overrightarrow{AB}\cdot\vec{n}=-3+4-1=0$ et $\overrightarrow{AC}\cdot\vec{n}=-52+7=0$.

Donc $\vec{n}$ est normal à deux vecteurs non colinéaires du plan (ABC) donc $\vec{n}$ est normal au plan (ABC).

c. $M\in(ABC)\Leftrightarrow\overrightarrow{AM}\cdot\vec{n}=0\Leftrightarrow(x-1)-(y+2)-(z-4)=0\Leftrightarrow x-y-z+1=0$

2. **a.** Cette droite est orthogonale au plan (ABC) donc elle a pour vecteur directeur $\vec{n}\begin{pmatrix}1\\-1\\-1\end{pmatrix}$. Donc il existe un réel t tel que $\overrightarrow{OM}=t\vec{n}$. $\begin{cases}x=t\\y=-t\\z=-t\end{cases}$.

b. O' est le point d'intersection de la droite passant par O, orthogonale à (ABC) et le plan (ABC). Ainsi on résoud $t+t+t+1=0\Leftrightarrow t=-\dfrac{1}{3}$.

D'où $\begin{cases}x=-\dfrac{1}{3}\\y=\dfrac{1}{3}\\z=\dfrac{1}{3}\end{cases}$.

67 COMMENT ÉTUDIER LA POSITION RELATIVE DE DEUX PLANS ?

Exercice 67.1

1. P pour vecteur normal $\overrightarrow{n_1}\begin{pmatrix}3\\-1\\4\end{pmatrix}$ et P' a pour vecteur normal $\overrightarrow{n_2}\begin{pmatrix}0\\1\\3\end{pmatrix}$. $\overrightarrow{n_1}$ et $\overrightarrow{n_2}$ ne sont pas colinéaires donc P et P' sont sécants selon une droite.

$\begin{cases}3x-y+4z-7=0\\y+3z=0\\y=t\end{cases}\Leftrightarrow\begin{cases}x=\dfrac{7t}{6}+\dfrac{7}{3}\\y=t\\z=-\dfrac{t}{3}\end{cases}$, $t\in\mathbb{R}$ est un système d'équations paramétriques de la droite d'intersection de P et P'.

2. P pour vecteur normal $\overrightarrow{n_1}\begin{pmatrix}1\\1\\0\end{pmatrix}$ et P' a pour vecteur normal $\overrightarrow{n_2}\begin{pmatrix}3\\3\\0\end{pmatrix}$.

$\overrightarrow{n_1}$ et $\overrightarrow{n_2}$ sont colinéaires donc P et P' sont parallèles. L'équation de P' est celle de P multipliée par 3 donc P = P'.

3. P pour vecteur normal $\overrightarrow{n_1}\begin{pmatrix}-2\\4\\1\end{pmatrix}$ et P' a pour vecteur normal $\overrightarrow{n_2}\begin{pmatrix}1\\-2\\-\frac{1}{2}\end{pmatrix}$.

$\overrightarrow{n_1}$ et $\overrightarrow{n_2}$ sont colinéaires donc P et P' sont parallèles.

$$\begin{cases}4y-2x+z+1=0\\x-2y-\frac{1}{2}z=0\end{cases}\Leftrightarrow\begin{cases}4y-2x+z+1=0\\-2x+4y+z=0\end{cases}.$$

Contraction donc P et P' sont parallèles stricts.

4. P pour vecteur normal $\overrightarrow{n_1}\begin{pmatrix}2\\-1\\1\end{pmatrix}$ et P' a pour vecteur normal $\overrightarrow{n_2}\begin{pmatrix}1\\0\\0\end{pmatrix}$.

$\overrightarrow{n_1}$ et $\overrightarrow{n_2}$ ne sont pas colinéaires donc P et P' sont sécants selon une droite.

$$\begin{cases}2x-y+z+2=0\\x=0\end{cases}\Leftrightarrow\begin{cases}x=0\\y=t\\z=-2+t\end{cases},t\in\mathbb{R}$$ est un système d'équations paramétriques de la droite d'intersection de P et P'.

Exercice 67.2

1. a. $\overrightarrow{AB}\begin{pmatrix}0\\1\\1\end{pmatrix}$ et $\overrightarrow{AC}\begin{pmatrix}2\\-2\\2\end{pmatrix}$, $\overrightarrow{AB}$ et $\overrightarrow{AC}$ ne sont pas colinéaires donc A, B et C ne sont pas alignés.

b. Vérifions que les trois points A, B et C vérifient l'équation donnée :

A(1;1;0) : $2\times1+1-0-3=0$

B(1;2;1) : $2\times1+2-1-3=0$

C(3;–1;2) : $2\times3-1-2-3=0$

Ainsi les trois points A, B et C sont sur le plan d'équation $2x + y - z - 3 = 0$.

Comme ils définissent un plan, ce plan est le plan (ABC).

2. (P) a pour vecteur normal $\overrightarrow{n_1}\begin{pmatrix}1\\2\\-1\end{pmatrix}$ et (Q) a pour vecteur normal $\overrightarrow{n_2}\begin{pmatrix}2\\3\\-2\end{pmatrix}$.

$\overrightarrow{n_1}$ et $\overrightarrow{n_2}$ ne sont pas colinéaires donc (P) et (Q) sont sécants selon une droite.

$$\begin{cases}x+2y-z-4=0\\2x+3y-2z-5=0\\z=t\end{cases}\Leftrightarrow\begin{cases}x=t-2\\y=3\\z=t\end{cases},t\in\mathbb{R}$$

3. On résoud le système formé des trois équations cartésiennes :

$$\begin{cases}2x+y-z-3=0\\x+2y-z-4=0\\2x+3y-2z-5=0\end{cases} \Leftrightarrow \begin{cases}z=4\\y=3\\x=2\end{cases}$$

Ainsi les trois plans (ABC), (P) et (Q) se coupent en un point de coordonnées (2;3;4).

EXERCICE 67.3

1. Réponse c.D a pour vecteur directeur $\vec{u}\begin{pmatrix}1\\-1\\2\end{pmatrix}$ et (P) a pour vecteur normal $\vec{n}\begin{pmatrix}1\\1\\2\end{pmatrix}$.

$\vec{u}$ et $\vec{n}$ ne sont pas colinéaires donc D et (P) ne sont pas perpendiculaires. $\vec{u}\cdot\vec{n}=1-1+4=4\neq 0$ Donc D et (P) ne sont pas parallèles.

2. Réponse b. Si P' est perpendiculaire au plan (P) alors $\vec{n}\begin{pmatrix}1\\1\\2\end{pmatrix}$ est un vecteur directeur de P'. De plus, P' contient D donc $\vec{u}$ est un autre vecteur directeur de P'. Comme $\vec{u}$ et $\vec{n}$ ne sont pas colinéaires, ils engendrent le plan P'. Ainsi un vecteur normal $\overrightarrow{n_2}$ de P' vérifie $\overrightarrow{n_1}\cdot\overrightarrow{n_2}=0$ et $\vec{u}\cdot\overrightarrow{n_2}=0$, c'est-à-dire $x+y+2z=0$ et $x-y+2z=0$.

D'où y = 0 et x= –2z. Ainsi $\overrightarrow{n_2}\begin{pmatrix}-2\\0\\1\end{pmatrix}$ est un vecteur normal de P'.

Comme le point O est un point de D (t = 0), O est un point de P' d'où l'équation cartésienne 2x – z = 0.

3. Réponse b. $\begin{cases}x+y+2z-1=0\\2x-z=0\end{cases}$ est la droite D d'après l'étude précédente.

4. Réponse c. Il est clair que les coordonnées du point B ne vérifie pas l'équation et par conséquent que le point B n'est pas dans le plan (P).

Soit H le projeté orthogonal de B sur l plan (P). Alors $\overrightarrow{BH}$ est colinéaire à $\overrightarrow{n_1}$.

$$\begin{cases}x-1=k\\y+1=k\\z-0=2k\end{cases} \Leftrightarrow \begin{cases}x=1+k\\y=k-1\\z=2k\end{cases}.$$

De plus H est dans le plan P donc ses coordonnées vérifient l'équation $1+k+k-1+4k-1=0 \Leftrightarrow k=\frac{1}{6}$.

Ainsi $\begin{cases}x=\frac{7}{6}\\y=-\frac{5}{6}\\z=\frac{1}{3}\end{cases}$, et $BH=\sqrt{\frac{1}{6}}$: BH < 1

68 COMMENT APPROCHER UNE LOI BINOMIALE ?

Exercice 68.1

1. n > 30, np = 400 > 5 et n(1–p) = 600 > 5

   donc $\frac{X-400}{15,5}$ peut être approchée par une loi normale centrée réduite Z.

   $$p(F \leq 0,4) = p\left(\frac{X}{1000} \leq 0,4\right) = p(X \leq 400) = p\left(\frac{X-400}{15,5} \leq 0\right) = 0,5$$

2. $p(0,35 \leq F \leq 0,45) = p(350 \leq X \leq 450) = p(-3,22 \leq Z \leq 3,22) \approx 0,999$

3. $p(0,13 \leq F \leq 0,4) = p(130 \leq X \leq 400) = p(-317 \leq Z \leq 0) \approx 0,5$

Exercice 68.2

1. n > 30, np = 79,18 > 5 et n(1–p) = 134,82> 5

   donc $\frac{X-79,18}{7,06}$ peut être approchée par une loi normale centrée réduite Z.

   $$p(X \geq 50) = \left(\frac{X-79,18}{7,08} \geq -4,133\right) = 0,999$$

2. $p(75 \leq X \leq 85) = p\left(-0,55 \leq \frac{X-79,18}{7,58} \leq 0,77\right) = 0,482$

69 COMMENT PRENDRE UNE DÉCISION ?

Exercice 69.1

1. p = 0,38 + 0,07 = 0,45.
2. **a.** n = 43 > 30, np = 19,3 >5, n(1 – p)23,65 > 5.

   $$I = \left[0,45 - 1,96\sqrt{\frac{0,45 \times 0,55}{43}} ; 0,45 + 1,96\sqrt{\frac{0,45 \times 0,55}{43}}\right] = [0,30;0,60]$$

   b. $f = \frac{27}{43} = 0,63 \notin I$: cet échantillon n'est pas représentatif de la population.

Exercice 69.2

1. n = 300 > 30, np = 288,75 et n(1–p) = 12 > 5. I = [0,93;0,99].
2. $f = \frac{283}{300} = 0,94 \in I$: on peut donc considérer que l'objectif est atteint.

Exercice 69.3

1. n = 50 > 30, np = 44 et n(1–p) = 6 > 5. I = [0,78;0,97].
2. $f = \frac{50-12}{50} = 0,76 \notin I$: l'inspecteur peut décider que la publicité est mensongère.

70 COMMENT ESTIMER UNE PROPORTION INCONNUE ?

EXERCICE 70.1

On a $f=\dfrac{14}{60}=0{,}23$. L'intervalle de confiance est donc [0,101;0,359]. $n > 30$, $np \in [6{,}054;89{,}8]$ et $n(1-p)\geq 89$. On peut donc estimer que la proportion de poulets non commercialisables est entre 10,1 % et 35,9 %.

EXERCICE 70.2

1. La fréquence de M. Stick est $f=\dfrac{1500-35-395}{1500}=0{,}503$ donc l'intervalle de confiance est [0,477;0,529]. Par conséquent, on peut estimer que le résultat du vote sera entre 47,7 % et 52,9 % des voix ce qui ne permet pas d'être certain que M.Stick passera au premier tour.

2. La fréquence de M.Paul est $f=\dfrac{300}{1500}=0{,}233$ donc son intervalle de confiance est [0 ,207;0,258]. La fréquence de Mme Leclair est $f=\dfrac{395}{1500}=0{,}263$ donc son intervalle de confiance est [0,237;0,288]. Ces deux intervalles n'étant pas disjoints, on ne peut pas déterminer qui sera opposé à M. Stick au second tour.

EXERCICE 70.3

1. **a.** $p(A)=p(R\cap A)+p(\overline{R}\cap A)=r+\dfrac{1}{3}(1-r)=\dfrac{1}{3}(1+2r)$.

b. $p_A(R)=\dfrac{p(R\cap A)}{p(A)}=\dfrac{r}{\dfrac{1}{3}(1+2r)}=\dfrac{3r}{1+2r}$

2. **a.** Les réponses des étudiants sont indépendantes. Comme on peut considérer que le tirage est sans remise X suit une loi binomiale de paramètres 400 et $p=\dfrac{1}{3}(1+2r)$.

b. $f=\dfrac{240}{40}=0{,}6$

L'intervalle de confiance est $\left[0{,}6-\dfrac{1}{\sqrt{400}};0{,}6+\dfrac{1}{\sqrt{400}}\right]=[0{,}55;0{,}65]$

c'est-à-dire $0{,}55\leq\dfrac{1}{3}(1+2r)\leq 0{,}65 \Leftrightarrow 0{,}325\leq r\leq 0{,}475$.

L'intervalle de confiance de r est [0,325;0,475].

c. $\mu=np=400\times\dfrac{1}{3}(1+2\times 0{,}4)=240$ et $\sigma=\sqrt{np(n-p)}=9{,}8$.

$p(X\leq 250)=0{,}85$ (à l'aide de la calculatrice).

71 COMMENT DÉTERMINER UNE TAILLE SUFFISANTE POUR ESTIMER UNE PROPORTION INCONNUE ?

EXERCICE 71.1

1. On veut $\dfrac{2}{\sqrt{n}}=0{,}001 \Leftrightarrow n=4000000$.

2. $15\times 4000000=6666666$: Le laboratoire ne dispose pas d'un budget suffisant.

3. $15x \leq 100.10^6 \Leftrightarrow x \leq 6666666$

On peut interroger entre 4 000 000 et 6 666 666 personnes.

Exercice 71.2

1. On veut $\frac{2}{\sqrt{n}} = 0,05 \Leftrightarrow n = 1600$. Il faut qu'il prélève boîtes.
2. $f = \frac{350}{1600} = 0,219$. L'intervalle de confiance est [0,169;0,269].

La proportion de taureaux dans l'élevage est entre 16,9 % et 26,9 %.

72 QUELS CONSEILS POUR LE BAC ?

Exercice 72.1

1. FAUX : Un vecteur normal au plan P a pour coordonnées (2 ; 1 ; −2).

Un vecteur normal au plan dont une équation est $2x + y + 2z - 24 = 0$ a pour coordonnées (2 ; 1 ; 2) : ces deux vecteurs ne sont pas colinéaires donc les plans ne sont pas parallèles.

2. VRAI : Pour $t = -1$ on trouve les coordonnées de A et pour $t = 3$ celles de C.
3. FAUX : La droite (DE) a pour vecteur directeur $\overrightarrow{DE}\begin{pmatrix}5\\-4\\3\end{pmatrix}$ et on a vu que $\vec{u}\begin{pmatrix}2\\1\\-2\end{pmatrix}$ est un vecteur normal au plan P.

Or $\vec{u} \cdot \overrightarrow{DE} = 10 - 4 - 6 = 0$, donc la droite (DE) est parallèle au plan P. Comme les cordonnées de E ne vérifient pas l'équation de P (4 + 7 + 12 − 5 = 0) est une égalité fausse, la droite (DE) est strictement parallèle au plan (P).

4. FAUX : La droite (DE) est orthogonale au plan (ABC).

Exercice 72.2

Partie A

1. La durée de vie moyenne d'une vanne est égale à l'espérance mathématique de la variable aléatoire T. $E(T) = \frac{1}{\lambda} = 5000$
2. On calcule $p(T > 6000) = e^{-6000 \times 0,0002} \approx 0,301$.

Partie B

1. Pas besoin de construire un arbre complet pour résoudre le problème.

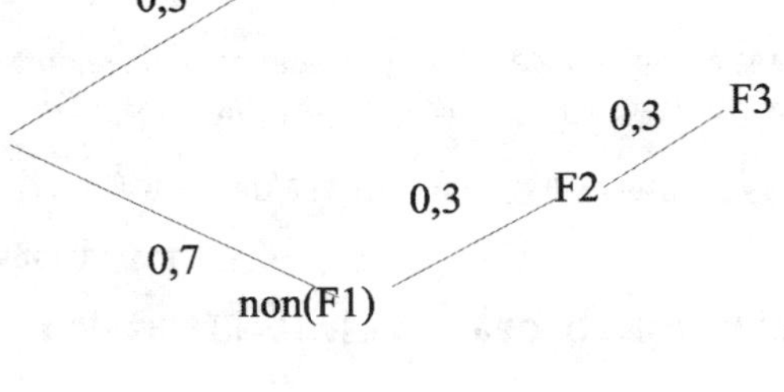

2. On a $p(E)=p(F_1)+p(F_1 \cap F_2 \cap F_3)=0,3+0,7\times 0,3\times 0,3=0,363$.

3. Il faut calculer $p_E(F_1)=\dfrac{p(E\cap F_1)}{p(E)}=\dfrac{0,3}{0,363}\approx 0,826$.

Partie C

1. Les conditions : n = 400>30 ; np = 8 > 5 ; $n(1-p)$ = 392 > 5 sont bien réalisées.

   Dans ces conditions on sait que l'intervalle de fluctuation à 95 % est égal à :

$$I=\left[0,02-1,96\frac{\sqrt{0,02\times 0,98}}{\sqrt{400}};0,02+1,96\frac{\sqrt{0,02\times 0,98}}{\sqrt{400}}\right]=[0,00628;0,0372]$$

2. La fréquence observée est égale à $f=\dfrac{10}{400}=0,025\in I$. L'affirmation de l'industriel ne peut être remise en cause.

Partie D

1. La calculatrice permet de trouver : $p(760\leq D\leq 840)\approx 0,683$.

2. $p(D\leq 880)=\dfrac{1}{2}+p(800\leq D\leq 880)\approx 0,5+0,477\approx 0,977$

3. On a $p(D\geq 880)=1-p(D\leq 880)\approx 0,023$ soit à peu près 2,3 %, soit beaucoup plus que 1 %. L'industriel a tord.

Cet ouvrage a été achevé d'imprimer en juillet 2014
sur les presses de Normandie Roto Impression s.a.s.
61250 Lonrai
N° d'imprimeur : 1402510
dépôt légal : juillet 2014

Imprimé en France